"十二五"国家计算机技能型紧缺人才培养培训教材

教育部职业教育与成人教育司
全国职业教育与成人教育教学用书行业规划教材

新编中文版

AutoCAD 2014
标准教程

策划/施博资讯
编著/黎文锋

光盘内容
143个视频教学文件、练习文件和范例源文件

U0195525

海洋出版社
2013年·北京

内容简介

本书是专为想在较短时间内学习并掌握计算机辅助设计软件 AutoCAD 2014 的使用方法和技巧而编写的标准教程。本书语言平实，内容丰富、专业，并采用了由浅入深、图文并茂的叙述方式，从最基本的技能和知识点开始，辅以大量的上机实例作为导引，帮助读者轻松掌握中文版 AutoCAD 2014 的基本知识与操作技能，并做到活学活用。

本书内容：全书共分为 12 章，着重介绍了 AutoCAD 的基础操作技能；命令执行方式与文件管理方法；图形文件视图的控制；绘制二维图形；选择、编组和编辑图形；设置和修改对象特性；文字注释和表格；尺寸标注与参数化约束；块的操作；绘制三维图形；对三维对象进行修改和高级编辑；最后介绍了三维模型的后期处理和渲染等知识。

本书特点：1. 基础知识讲解与范例操作紧密结合贯穿全书，边讲解边操练，学习轻松，上手容易。2. 提供重点实例设计思路，激发读者动手欲望，注重学生动手能力和实际应用能力的培养。3. 实例典型、任务明确，由浅入深、循序渐进、系统全面，为职业院校和培训班量身打造。4. 每章后都配有练习题，利于巩固所学知识和创新。5. 书中实例收录于光盘中，采用视频讲解的方式，一目了然，学习更轻松！

适用范围：适用于全国职业院校计算机辅助设计 AutoCAD 专业课教材，社会计算机辅助设计 AutoCAD 培训班教材，也可作为广大初、中级读者实用的自学指导书。

图书在版编目（CIP）数据

新编中文版 AutoCAD 2014 标准教程/黎文锋编著. —北京：海洋出版社，2013.8
ISBN 978-7-5027-8623-6

Ⅰ.①新… Ⅱ.①黎… Ⅲ. ①AutoCAD 软件 Ⅳ.①TP391.72

中国版本图书馆 CIP 数据核字（2013）第 171982 号

总 策 划：刘 斌		发 行 部：（010）62174379（传真）（010）62132549
责任编辑：刘 斌		（010）68038093（邮购）（010）62100077
责任校对：肖新民		网 址：www.oceanpress.com.cn
责任印制：赵麟苏		承 印：北京画中画印刷有限公司
排 版：海洋计算机图书输出中心 晓阳		版 次：2013 年 8 月第 1 版
出版发行：海洋出版社		2013 年 8 月第 1 次印刷
地 址：北京市海淀区大慧寺路 8 号（716 房间）		开 本：787mm×1092mm 1/16
100081		印 张：21.75
经 销：新华书店		字 数：522 千字
技术支持：（010）62100055		印 数：1～4000 册
		定 价：35.00 元（含 1CD）

本书如有印、装质量问题可与发行部调换

"十二五"全国计算机职业资格认证培训教材

编 委 会

前　言

AutoCAD 2014 中文版是 Autodesk 公司最新推出的一款功能强大的电脑辅助绘图软件，它具备一体化、功能丰富、应用范围广等特性，深得从事绘图工作的用户的青睐。

AutoCAD 2014 具有易于掌握、使用方便、体系结构开放等优点，能够绘制各种模型的二维图形和三维图形，并具备渲染图形和输出图纸等功能，在机械制造、建筑、电子制造等行业都有广泛的应用，已经成为设计领域相关人员所要掌握的主要软件之一。

本书由浅入深地讲解了 AutoCAD 2014 的基础知识，并详细介绍了视图布局、二维图形的绘制、添加与修改图形的填充、选择与编辑图形、创建文字注释和表格、尺寸标注与参数化约束、设置与修改对象特性、块的创建与使用、三维图形的绘制与编辑、渲染三维模型等内容。

本书共 12 章，主要内容简介如下：

第 1 章主要介绍了 AutoCAD 2014 的特点与性能，包括安装单机版 AutoCAD 2014、二维工作界面的组成和自定义程序工作空间的方法。

第 2 章主要介绍了 AutoCAD 的命令执行方式和各种管理文件的技巧，包括新建图形、保存图形以及打开图形、从云绘制方式打开文件等。

第 3 章主要介绍了使用各种工具或功能控制图形文件视图的缩放、平移，快速查看图形和查看布局，以及创建视图并使用视口等。

第 4 章主要介绍了绘制基本二维图形的方法，包括绘制各种线条、常规图形、绘制圆和弧、由圆和曲线构成的其他图形以及绘制点等。

第 5 章主要介绍了选择图形、编组图形和编辑图形的各种方法，包括选择单一对象、选择多个对象、编组与分解对象、删除与复制对象、移动与缩放对象、偏移与镜像对象、修剪拉伸对象等。

第 6 章主要介绍了设置与修改对象特性的方法，以及图层应用和填充图案与渐变色等内容。

第 7 章主要介绍了文字注释与表格在 AutoCAD 2014 中的应用。

第 8 章主要介绍了尺寸标注和参数化约束的应用，包括尺寸标注的样式管理、创建尺寸标注的方法、编辑尺寸标注的技巧、应用几何约束和标注约束的方法。

第 9 章主要介绍了块的具体操作，包括创建与插入块、块属性与块修改的操作，以及动态块在图形中的应用等。

第 10 章主要介绍了三维建模的必要知识、设置三维视图的技巧，以及创建三维实体图元、多段体、实体和曲面和网络模型的方法。

第 11 章主要介绍了在三维模型工作空间中显示三维对象外观、检查实体模型，以及针对三维对象的基本修改和高级编辑方法。

第 12 章主要介绍了三维模型的后期处理和渲染的方法，包括为模型实体添加不同类型的光源、控制光源特性的方法、为实体添加各种材质以及渲染模型等。

本书在各章后提供了大量的习题，方便读者在阶段学习完成后回顾与巩固所学的知识，并在熟练掌握方法的前提下将其应用于实际的操作，强化读者应用能力。

　　本书内容丰富全面、讲解深入浅出、结构条理清晰，通过书中的基础学习和应用实例，将使初学者和电脑绘图设计师都拥有实质性的知识与技能。另外，本书提供包含全书练习素材和实例演示影片的光盘，方便各位使用素材与本书同步学习，提高学习效率，事半功倍，是一本专为职业学校，社会电脑培训班，广大电脑初、中级读者量身订制的培训教程和自学指导书。

　　本书由广州施博资讯科技有限公司策划，由黎文锋编著，参与本书编写与范例设计工作的还有黄活瑜、梁颖思、吴颂志、梁锦明、林业星、刘嘉、李剑明、黄俊杰、李敏虹、黎敏等，在此一并谢过。在本书的编写过程中，我们力求精益求精，但难免存在一些不足之处，敬请广大读者批评指正。

编　者

目　　录

第 1 章　AutoCAD 2014 入门

 教学提要

本章主要介绍 AutoCAD 2014 程序的特色、程序的安装与配置、程序的整体外观与结构等内容。

 教学重点

➢ 了解 AutoCAD 2014 的特色与性能
➢ 掌握安装与启动 AutoCAD 2014 的方法
➢ 认识 AutoCAD 2014 的二维工作空间
➢ 掌握各种自定义程序工作空间的方法

1.1　AutoCAD 2014 的特色

AutoCAD 2014 中文版是 Autodesk 公司的 AutoCAD 系列中最新推出的一套功能强大的电脑辅助绘图软件，它是一款具备一体化、功能丰富、应用范围广等特性的先进设计软件，深得社会各界从事绘图工作的用户的青睐。

新版本的 AutoCAD 2014 拥有强大的平面和三维绘图功能，可以通过它创建、修改、插入、注释、管理、打印、输出、共享及准确设计图形。

1.1.1　文档编制特色

通过 AutoCAD 2014 中强大的文档编制工具，可以加速项目从概念到完成的进程。使用自动化、管理和编辑工具可以最大限度地减少重复性任务，并加快项目完成速度。

1. 参数化绘图

参数化绘图功能可以显著缩短设计修改时间。通过在对象之间定义约束关系，可以准确地进行各种绘图，例如绘制平行线、分布图形、约束几何图形等，如图 1-1 所示。

2. 图纸集

AutoCAD 图纸集管理器能够组织安排图纸，简化发布流程，自动创建布局视图，将图纸集信息与主题图块及打印戳记相关联，并跨图纸集执行任务，因此所有功能使用起来都非常方便，组织图纸不再是一件令人头疼的事情。如图 1-2 所示。

 图纸是从图形文件中选定的布局。可以从任意图形将布局作为编号图纸输入到图纸集中。图纸集是一个有序命名集合，其中的图纸来自几个图形文件。可以将图纸集作为一个单元进行管理、传递、发布和归档。

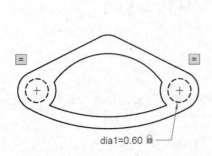

图 1-1　使用几何约束和标注约束绘图

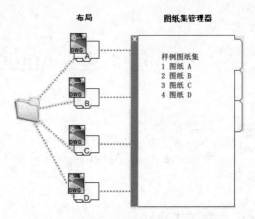

图 1-2　将布局作为编号图纸输入到图纸集中

3．注释缩放

借助注释缩放工具，可以创建一个注释对象，该对象能够自动重新调整大小，以反映当前视口和模型空间比例，在跨多个图层创建和管理多个项目时花费的时间更少。如图 1-3 所示。

4．多重引线

借助多重引线工具，可以使创建和编辑引线变得轻而易举。通过对多引线样式进行定义，可以使所有引线保持一致；在一个引线对象上添加多条引线，甚至可以将件号或图块作为引线内容，如图 1-4 所示。

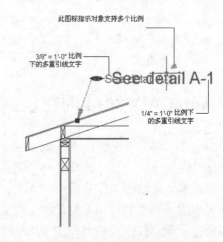

图 1-3　注释缩放对象

另外，还可以合并内容为块的多重引线对象并将其附着到一个基线。使用【多重引线合并】功能，可以根据图形需要水平、垂直或在指定区域内合并多重引线，如图 1-5 所示。

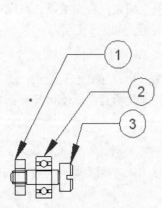

图 1-4　使用多重引线标准图形

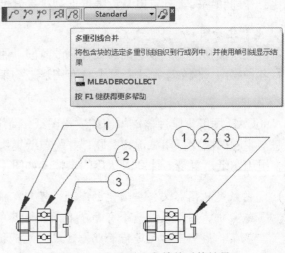

图 1-5　多重引线合并前后的效果

5. 文本编辑

在 AutoCAD 2014 中，可以轻松地处理文本。在输入文字时可以对其进行查看、调整大小和定位。可以根据需求使用熟悉的工具调整文本的外观，使文本格式更加专业。如图 1-6 所示为在花朵图形右边输入说明文本。

6. 表

通过实现繁琐的表格定制自动化，帮助用户提高工作效率。可以定义表样式，从而轻松实现表格式的一致性，包括字体、颜色、边框等。

7. 数据提取

可以从图纸对象中快捷地提取特性数据（包括图块和属性），还可以使用数据提取向导提取图纸信息。之后，这些数据将会自动输入到一个表或外部文件中，如图 1-7 所示。

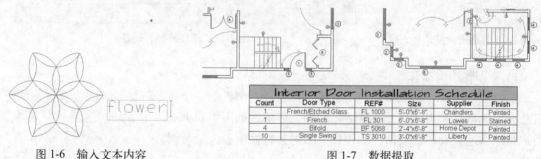

图 1-6　输入文本内容

图 1-7　数据提取

8. 数据链接

可以轻松地将 Microsoft Office Excel 数据与 AutoCAD 设计相关联，从而保持信息的一致性，实现更高的工作效率。数据链接可以进行双向更新，从而减少了单独进行表更新或外部电子表格更新的需要。如图 1-8 所示为文档以链接的方式创建 Excel 数据表对象。

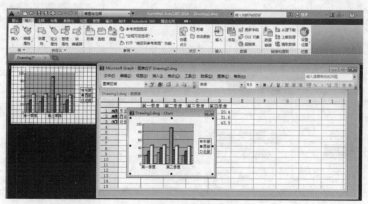

图 1-8　创建 Excel 数据表对象

9. 动态块

动态块包含规则或参数，用于说明当块参照插入图形时如何更改块参照的外观。

借助动态块可以轻松实现工程图的标准化。可以使用动态块插入可更改形状、大小或配置的一个块，而不是插入许多静态块定义中的一个。例如，可以创建一个可改变大小的门挡，而无需创建多种不同大小的内部门挡，如图 1-9 所示。

10.图层管理

在 AutoCAD 2014 中，可以更快地创建和编辑图层特性，同时减少错误。在图层对话框中做出变更后，便可立即反映到整个图形中。如图 1-10 所示为图层特性管理器。

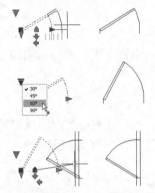

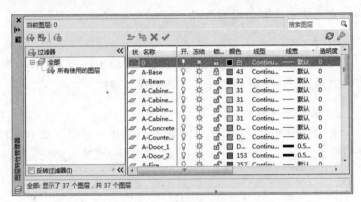

图 1-9 在图形中使用动态块　　　　　　图 1-10 图层特性管理器

11.命令提示与编辑

"动态输入（Dynamic Input）"将在鼠标指针右侧显示一个命令行提示，用户甚至无需查看命令行就可以启用命令、查看注释和输入数值，如图 1-11 所示。借助"快速特性"菜单，用户可以通过查看和修改指针右侧相关的对象特性节省大量时间。

12.高效的用户界面

在 AutoCAD 中，同时处理多个文件不再是一件令人痛苦的事情。"快速视图"功能不仅可使用文件名，还可使用缩略图，因此可以更快地找到并打开正确的工程图文件和布局图。在菜单浏览器界面中，还可以快速浏览文件，查看缩略图，并获得关于文件尺寸和创建者的详细信息，如图 1-12 所示。

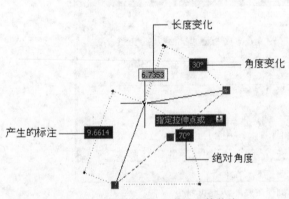

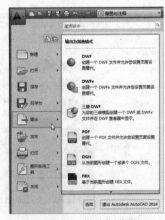

图 1-11 使用标注输入时显示的信息　　　　图 1-12 菜单浏览器

13.Autodesk 360

Autodesk 360 是基于云的平台，允许用户访问存储、协作工作空间和云服务，由此来帮助用户大幅改善其设计、可视化、模拟以及随时随地与其他用户共享工作的方式。如图 1-13 所示为从 Autodesk 360 中打开图形文档。

另外，可以通过 Autodesk 360 桌面配套程序在任务栏通知区域中作为应用程序运行。它允许从本地桌面执行批量文件操作，例如上载文件夹和文档。然后，这些本地文件活动将自动与 Autodesk 360 联机存储同步。在 Autodesk 360 驱动器中，每个受支持的文档和文件夹的图标上，都会显示一个同步状态指示器。如图 1-14 所示为安装 AutoCAD 2014 程序后在计算机中生成的 Autodesk 360 系统文件夹。

图 1-13 从 Autodesk 360 中打开图形   图 1-14 Autodesk 360 系统文件夹

1.1.2 设计应用特色

使用 AutoCAD 2014 可以安全、高效、精确地共享关键设计数据。借助支持演示的图形、渲染工具，以及一些业界最佳的打印和三维打印功能，用户的创意将会更加出色。

1. DWG 格式

来自 Autodesk 的 DWG 技术能够使用户精确地存储设计数据，并与业内人士分享。

2. PDF 整合

AutoCAD 在分享和重复使用设计方面极为便利，这要归功于其在简化沟通方面进行的大量升级。可以直接将 AutoCAD 工程图另存为 PDF 文件，并将其作为底图进行附着和捕捉，如图 1-15 所示。

图 1-15 另存为 PDF 文件

3. 真实感的图像渲染

借助最新的渲染技术，可以在更短的时间内创建出色的模型。可以使用滑动控制功能利用图形显示方式使用户权衡时间与渲染质量，如图 1-16 所示。

4. 三维打印

AutoCAD 2014 不仅仅能够实现设计的可视化，还能将其变为现实。借助三维打印机或通过相关服务提供商，可以立即将设计创意变为现实，如图 1-17 所示。

图 1-16　渲染设计图

图 1-17　三维打印

5. ShowMotion

借助 ShowMotion 技术，可以创建相机动画，从而全面浏览设计。ShowMotion 控制面板上显示有工程图中保存的各类视图和视图快照的缩略图。

ShowMotion 由三个主要部分组成：快照缩略图、快照序列缩略图和 ShowMotion 控件。使用底部的 ShowMotion 控件，可以播放指定给快照的动画、固定和取消固定 ShowMotion 以及关闭 ShowMotion，如图 1-18 所示。

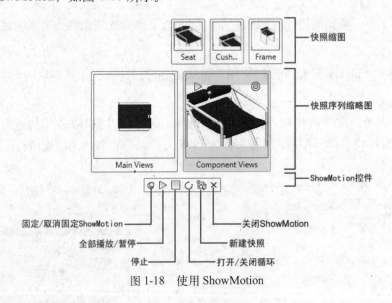

图 1-18　使用 ShowMotion

1.1.3　创意设计特色

AutoCAD 2014 具备强大的三维功能，支持用户探索各种创新造型。AutoCAD 2014 能够使用户灵活地以二维和三维方式探索设计构想，并且还提供了直观的工具帮助用户实现创意。

1. 自由形状设计

自由设计提供了多种新的建模技术，这些技术可以帮助用户创建和修改样式更加流畅的三维模型。只需推/拉面、边和顶点，即可创建各种复杂形状的模型，添加平滑曲面等，如图 1-19 所示。

2. 实体和曲面建模

由于软件用于创建实体和曲面的环境易于掌握，用户可以凭借对二维工具的精通轻松创建和编辑三维形状，如图 1-20 所示。

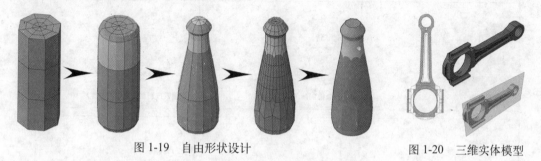

图 1-19　自由形状设计　　　　　　　　　　图 1-20　三维实体模型

3. 可视化

可以从 300 多种材质中任意选择，应用光度计功能，并对显示加以控制，从而实现更精确的、如同照片一样真实感的渲染图，如图 1-21 所示。

图 1-21　不同设置参数下的渲染效果

4. 三维导航

ViewCube 是在二维模型空间或三维视觉样式中处理图形时显示的导航工具。通过 ViewCube，可以在标准视图和等轴测视图间切换。如图 1-22 所示。

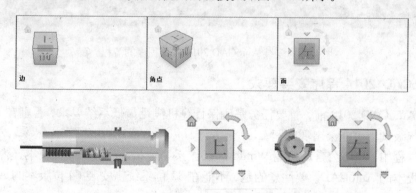

图 1-22　使用 ViewCube 工具查看模型

此外，还可以使用 SteeringWheels 工具平移、居中和缩放任何对象，如图 1-23 所示。

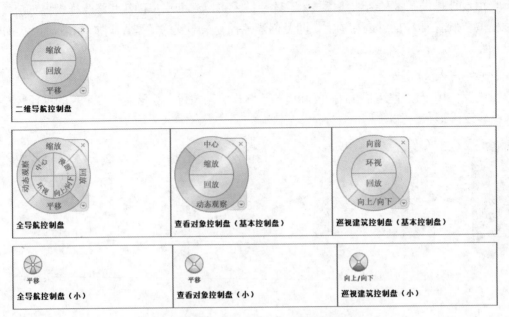

图 1-23　SteeringWheels 工具各种控制盘

1.2　安装与启动 AutoCAD 2014

在安装 AutoCAD 2014 之前，首先必须查看系统需求、了解管理权限需求，并且要找到 AutoCAD 2014 的序列号并关闭所有正在运行的应用程序。完成上述任务之后，就可以安装 AutoCAD 了，安装完成后还需要注册和激活产品。安装 AutoCAD 2014 应用程序的流程如图 1-24 所示。

图 1-24　安装 AutoCAD 2014 应用程序的流程

1.2.1　AutoCAD 2014 程序安装要求

在安装 AutoCAD 2014 前，首要任务是确保计算机满足最低系统要求，否则在 AutoCAD 内和操作系统级别上可能会出现问题。

在安装过程中，程序会自动检测 Windows 操作系统是 32 位还是 64 位版本，然后根据实际安装适当版本的 AutoCAD。要注意的是，不能在 32 位系统上安装 64 位版本的 AutoCAD，反之也是一样。AutoCAD 2014 的硬件和软件需求，如表 1-1 所示。

表 1-1　AutoCAD 2014 安装要求

操作系统	• Windows XP Home 和 Professional SP3 或更高版本 • Microsoft Windows 7 SP1 或更高版本
中央处理器	• Windows XP：支持 SSE2 技术的英特尔奔腾 4 或 AMD Athlon 双核处理器（1.6 GHz 或更高主频）及以上 • Windows 7：支持 SSE2 技术的英特尔奔腾 4 或 AMD Athlon 双核处理器（3.0 GHz 或更高主频）及以上
内存	• Windows XP ：2 GB RAM（推荐 4 GB） • Windows 7：2 GB RAM（推荐 4 GB）
显示器	1024x768 真彩色显示器（推荐 1600x1050 真彩色显示器）；支持 1024x768 分辨率和真彩色功能的 Windows 显示适配器。
硬盘	6 GB 安装空间
定点设备	MS-Mouse 兼容
浏览器	Internet Explorer 7.0 或更高版本的 Web 浏览器
3D 建模其他要求	• Intel Pentium 4 或 AMD Athlon 处理器，3.0 GHz 或更高；或者 Intel 或 AMD Dual Core 处理器，2.0 GHz 或更高 • 4 GB RAM 或更大 • 8 GB 硬盘安装空间 • 1280x1024 32 位彩色视频显示适配器（真彩色），具有 128 MB 或更大显存，且支持 Direct 3D 的工作站级图形卡 • 提供系统打印机和 HDI 支持 • Adobe Flash Player v10 或更高版本

1.2.2　安装 AutoCAD 2014 单机版

"单机版"就是将应用程序安装在当前使用的电脑中，而不需要通过连接互联网来进行使用。在 AutoCAD 安装向导中包含了与安装相关的所有资料。通过安装向导可以访问用户文档，更改安装程序语言，选择特定语言的产品，安装补充工具以及添加联机支持服务。下面以单机版为例，介绍安装 AutoCAD 2014 应用程序的方法。

动手操作　安装 AutoCAD 2014 单机版

1　将装有 AutoCAD 2014 应用程序的 DVD 光盘插进光驱，此时光盘自动播放，稍等片刻即可出现【安装向导】界面。可以在右上方选择安装说明的语言，默认状态下会自动选择"中文（简体）"，接着单击【安装】按钮，如图 1-25 所示。

2　在打开【许可协议】页面后，先仔细阅读查看适用于用户所在国家/地区的 Autodesk 软件许可协议，然后选择【我接受】单选按钮，再单击【下一步】按钮，如图 1-26 所示。

3　此时会出现【产品信息】页面，需要在页面上选择安装产品的语言和产品类型（安装单机版可选择【单机】单选按钮），然后输入序列号和产品密钥等信息（如果没有上述信息可选择【我想要试用该产品 30 天】单选按钮），接着单击【下一步】按钮，如图 1-27 所示。

4　在打开【配置安装】页面后，选择要安装的产品。然后在【安装路径】上输入需要保存安装文件的文件路径，或者单击【浏览】按钮指定文件目录。完成后，单击【安装】按

钮，如图 1-28 所示。

图 1-25　通过向导安装 AutoCAD 2014 程序

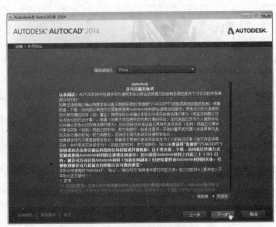

图 1-26　接受软件的许可协议

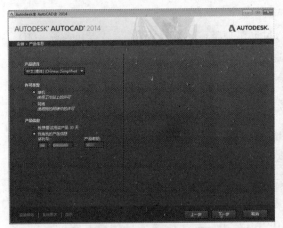

图 1-27　设置安装产品的相关选项和信息

图 1-28　配置安装产品

　　5　此时安装向导将执行 AutoCAD 2014 程序的安装工作，并会显示当前安装的文件和整体进度，如图 1-29 所示。

　　6　在安装一段时间后，即可完成 AutoCAD 2014 应用程序的安装。此时将显示如图 1-30 所示的【安装完成】页面，并显示各项成功安装的产品信息。最后，单击【完成】按钮。

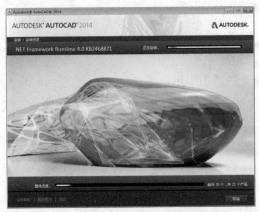

图 1-29　安装向导正在执行安装

图 1-30　完成安装

1.2.3　激活并启动 AutoCAD 2014 应用程序

在安装 AutoCAD 2014 应用程序后，可以通过【开始】菜单来启动该程序。在启动的过程中，可以进行激活应用程序的操作，以便可以永久性使用 AutoCAD 2014。如果不进行激活的操作，则只能试用 30 天。

动手操作　激活 AutoCAD 2014 单机版

1　通过【开始】菜单启动 AutoCAD 2014 应用程序，将弹出【Autodesk 许可】界面，在其中选择是否启用个人隐私信息保护，此时选择界面上的复选框，然后单击【我同意】按钮，程序会验证用户的许可，如图 1-31 所示。

图 1-31　启用个人隐私信息保护

2　在验证完许可后，即显示【请激活您的产品】页面，如果暂时不激活，则可以单击【试用】按钮进行使用。如果需要激活程序，则可以单击【激活】按钮，如图 1-32 所示。

3　进入【产品注册与激活】页面，在文本框中输入产品序列号，然后单击【下一步】按钮，如图 1-33 所示。

图 1-32　激活产品　　　　　　　　　　　图 1-33　输入产品序列号

4 在进入【产品许可激活选项】页面后，页面将显示产品完整信息和申请号信息，可以通过联网激活产品，也可以使用 Autodesk 提供的激活码激活产品。如图 1-34 所示为使用激活码的方法，当输入激活码后，单击【下一步】按钮。

5 如果激活码正确的话，则可以成功激活 AutoCAD 2014，此时将显示【感谢您激活】页面，只需单击【完成】按钮即可，如图 1-35 所示。

图 1-34　使用激活码激活产品　　　　　　　图 1-35　成功激活产品

6 在激活产品后，AutoCAD 2014 程序将被打开，弹出【欢迎】窗口，其中提供了执行工作和学习与扩展的操作，如图 1-36 所示。

图 1-36　AutoCAD 2014 的【欢迎】窗口

1.3　AutoCAD 2014 的二维工作空间

AutoCAD 2014 提供了"AutoCAD 经典"、"草图与注释"、"三维基础"与"三维建模"

4 种工作空间。下面以如图 1-37 所示的"草图与注释"为例，介绍 AutoCAD 2014 的二维工作界面的组成与使用方法。

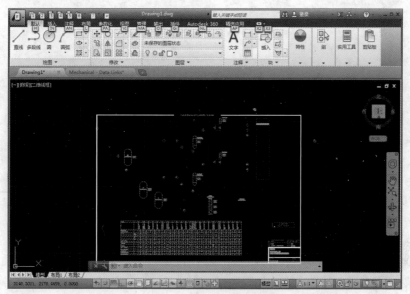

图 1-37　AutoCAD 2014 的【草图与注释】工作空间

 在快速访问工具栏中打开【工作空间】下拉列表，在打开的列表框中可以选择相应选项，以切换工作空间，如图 1-38 所示。

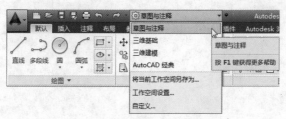

图 1-38　切换工作空间

1.3.1　菜单浏览器

通过菜单浏览器，可以搜索可用的菜单命令，也可以标记常用命令以便日后查找。单击【菜单浏览器】按钮 ，打开如图 1-39 所示的菜单浏览器面板。

菜单浏览器面板可大致分为 3 个部分，下面分别介绍。

1.文件管理菜单命令

在菜单浏览器面板左侧为一些常用的文件管理命令，包括【新建】、【保存】、【打印】与【发布】等。将鼠标放在命令右侧的 按钮上，即可显示子菜单列表。

2.菜单命令搜索栏

使用显示在菜单浏览器顶部的搜索栏可以搜索菜单命令。搜索结果可以包括菜单命令、基本工具提示、命令提示文字字符串或标记。如果要执行菜单命令，在列表中单击所需的搜索结果即可。将鼠标移至命令上停留一秒左右，可以显示相关的提示信息，如图 1-40 所示。

图 1-39　菜单浏览器面板

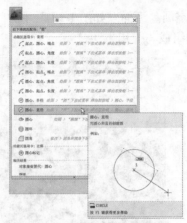

图 1-40　使用命令搜索栏搜索菜单

3.显示最近使用的文件

可以在菜单浏览器右侧查看最近使用过的文件和目前在程序中打开的文件。在默认状态下，【最近使用的文档】按钮呈按下状态，菜单浏览器的右侧将显示最新保存文件的列表，最新保存的文件列于列表的最上方，如图 1-41 所示。单击 按已排序列表 按钮可以选择不同的排序方式，包括按当前顺序、访问日期、大小或者类型来进行排序。而单击 按钮可以选择不同的显示方式，包括小图标、大图标、小图像、大图像 4 种类型，如果选择【小图像】选项即可呈现如图 1-42 所示的显示效果。将鼠标移至缩略图上，可以获得关于文件尺寸和创建者的详细信息。

图 1-41　菜单浏览器显示最近使用的文档

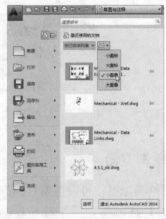

图 1-42　以小图像方式显示文档列表

> 单击【图钉】按钮可以使某文件一直显示在列表中，而不考虑后来保存的文件。该文件将始终显示在最近使用的文档列表的底部，直到再次单击【图钉】按钮将其关闭。

如果在菜单浏览器中单击【打开文档】按钮，可以查看当前在 AutoCAD 中打开的文件的列表，最新打开的文件列于列表的最上方，可以选择不同的缩略显示方式，如图 1-43 所示。

另外，在菜单浏览器右下方提供了两个按钮，单击【选项】按钮可以打开如图 1-44 所示的【选项】对话框，通过不同的选项卡，可以对程序进行详细的配置。单击【退出 AutoCAD】按钮则可退出 AutoCAD 2014 主程序。

图 1-43　显示打开的文档列表

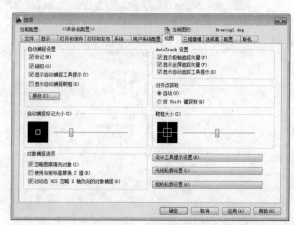

图 1-44　打开【选项】对话框

1.3.2　快速访问工具栏

在快速访问工具栏上，存储了经常使用的命令按钮。单击工具栏最右侧的 按钮可以打开如图 1-45 所示的快捷菜单，通过选择预设的选项，可以增加快速访问工具栏中的按钮数量。此外，也可以将一些常用的功能按钮自定义至此工具栏上。

在快捷菜单中选择【显示菜单栏】命令，可以将菜单栏显示于快速访问工具栏的下方，如图 1-46 所示。如果要取消显示菜单栏时，再次执行【显示菜单栏】命令取消其选择状态即可。

图 1-45　快速访问工具栏的快捷菜单

图 1-46　显示菜单栏后的结果

1.3.3　标题栏与菜单栏

标题栏位于界面顶部，主要用于显示软件名称和当前图形文件名称。如果是刚启动 AutoCAD 2014 没有打开任何图形文件时，标题栏则显示"Drawing1.dwg"。

菜单栏位于标题栏的下方，AutoCAD 的大部分操作命令均以集合的形式分别收藏在文件、编辑、视图、插入、格式、工具、绘图、标注、修改、参数、窗口、帮助这 12 个菜单项中。

菜单栏以级联的层次结构来组织各个命令，并以下拉菜单的形式逐级显示。各个命令下面分别有子命令，某些子命令还有下级选项，如图 1-47 所示。

图 1-47　打开菜单栏查看菜单项

1.3.4　信息中心栏

信息中心栏位于标题栏的右侧，主要由信息搜索栏与多个功能按钮组成，通过信息中心栏可以访问多个信息资源。比如输入关键字进行信息搜索、登录 Autodesk 360 服务，以及访问帮助、显示"通讯中心"面板以获取产品更新和通知，还可以显示"收藏夹"面板以访问保存的主题。

在"键入关键字或短语"文本框中输入问题并按 Enter 键或单击【搜索】按钮，即可搜索多个帮助资源以及所有指定的文件，结果将作为链接显示在面板上。比如输入"圆"并按 Enter 键即可打开【帮助】窗口，得到如图 1-48 所示的搜索结果。此外，单击搜索文本框左侧的按钮，可以收拢或者扩展搜索文本框。

1.3.5　功能区

功能区将传统的菜单命令、工具箱、属性栏等内容分类集中于一个区域中。功能区主要由"功能选项卡"、"面板"与"功能按钮"组成，如图 1-49 所示。在"二维草图与注释"工作空间中包含【常用】、【插入】、【注释】、【参数化】、【视图】、【管理】和【输出】7 个功能选项卡，每个选项卡又包含了多个不同的功能面板，功能区选项卡可以控制功能区面板在功能区上的显示及显示顺序。可以将功能区选项卡添加至工作空间，控制在功能区中显示哪些功能区选项卡。

图 1-48　搜索关键字的结果

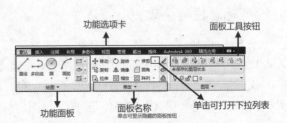

图 1-49　功能区结构分析

　　AutoCAD 2014 将所有的菜单命令转变为较为直观的功能按钮，只要单击按钮即可执行相应的菜单命令，或者打开对话框与浮动面板。对于不熟悉的按钮，可以将鼠标移至按钮上停留 1 秒，即会出现详细的提示信息或者图示，如图 1-50 所示。

　　由于窗口范围有限，某些面板不能完全显示所有按钮，只要单击面板名称所在的按钮即可展开这些功能按钮，以便选择隐藏的按钮。在展开收拢的按钮后，单击面板左下方的【图钉】按钮可以使隐藏的按钮一直显示在面板中。当鼠标离开面板后也不会自动收拢，这些按钮将始终显示在扩展后的面板中，如图 1-51 所示，直到再次单击【图钉】按钮将其关闭。

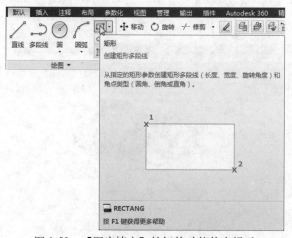

图 1-50　【图案填充】按钮的功能信息提示

图 1-51　始终显示完整面板

　　在所有选项卡右侧提供了按钮，在默认状态下，首次单击此按钮可以将功能区的面板最小化为面板图示，如图 1-52 所示；再次单击可以将功能区最小化为面板标题，如图 1-53 所示；第三次单击可以将功能区最小化为选项卡，隐藏所有功能面板，如图 1-54 所示。

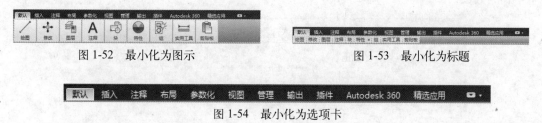

图 1-52　最小化为图示

图 1-53　最小化为标题

图 1-54　最小化为选项卡

1.3.6　绘图区

　　绘图区是指图形文件中的区域，是进行绘图的平台，它占用了操作界面的大部分位置，如图 1-55 所示。由于 AutoCAD 2014 为每个文件都提供了图形窗口，所以每个文件都有着自己的绘图区。

　　在绘图区的左下方提供了"模型"、"布局 1"、"布局 2" 3 个标签，通过它们可以在模型空间与图纸空间进行切换。在默认状态下，绘图区为"模型"状态，如图 1-56 所示。如果选择"布局 1"标签，即会进入整幅图纸的绘图模式，如图 1-57 所示；如果选择"布局 2"标签，则只会显示图纸绘图区域中的范围，如图 1-58 所示。

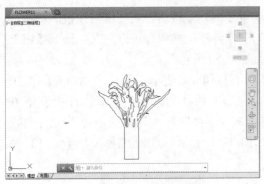

图 1-55　绘图区（模型空间）

图 1-56　"布局 1"图纸模式

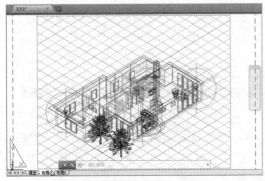

图 1-57　"布局 2"图纸模式

图 1-58　"布局 3"图纸模式

另外，在 AutoCAD 2014 中，每个图形文件都有自身的标题栏，当界面从非最大化切换至最大化时，当前的图形文件即会自动放大，填满剩余的空间。在程序同时打开多个文件时，在【视图】选项卡的【窗口】面板中，可以单击 按钮切换文档窗口，还可以通过单击【水平平铺】 按钮、【垂直平铺】 按钮、【层叠】 按钮来排列文档窗口。如图 1-59 所示为水平平铺的效果。

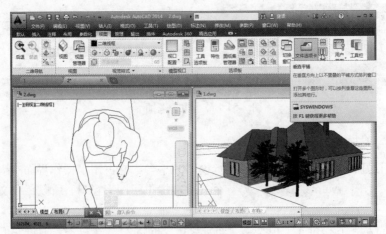

图 1-59　水平屏幕文件

1.3.7　命令窗口

命令窗口位于绘图区的下面，主要由历史命令部分与命令行组成，它同样具有可移动的特性。命令窗口使用户可以从键盘上输入命令信息，从而进行相关的操作，其效果与使用菜单命令及工具按钮相同，是在 AutoCAD 中执行操作的另一种方法。

在命令窗口中间有一条水平分界线，上方为历史命令记录，这里含有 AutoCAD 启动后所有信息中的最新信息，可以通过窗口右侧的滚动条上下查看历史命令记录。分界线下方是当前命令输入行，当输入某个命令后，要注意命令行显示的各种提示信息，以便准确快速地进行绘图。

此外，命令窗口的大小可由用户自定义，只要将鼠标移至该窗口的边框线上，然后按左键并上下方向拖动，即可调整窗口的大小，如往上拖大命令窗口时，其操作如图 1-60 所示。

如果想快速查看所有命令记录，可以按 F2 键打开命令记录列表，这里列出了软件启动后执行过的所有命令记录，如图 1-61 所示。

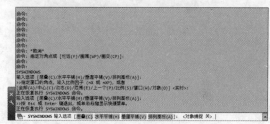

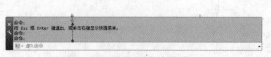

图 1-60　往上拖大命令窗口　　　　　图 1-61　AutoCAD 命令记录列表

1.3.8　状态栏

状态栏位于应用程序的最底端，主要用于显示光标的坐标值、绘图工具、导航工具以及用于快速查看和注释缩放的工具，如图 1-62 所示。允许用户以图标或文字的形式查看图形工具按钮。可以通过捕捉工具、极轴工具、对象捕捉工具和对象追踪工具的快捷菜单，轻松更改这些绘图工具的设置。

图 1-62　状态栏

可以通过图形与布局预览打开的图形和图形中的布局，并在其间进行切换。可以使用导航工具在打开的图形之间进行切换以及查看图形中的模型。还可以显示用于缩放注释的工具。

通过工作空间按钮，可以切换工作空间。【锁定】按钮可锁定工具栏和窗口的当前位置。如果要展开图形显示区域，可以单击【全屏显示】按钮。此外，单击【全屏显示】按钮左侧的按钮，可以打开如图 1-63 所示的状态栏快捷菜单，从而向状态栏添加或者删除按钮。

图 1-63　状态栏快捷菜单

1.4　课堂实训

下面将练习自定义程序工作空间的操作方法。

1.4.1 自定义快速访问工具栏

下面先打开快速访问工具栏的快捷菜单，显示预设的【特性】按钮，然后再打开【自定义用户界面】对话框，将【绘图】菜单中的【圆，两点】命令添加到工具栏中。最后介绍将快速访问工具栏中不需要的按钮删除掉的方法。

动手操作　自定义快速访问工具栏

1　在快速访问工具栏的最右侧单击 按钮，在打开的快捷菜单中选择【特性】预设选项，将【特性】按钮 添加至快速访问工具栏中，如图 1-64 所示。

图 1-64　添加预设的按钮

2　在快速访问工具栏上单击右键，在打开的菜单中选择【自定义快速访问工具栏】命令，在打开的【自定义用户界面】对话框中选择【绘图】命令选项，然后在命令列表中将【直线】选项拖至快速访问工具栏上，在该栏中添加【直线】按钮 ，如图 1-65 所示。

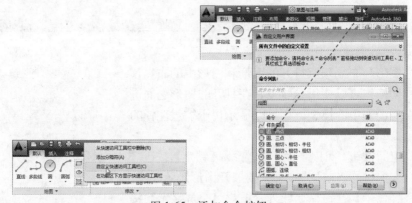

图 1-65　添加命令按钮

3　如果要删除快速访问工具栏中的按钮时，可以在指定按钮上单击右键，然后选择【从快速访问工具栏中删除】命令即可，如图 1-66 所示。

图 1-66　从快速访问工具栏中删除按钮

1.4.2　自定义选项卡

针对不同的绘图项目与适应不同的使用习惯，AutoCAD 2014 允许用户自定义选项卡。可以将一些常用的面板摆放在一个全新的选项卡中，以便提高绘图效率。下面将新建一个名为"自定"的新选项卡，然后在选项卡中添加【绘图】、【图层】和【特性】3 个功能面板。

动手操作　自定选项卡

1　选择【管理】选项卡，在【自定义设置】面板中单击【用户界面】按钮，如图 1-67 所示。

图 1-67　打开【自定义用户界面】对话框

2　在【自定义用户界面】对话框的【自定义】选项卡中展开【功能区】选项，在【选项卡】子选项上单击右键，在打开的快捷菜单中选择【新建选项卡】命令。接着在【选项卡】的最底端输入新选项卡的名称，如图 1-68 所示。

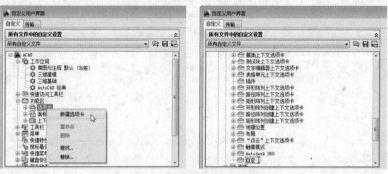

图 1-68　新建选项卡并命名

3　在【功能区】选项下展开【面板】子选项，在多个面板列表中按住 Ctrl 键选择要添加到新选项卡的面板选项，然后在被选项目上单击右键，选择【复制】命令。接着展开【选项卡】子选项，在步骤 2 新建的"自定"选项卡上单击右键，再选择【粘贴】命令，如图 1-69 所示。

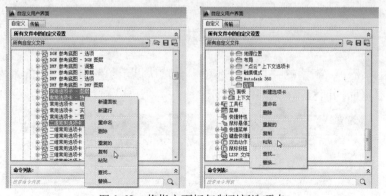

图 1-69　将指定面板复制到新选项卡

4 选择【二维草图与注释 默认（当前）】选项，然后在对话框右侧的【工作空间内容】选项区中单击【自定义工作空间】按钮，如图 1-70 所示。

图 1-70 进入自定义工作空间状态

5 在【选项卡】列表中的"自定"新选项卡左侧打勾，在【工作空间内容】选项区中可以看到该选项卡已经位于当前列表中，单击【完成】按钮退出自定义工作空间状态。最后单击【应用】按钮确定自定义设置，再单击【确定】按钮退出【自定义用户界面】对话框，如图 1-71 所示。

图 1-71 完成自定义操作

6 在一般情况下，新增的"自定"选项卡会默认显示于所有选项卡的最右侧，选择该选项卡即可查看里面的面板，如图 1-72 所示。

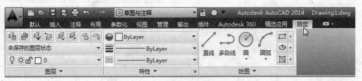

图 1-72 查看新增的选项卡

1.4.3　自定义功能区

可以对功能区中的选项卡或者面板进行位置与顺序的调整。下面以上个实例新增的【自定】选项卡为例，介绍调整选项卡与面板的方法。

动手操作　自定义功能区

1　选择【管理】选项卡，在【自定义设置】面板中单击【用户界面】按钮，打开【自定义用户界面】对话框。然后选择【二维草图与注释　默认（当前）】子选项，在对话框右侧的【工作空间内容】选项区中单击【自定义工作空间】按钮，如图 1-73 所示。

图 1-73　进入自定义工作空间状态

2　展开【功能区选项卡】选项，将【自定】选项卡往上拖至【常用 – 二维】选项的下方，调整选项卡之间的位置关系，如图 1-74 所示。

3　展开【自定】选项卡，将【二维常用选项卡 – 绘图】选项拖至【常用选项卡 – 图层】选项之上，调整面板之间的位置关系，如图 1-75 所示。

图 1-74　调整选项卡的顺序

图 1-75　调整面板的顺序

4　自定义完毕后单击【完成】按钮退出自定义工作空间状态，再单击【确定】按钮，完成自定义并退出【自定义用户界面】对话框。返回功能区中可以看到自定义后的结果，如图 1-76 所示。

图 1-76　自定义功能区后的结果

1.5　本章小结

本章首先讲解了 AutoCAD 2014 的特色，然后介绍了安装 AutoCAD 2014 单机版和启动该程序的基本方法，并详细讲解了 AutoCAD 2014 的二维工作界面的组成，以及自定义程序工作空间的操作方法。

1.6　习题

1. 填充题

(1) AutoCAD 2014 中文版是_____公司的 AutoCAD 系列中最新推出的一套功能强大的电脑辅助绘图软件。

(2) 可以通过新版的 AutoCAD 2014 创建、_____、_____、_____、_____、_____、_____共享及准确设计图形。

(3) 在启动 AutoCAD 2014 程序完成前，程序会先打开_____窗口，以方便新用户执行工作和学习与扩展的操作。

(4) AutoCAD 2014 提供了_____、_____、_____与_____工作空间。

(5) 功能区将传统的_____、_____、_____等内容分类集中于一个区域中。

2. 选择题

(1) 以下哪个不是 AutoCAD 软件的特性？　　　　　　　　　　　　　　　（　　）

　　A. 具有完善的平面和三维图形绘制功能

　　B. 可以进行二次开发

　　C. 支持大量的图形色彩模式

　　D. 支持多种外部硬件设备

(2) 按下哪个键可以快速打开 AutoCAD 命令记录列表？　　　　　　　　（　　）

　　A. F1　　　　　　B. F2　　　　　　C. F3　　　　　　D. F4

(3) 以下哪个不是 AutoCAD 2014 预设的工作空间？　　　　　　　　　　（　　）

　　A. 二维草图与注释　　　　　　　　B. 三维建模

　　C. AutoCAD 经典　　　　　　　　　D. 描图视图

(4) 在绘图区的左下方，哪个标签不是程序默认提供的？　　　　　　　　（　　）

　　A. 模型　　　　　　B. 布局 1　　　　　C. 布局 2　　　　　D. 布局 3

3. 操作题

以【插入】选项卡为例，将该选项卡移到【常用】选项卡的前面，结果如图 1-77 所示。

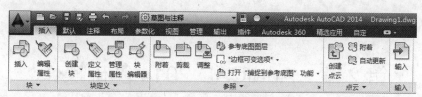

图 1-77　自定义工作后的结果

提示：

（1）选择【管理】选项卡，在【自定义设置】面板中单击【用户界面】按钮，打开【自定义用户界面】对话框。然后选择【二维草图与注释 默认（当前）】子选项，在对话框右侧的【工作空间内容】选项区中单击【自定义工作空间】按钮。

（2）打开【功能区—选项卡】选项，将【插入】选项卡往上拖至【常用 – 二维】选项的上方，调整选项卡之间的位置关系。

（3）自定义完毕后单击【完成】按钮退出自定义工作空间状态，再单击【确定】按钮，完成自定义并退出【自定义用户界面】对话框。

第 2 章 AutoCAD 2014 基础操作

教学提要

本章首先介绍 AutoCAD 的命令执行方式，然后详细介绍各种管理文件的技巧，最后介绍配置系统与绘图环境的方法，使其能适应用户的使用习惯，从而得心应手、事半功倍。

教学重点

➤ 了解 AutoCAD 2014 的命令执行方式
➤ 掌握新建图形文件、模板文件和图纸集的方法
➤ 掌握保存图形文件和加密图形文件的方法
➤ 掌握各种打开图形文件的方法

2.1 执行命令的方式

使用 AutoCAD 执行命令的方法有很多种，可以单击功能区中的按钮执行命令。另外，在命令窗口中直接输入英文命令符，也是较为常用的一种执行命令方法。使用上述方法执行命令后，通常还要设置变量，才能完成一个绘图与编辑操作。

变量可以控制所执行的功能，以及设置工作环境与相关工作方式。例如选择绘制圆形命令后，必须先确定圆心的位置与半径的值，这些都属于变量的设置。

2.1.1 通过功能按钮执行命令

在 AutoCAD 中，绝大多数命令都可以通过功能区来完成，因执行命令的差异，通常需要配合鼠标进行绘制与编辑操作。

1. 不用变量绘图

下面以绘制一条任意直线为例，介绍使用功能区按钮执行命令的方法。

 动手操作 通过功能按钮执行命令绘制直线

1 选择【默认】选项卡，在【绘图】面板中单击【直线】按钮，执行【直线】命令。当光标变成纯"十"状态时，表示正在执行【直线】命令，并进入绘制直线的状态，如图 2-1 所示。

2 在任意位置单击左键确定直线的起点，接着移动光标至另一端单击确定直线的第 2 点。

3 完成直线绘制后按 Enter 键，或者在屏幕上右击，在弹出的快捷菜单中选择【确认】命令，将直线的第 2 点指定为终点，如图 2-2 所示。

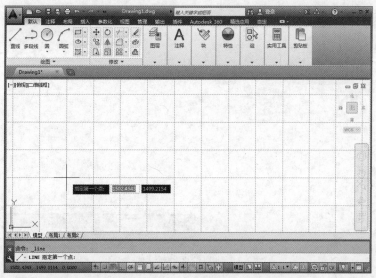

图 2-1　通过单击【直线】按钮执行【直线】命令

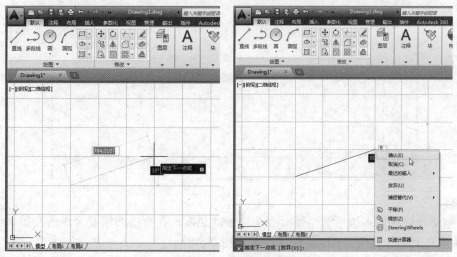

图 2-2　绘制直线

2. 使用变量绘图

上例的方法是使用功能区按钮结合鼠标操作来完成直线的绘制，但某些操作必须先在命令窗口中输入变量方可继续进行绘图与编辑图形。下面以绘制正六边形为例，介绍使用功能区结合变量绘图的方法。

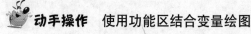　**动手操作**　使用功能区结合变量绘图

1　选择【常用】选项卡，在【绘图】面板中单击【正多边形】按钮 ⬡。当命令窗口出现提示时，必须在命令窗口中输入变量（边的数目），此时输入 "8" 并按下 Enter 键，如图 2-3 所示。

2　使用鼠标在绘图区中单击确定多边形的中心点，此时命令窗口又出现 "内接于圆" 与 "外切于圆" 的变量选择，同时鼠标旁边弹出【输入选项】列表，可以在命令窗口输入变量，也可以直接在列表上选择选项，如图 2-4 所示。

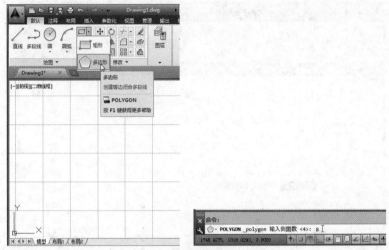

图 2-3　执行绘图并输入变量

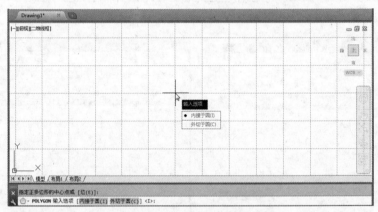

图 2-4　输入变量或选择输入选项

3　拖动光标确定多边形的半径大小与摆放的角度，在合适的位置上单击左键，确定多边形的角度与大小并完成图形的绘制，结果如图 2-5 所示。

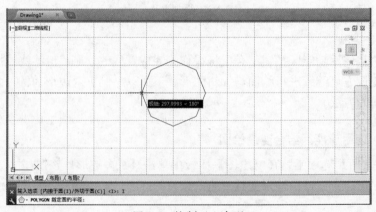

图 2-5　绘制正八边形

2.1.2　使用命令窗口执行命令

除了使用功能区以外，还可以通过命令窗口以输入命令指令的方式，执行 AutoCAD 中的所有命令。另外，在进行变量设置时，也可以使用键盘通过提示信息进行准确设置，例如在前面绘制正八边形的过程中，可以通过命令窗口指定多边形的中心与半径大小等信息。下面以绘制矩形为例，介绍通过命令窗口输入命令执行绘图操作的方法。

动手操作　使用命令窗口执行命令

1　在命令窗口中输入"RECTANG"命令，并按下 Enter 键，执行绘制矩形的指令，如图 2-6 所示。

图 2-6　输入绘图的命令

由于命令的名称一般都很长，因此可以简化输入。例如 Circle 命令可以直接输入"C"来代替，通常把 C 叫做命令别名。在帮助系统中有详细的命令别名列表。

2　系统提示：指定第一个角点或[倒角(C) 标高(E) 圆角(F) 厚度(T) 宽度(W)]，此时输入"1500"确定角点位置，如图 2-7 所示。

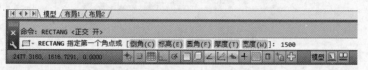

图 2-7　输入第一个角点的位置

3　系统提示：指定另一个角点或[面积(A) 尺寸(D) 旋转(R)]，此时输入"800"，按下 Enter 键指定矩形的第二个角点位置。经过这些操作，即可绘制矩形，如图 2-8 所示。

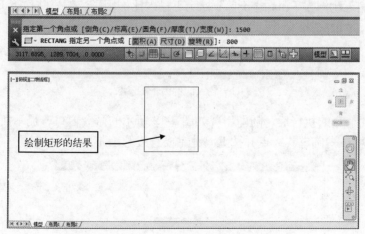

图 2-8　输入第二个角点位置完成矩形的绘制

如果觉得角点的位置不合适，可以输入"U"再按下 Enter 键，取消之前设置的变量，然后重新输入角点位置的变量即可。

2.1.3 使用透明命令进行绘图

透明命令是指在执行当前命令时可以再使用另一个命令。在 AutoCAD 中许多命令可以透明使用，常用于更改图形设置或显示选项，例如 grid 或者 zoom 等命令皆可看作是透明命令。

在使用透明命令时，可以在命令窗口的任意状态下输入 "+透明命令"，此时命令窗口将显示该命令的系统变量选项，选取合适变量后将以 ">>" 标示后续的设置，在该提示下输入所需的值即可，完成后立即恢复执行原命令。下面通过介绍在绘制线条的过程中调整屏幕的显示比例为例，介绍透明命令的使用方法。

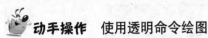 **动手操作 使用透明命令绘图**

1 在命令窗口中输入 "line"，然后使用鼠标在绘图区单击确定直线起点。

2 在命令窗口中输入 "'zoom" 并按下 Enter 键，如图 2-9 所示。

图 2-9 使用透明命令

3 此时出现如图 2-10 所示的变量选项，输入 "S" 并按下 Enter 键。

图 2-10 选择设置缩放比例

 除了在命令窗口中输入透明命令以外，还可以通过菜单或者工具栏按钮来实现，例如步骤 (2) 的操作，可以在【视图】选项卡的【导航】面板中打开【窗口】列表，再选择【缩放】 选项，执行该透明命令。

4 在 ">>输入比例因子(nx 或 nxp)" 提示下输入比例因子 "2"，并按下 Enter 键，将屏幕放大两倍显示，如图 2-11 所示。

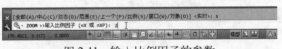

图 2-11 输入比例因子的参数

5 完成透明命令的执行后，随即出现如图 2-12 所示的命令窗口，提示指定直线的下一点，最后在屏幕中单击确定其终点并按 Esc 键完成直线的绘制。

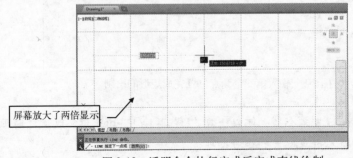

图 2-12 透明命令执行完成后完成直线绘制

2.2　新建图形与图纸集

根据使用性质不同，AutoCAD 提供了多种文件格式类型。另外，新建图形的方法有很多，下面先介绍通过多种方法创建不同类型的图形文件，然后介绍使用向导新建图纸集。

2.2.1　新建图形文件

AutoCAD 2014 在创建图形文件方面取消了过去旧版的【启动】窗口，而且将创建文件的操作集中于【选择样板】对话框，可以在该窗口创建"图形样板(*.dwt)"、"图形(*.dwg)"与"标准(*.dws)" 3 种类型的文件。

1. 新建样板文件

AutoCAD 的样板文件格式为 DWT。从程序的安装目录下可以找到预设的样板文件，可以在这些模板的基础上创建新的样板文件，通过编辑修改后再保存为合适的文件格式，以增强绘图效果。另外，也可以将一些常用的或者具有代表性的图形保存成样板文件，以供后续使用。

 动手操作　新建样板文件

1　执行以下任一操作，打开【选择样板】对话框：

● 单击【菜单浏览器】按钮，再选择【新建】|【图形】命令。

● 在快速访问工具栏上单击【新建】按钮。

● 按下 Ctrl+N 快捷键。

2　在打开的【选择样板】对话框中会自动搜索出 "Template" 文件夹，这里预设了不同类型的样板。确定文件类型为【图形样板(*.dwt)】后，在文件列表中单击选择一个文件样板，接着在【预览】选项组中查看其缩图效果，满意后单击【打开】按钮，如图 2-13 所示。

图 2-13　根据预设样板新建样板文件

3　完成上述操作后，程序将在所选样板的基础上创建出一个新样板文件，但其文件名仍以 "Drawing(文件序号).dwt" 来命名，如图 2-14 所示。

 如果要创建一个空白的样板文件，可以在【选择模板】对话框中单击【打开】按钮右侧的按钮，在如图 2-15 所示的下拉列表中选择【无样板打开 – 英制】或【无样板打开 – 公制】选项。其含义如下。

● 英制：使用英制系统变量创建新图形，默认图形边界(栅格界限)为 12 英寸×9 英寸。

● 公制：使用公制系统变量创建新图形，默认图形边界(栅格界限)为 420 毫米×297 毫米。

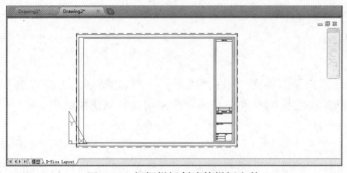

图 2-14　根据样板创建的样板文件　　　　　　图 2-15　无样板创建样板文件

2. 新建图形文件

图形文件的格式为 DWG，它不仅是 AutoCAD 图形文件的标准文件格式，还是 AutoCAD 的默认格式。当启动 AutoCAD 2014 软件后，程序会自动新建一个名称为"Drawing1.dwg"的新图形文件。

动手操作　创建图形文件

1　执行以下任一操作，打开【选择样板】对话框：

● 单击【菜单浏览器】按钮 ，再选择【新建】|【图形】命令。

● 在快速访问工具栏上单击【新建】按钮 。

● 按下 Ctrl+N 键。

2　在【文件类型】下拉列表中选择为"图形(*.dwg)"，接着在"Template"文件夹或者计算机中的其他位置选择已有文件，作为样板文件，如图 2-16 所示。最后单击【打开】按钮从样板文件创建图形文件。

3　创建出来的图形效果如图 2-17 所示。如果想要新建空白的图形文件，可以单击【打开】按钮右侧的 按钮，在下拉列表框中选择【无样板打开－英制】或【无样板打开－公制】选项。

3. 新建标准文件

标准文件的格式为 DWS。此格式类型只能查看，不能修改编辑。为了增强文件的安全性，通常会将图形文件以".dws"格式保存。新建标准文件的方法与上述两种新建方法相似，只要在如图 2-16 所示中的【文件类型】下拉列表中选择为"标准(*.dws)"项目即可。

 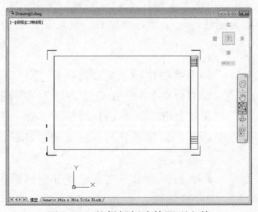

图 2-16　从样板新建图形文件　　　　　　图 2-17　从样板新建的图形文件

2.2.2　新建图纸集

图纸集是几个图形文件中图纸的有序集合。对于大多数设计组，图形集是主要的提交对象。图形集用于传达项目的总体设计意图并为该项目提供文件和说明。手动管理图形集的过程较为复杂和费时。因此，可以使用图纸集管理器将图形作为图纸集管理，并可以从任意图形将布局作为编号图纸输入到图纸集中。

通过【创建图纸集】向导可以新建图纸集，既可以基于现有图形从头开始创建图纸集，也可以使用图纸集样例作为样板进行创建。

动手操作　新建图纸集

1　单击【菜单浏览器】按钮，选择【新建】|【图纸集】命令，打开【创建图纸集 – 开始】对话框，然后选择【样例图纸集】单选按钮，单击【下一步】按钮，如图 2-18 所示。

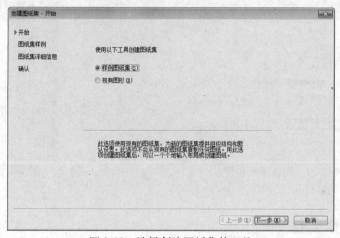

图 2-18　选择创建图纸集的工具

2　在【图纸集样例】窗口中选择【选择一个图纸集作为样例】单选按钮，然后选择列表中的第二个项目，再单击【下一步】按钮，如图 2-19 所示。

3　在【图纸集详细信息】窗口中输入新图纸集的名称为"施工图纸集"，如果有需要可以在【说明】文本框中输入描述内容。这里保持默认的保存路径，然后单击【下一步】按钮，如图 2-20 所示。

图 2-19　选择图纸集样例

图 2-20　输入图纸集名称并指定保存位置

在使用【创建图纸集】向导创建新的图纸集时，将创建新的文件夹作为图纸集的默认存储位置。这个新文件夹名为 "AutoCAD Sheet Sets"，位于 "我的文档" 文件夹中。可以修改图纸集文件的默认位置，但是建议将 dst 文件和项目文件存储在一起。

　　4　在【确认】窗口中查看【图纸集预览】列表中的相关信息，确认没问题后单击【完成】按钮，如图 2-21 所示。

　　5　完成上述操作后，即可返回到 AutoCAD 主程序，并会自动开启如图 2-22 所示的【图纸集管理器】面板。

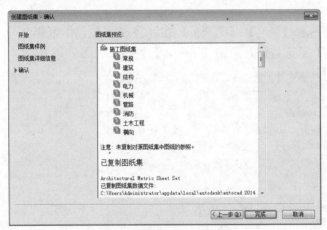

图 2-21　确认图纸集信息

图 2-22　创建图纸集后出现的面板

2.3　保存图形文件

　　AutoCAD 2014 程序与使用其他 Windows 应用程序一样，在创建或编辑文件后，需要保存图形文件以便日后使用。在 AutoCAD 2014 中，可以设置自动保存、备份文件以及加密图形文件以保护绘图数据。

2.3.1　保存与另存文件

　　对新创建的文件而言，只要单击【保存】按钮◻即可打开【图形另存为】对话框。可以选择保存路径并更改文件的名称与格式等属性。不管创建的文件为何种文件类型，在默认状态下，图形文件的保存格式均为 ".dwg"（此格式适于文件压缩和在网络上使用），除非更改保存图形文件所使用的默认文件格式，否则将使用最新的图形文件格式保存图形。

动手操作　保存文件

　　1　执行以下任一操作，打开【图形另存为】对话框：

● 单击【菜单浏览器】按钮▲，再选择【保存】命令。

● 在快速访问工具栏上单击【保存】按钮◻。

● 按下 Ctrl+S 快捷键。

2　在对话框中设置保存位置、文件名与文件类型，并单击【保存】按钮，这样图形文件即会保存到相应的文件夹，如图 2-23 所示。

图 2-23　保存文件

图形文件的文件扩展名为“.dwg”，除非更改保存图形文件所使用的默认文件格式，否则将使用最新的图形文件格式保存图形。

DWG 文件名称（包括其路径）最多可包含 256 个字符。

如果当前的图形已被保存过，那么执行【保存】命令将不会再出现【图形另存为】对话框，只会自动地以增量的方式保存该图形的相关编辑处理，新的修改会添加到保存的文件中，并且会在相同的保存位置上生成一个扩展名为“.bak”的同名文件。

如果要将目前图形保存为一个新图形，而且不影响原图形时，可以单击【菜单浏览器】按钮，再选择【另存为】|【图形】命令，或者按 Ctrl+Shift+S 键，打开【图形另存为】对话框后，用一个新名称或者新路径来另存该文件即可。

2.3.2　自动保存文件

如果室内电压不稳定，经常有跳闸断电的危险，而且用户又没有经常保存文件的习惯，可以使用 AutoCAD 提供的自动保存功能。它能够根据设置的时间间隔自动保存当前处理的文件。

动手操作　自动保存文件

1　单击【菜单浏览器】按钮，再单击【选项】按钮，如图 2-24 所示。

2　打开【选项】对话框，然后切换至【打开和保存】选项卡，在【文件安全措施】选项组下选择【自动保存】复选框，并输入【保存间隔分钟数】为“10”，表示文件每隔 10 分钟即会自动保存一次，最后单击【确定】按钮完成自动保存设置，如图 2-25 所示。

图 2-24　单击【选项】按钮

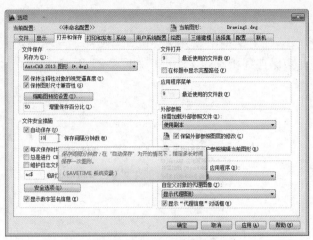

图 2-25　设置文件自动保存

2.3.3　加密保护绘图数据

如果绘制的图形文件具有商业性质，不想让其他人查看，可以为文件设置开启密码。只有持有该开启密码的用户方可打开文件。但必须注意的是，如果遗忘了密码将不能打开加密文件。

动手操作　加密保护绘图数据

1　打开【图形另存为】对话框，然后单击右上方的【工具】按钮，在打开的下拉菜单中选择【安全选项】命令，如图 2-26 所示。

图 2-26　打开【安全选项】对话框

　加密主要用于防止数据被盗取，还可以保护数据的机密性。密码仅适用于 AutoCAD 2004 和更新版本的图形文件（DWG、DWS 和 DWT 文件）。

2　在【安全选项】对话框的【密码】选项卡【用于打开此图形的密码或短语】文本框中，建议输入易于本人记取的数字与英文字母组合(密码不区分大小写)。输入密码后，单击【确定】按钮，如图 2-27 所示。此时弹出【确认密码】对话框，要求用户再次输入相同的密码，如图 2-28 所示，最后单击【确定】按钮，确保两次输入的一致性。

图 2-27　输入密码

3　在返回到【图形另存为】对话框中指定保存设置后，单击【保存】按钮。在保存路径下双击打开前面加密并保存的文件，弹出如图 2-29 所示的【密码】对话框，输入正确密码并单击【确定】按钮后，方可打开加密文件。

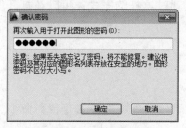

图 2-28　确认密码

图 2-29　输入正确密码打开图形文件

2.4　打开图形文件

有些图形在经过多次的编辑后，才能达到所需要的最终结果，在需要要再次修改保存后的图形时，必须先将旧图形文件打开至绘图区中。可以通过【菜单浏览器】预览或者打开最近使用过的图形文件。另外，AutoCAD 还提供了"标准方式打开"、"查找方式打开"、"局部打开"、"打开图纸集"与"从云绘制"等多种文件打开方式。

2.4.1　标准方式打开文件

标准打开图形的方式是通过【打开】命令，在【选择文件】对话框中通过预览效果，可以选择所需的单个或者多个文件，并将其打开到绘图区中。

动手操作　打开图形文件

1　执行以下任一操作，打开【选择文件】对话框：

● 单击【菜单浏览器】按钮，再选择【打开】|【图形】命令。

● 在快速访问工具栏上单击【打开】按钮。

● 按下 Ctrl+O 键。

2　指定【查找范围】的位置，然后在文件列表中选择所需的图形文件并单击【打开】按钮，这样即可将选中的文件打开，如图 2-30 所示。

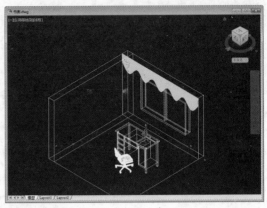

图 2-30　【选择文件】对话框

2.4.2　以查找方式打开文件

在 AutoCAD 2014 中，可以使用名称、位置和日期过滤器搜索图形、特性（如添加到图形中的关键字）或包含特定单词或词组的文本字符串。通过这样的方式，可以在打开图形文件时，通过查找的方式或者图形文件的预览缩略图来找到所需的图形。

 动手操作　以查找方式打开文件

1　按下 Ctrl+O 快捷键，打开【选择文件】对话框。

2　在对话框右上角单击【工具】按钮，在打开的下拉菜单中选择【查找】命令，打开【查找】对话框，如图 2-31 所示。

3　在【名称和位置】选项卡中输入"名称"(支持通配符)、"类型"和"查找范围"等属性，然后单击【开始查找】按钮，即可根据设置的内容搜索文件，如图 2-32 所示。

 【类型】选项是指文件的格式，其中包括"图形(*.dwg)"、"标准(*.dws)"、"DXF(*.dxf)"与"图形样板(*.dwt)"4 种类型。

图 2-31　使用查找功能　　　　　　　　　　图 2-32　设置查找选项

4　此时与搜索条件相符的文件即会显示于【查找】对话框下方的列表中，分别显示文件的"名称"、"所在文件夹"、"大小"、"类型"和"修改时间"5 项文件属性。只要双击某个文件即可将其指定到【选择文件】对话框的【文件名】文本框中，如图 2-33 所示。

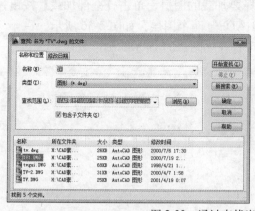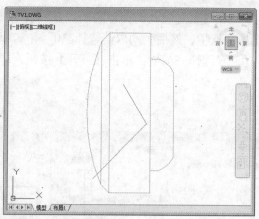

图 2-33　通过查找出来的结果打开图形文件

2.4.3　局部打开图形

如果要打开的图形很大时，将花费很大资源，而且必须重新调整其视图比例。此时可以通过"局部打开"的方式仅打开所需的区域，以便提高性能。可以只打开某个视图、图层或者图形对象。其作用是减少对内存的需求、节省加载时间、利用窗口或图层指明需要加载的部分。

 只能编辑加载到图形文件中的部分，但是图形中所有命名对象均可以在局部打开的图形中使用。如果想要编辑其他特性，可以再次使用【局部打开】命令，将所需特性的部分打开。命名对象包括图层、视图、块、标注样式、文字样式、视口配置、布局、UCS 和线型。

动手操作　局部打开图形

1　打开【选择文件】对话框，然后单击【查看】按钮并选择【缩略图】命令，以缩略图的方式显示文件夹中的图形，接着选择所需的文件，如图 2-34 所示。

2　单击【打开】按钮旁边的▼按钮，从打开的下拉菜单中选择【局部打开】命令，如图 2-35 所示。

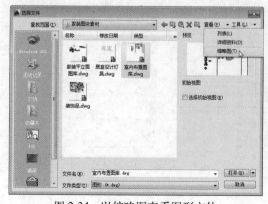

图 2-34　以缩略图查看图形文件　　　　　图 2-35　选择局部打开方式

3　在弹出【局部打开】对话框后，在【要加载几何图形的视图】列表中选择要加载的视图，默认状态为"范围"，表示加载整个图形。

  4 在【要加载几何图形的图层】列表中选择要加载的图层，单击【全部加载】按钮，全选所有选项，然后手动取消选择"0"和"ASHADE"两个图层，如图2-36所示。

  5 在选择完成后，单击【打开】按钮，即可打开如图2-37所示的图形效果。

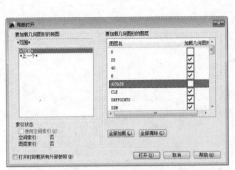

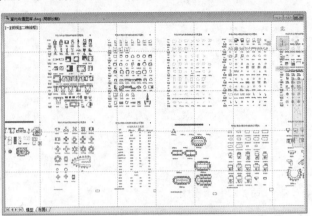

图2-36　选择加载图形的图层并打开文件　　　　图2-37　打开文件的结果

2.4.4　打开图纸集

  可以使用【打开图纸集】命令打开保存的图纸集。

动手操作　打开图纸集

  1 单击【菜单浏览器】按钮，选择【打开】|【图纸集】命令，打开【打开图纸集】对话框。

  2 在"AutoCAD Sheet Sets"文件夹下选择图纸集文件，接着单击【打开】按钮，如图2-38所示。完成操作后，即可打开【图纸集管理器】面板，如图2-39所示。

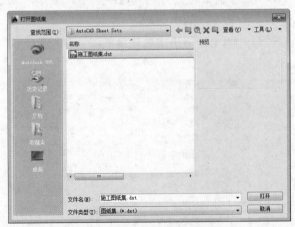

图2-38　打开图纸集文件　　　　　　　　图2-39　打开图纸集的结果

2.4.5　以从云绘制方式打开文件

  以从云绘制方式打开文件，其实是打开联机存储的图形文件的方式。这种方式可以从各种联机位置打开文件，包括Autodesk 360、FTP站点、URL和Web文件夹。

下面将以从 Autodesk 360 打开图形文件为例，介绍以从云绘制方式打开文件的方法。在从 Autodesk 360 打开文件时，需要预先注册 Autodesk 账户，并通过此账户登录后打开文件。

动手操作　从 Autodesk 360 打开文件

1　单击【菜单浏览器】按钮，再选择【打开】|【从云绘制】命令，此时打开【Autodesk-登录】对话框并连接互联网，如图 2-40 所示。

图 2-40　选择【从云绘制】命令

2　在连接互联网成功后，对话框显示【使用 Autodesk 账户登录】界面，此时输入账户和密码即可登录。如果还没有注册 Autodesk 账户，则可以单击【需要 Autodesk ID?】链接文本，然后通过【创建账户】对话框创建 Autodesk 账户，如图 2-41 所示。

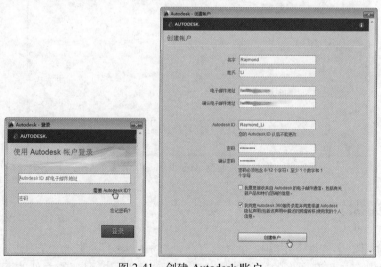

图 2-41　创建 Autodesk 账户

3　在创建账户完成后即可自动登录 Autodesk 360，程序弹出【默认的 Autodesk 360 设置】对话框，可以进行相关设置，然后单击【确定】按钮即可，如图 2-42 所示。

4　此时打开【选择文件】对话框，并进入 Autodesk 360 中的个人账户目录内。选择保存在 Autodesk 360 中的图形文件，再单击【打开】按钮即可，如图 2-43 所示。

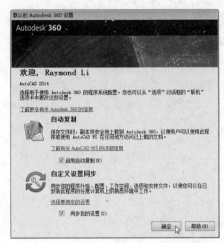

图 2-42　设置 Autodesk 360 默认设置　　　　图 2-43　打开 Autodesk 360 中的图形文件

如果想要将图形文件保存在 Autodesk 360 中，可以打开【菜单浏览器】并选择【另存为】|【绘制到云】命令，然后执行保存文件的操作即可。

或者复制图形文件，然后在【我的电脑】中打开【Autodesk 360 系统文件夹】，接着粘贴文件到该文件夹即可，如图 2-44 所示。

图 2-44　将文件粘贴到 Autodesk 360 系统文件夹

2.5　课堂实训

　　本章首先介绍了 3 种最常用的执行命令方法，然后讲述了透明命令的使用技巧，接着分别介绍了创建、保存与打开图形的文件的操作，以及对于不同情况下的文件的不同管理方法。下面通过实例综合介绍所学知识。

2.5.1　配合透明命令绘图

　　先创建一个默认的公制图形文件，然后使用功能区的【圆】功能按钮配合"zoom"透明命令绘制一个圆形，将其保存为样板文件。

动手操作　配合透明命令绘图

1 　按 Ctrl+N 键打开【选择样板】对话框，在【文件类型】列表中选择【图形 (*.dwg)】。单击【打开】按钮右侧的 按钮，在下拉列表中选择【无样板打开 – 公制】选项，如图 2-45 所示。

2 　在【常用】选项卡的【绘图】面板中单击【圆】按钮，当命令窗口提示指定圆心时在绘图区中单击，如图 2-46 所示。

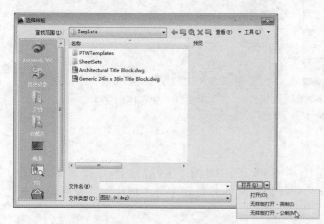

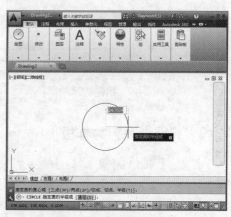

图 2-45　新建公制文件　　　　　　　　　图 2-46　指定圆心位置

3 　当命令窗口提示"指定圆的半径或 [直径(D)]:"时，输入"zoom"并按下 Enter 键。接着输入"S"并按下 Enter 键，选择【比例】选项，如图 2-47 所示。

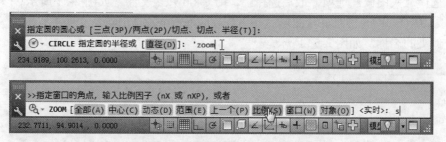

图 2-47　使用"比例"缩放透明命令

4 　当命令窗口提示"＞＞输入比例因子 (nX 或 nXP):"时，输入 0.5 并按下 Enter 键，使当前显示比例缩小一倍，如图 2-48 所示。

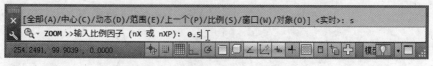

图 2-48　输入比例因子的参数

5 　此时恢复执行 CIRCLE 命令，并提示"指定圆的半径或 [直径(D)]:"；下面在绘图区中单击确定圆形的半径，如图 2-49 所示。

6 　按 Ctrl+S 键打开【图形另存为】对话框，指定保存位置于"上机练习"文件夹，然后指定文件名与文件类型，如图 2-50 所示。

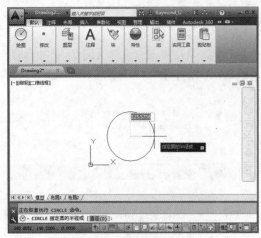

图 2-49　指定圆形的半径

图 2-50　保存图形文件

2.5.2　将图形另存为样板

先从【菜单浏览器】中显示最近使用过的文件缩图，然后选择并打开绘制的"2.5.1_ok.dwg"图形文件，接着将其另存为 dwt 样板文件并放置于"上机练习"文件夹的新建文件夹内。

动手操作　将图形另存为样板

1　单击【菜单浏览器】按钮 ，再选择【打开文档】按钮 ，接着单击 按钮打开下拉列表，选择【大图像】选项，最后选择"2.5.1_ok.dwg"文件，如图 2-51 所示。

2　按 Ctrl+Shift+S 键打开【图形另存为】对话框，单击【创建新文件夹】按钮 ，然后输入新文件夹的名称，如图 2-52 所示。

图 2-51　通过【菜单浏览器】打开文档

图 2-52　创建新文件夹

3　双击新创建的文件夹，设置文件的保存类型为"*.dwt"，再输入文件名，单击【保存】按钮。在打开的【样板选项】对话框中输入样板说明，最后单击【确定】按钮，如图 2-53 所示。

图 2-53　将文件保存为样板

2.6　本章小结

本章首先介绍了 AutoCAD 2014 执行命令的方法，然后介绍了新建图形和图纸集的方法，最后详细介绍了保存图形文件和打开图形文件的操作。通过本章的学习，可以奠定坚实的应用基础，为后续的学习提供方便。

2.7　习题

1. 填充题

（1）在命令行中输入_____命令，可以执行绘制八边形的指令。

（2）如果觉得设置的绘图变量不合适，可以在命令行输入_____并按下 Enter 键，即可取消之前设置变量。

（3）透明命令是指在执行_____时可以再使用另一个命令。

（4）使用向导创建图纸集通过_____与_____两项工具来完成。

（5）密码适用于包括_____、_____和_____等类型的文件。

2. 选择题

（1）绘制线条可以使用以下哪个命令？　　　　　　　　　　　　　　　　　　　（　　）

　　A. line　　　　　　B. zoom　　　　　　C. xiantiao　　　　D. rood

（2）AutoCAD 2014 默认的图形文件的格式是什么？　　　　　　　　　　　　（　　）

　　A. DWS　　　　　　B. DWT　　　　　　C. DWG　　　　　　D. DWR

（3）按下什么快捷键可以直接保存图形文件？　　　　　　　　　　　　　　　（　　）

　　A. Ctrl+N　　　　　B. Ctrl+Shift+S　　　C. Ctrl+O　　　　　D. Ctrl+S

（4）以下哪个命令可以看作是透明命令？　　　　　　　　　　　　　　　　　（　　）

　　A. zoom　　　　　　B. line　　　　　　C. rectang　　　　　D. rood

3. 操作题

通过查找功能从光盘中使用"M01-传动连定位块.dwg"样板文件创建新图形文件，并将其保存至计算机硬盘上。

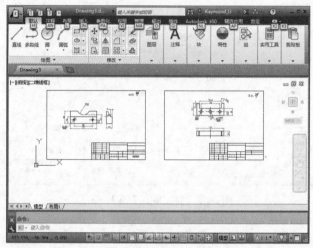

图 2-54　通过查找功能打开的图形文件

提示：

（1）按 Ctrl+N 快捷键打开【选择样板】对话框，单击【工具】按钮，在弹出的下拉菜单中选择【查找】命令。

（2）在打开的【查找】对话框中输入"名称"与"类型"，然后指定搜索的位置为光盘中本章范例文件夹"..\Example\Ch02"，最后单击【开始查找】按钮，如图 2-55 所示。稍等片刻后，在查找列表中找到所需文件后单击【确定】按钮，如图 2-56 所示。

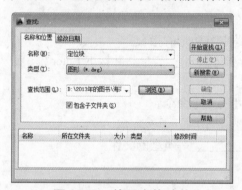
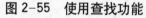

图 2-55　使用查找功能

图 2-56　查找到图形文件

（3）返回【选择样板文件】对话框中单击【打开】按钮，即可打开样板文件。

（4）按 Ctrl+S 快捷键打开【图形另存为】对话框，设置保存的文件类型为（*.dws）标准图形格式，接着指定图形的保存路径与文件名，最后单击【保存】按钮。

第3章 视图的控制、创建与使用

教学提要

本章主要介绍视图的控制、创建与应用，包括缩放视图的功能与命令，缩放、平移、查看图形与布局以及平铺、分割和合并视口的方法。

教学重点

➤ 了解缩放视图的功能和命令
➤ 掌握缩放、平移、查看图形与布局的方法
➤ 掌握保存与恢复命名视图的方法
➤ 掌握平铺视口、分割和合并视口的方法

3.1 缩放视图

视图是指按一定比例、位置与角度显示图形的区域，【缩放】是一个放大或缩小视图的查看功能，它类似于相机中的镜头，具备拉近或者拉远的对焦功能，可以随意放大或者缩小拍摄的对象，但图形的实际大小不变。

3.1.1 缩放视图概述

在 AutoCAD 2014 中，使用菜单、工具栏或者功能区面板都可实现缩放功能。通过快速访问工具栏显示菜单栏，然后选择【视图】|【缩放】菜单命令，即可打开【缩放】子菜单中的命令，在这里选择任意一个命令均可执行缩放操作，如图 3-1 所示。另外，在【视图】选项卡的【二维导航】面板中也可展开【缩放】功能列表，如图 3-2 所示。

图 3-1 【缩放】子菜单

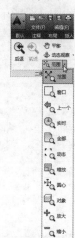

图 3-2 【缩放】功能列表

除了以上 3 种执行【缩放】命令的方式外，在命令行中输入"zoom"并按下 Enter 键，或者直接在状态栏中单击【缩放】按钮显示变量设置项目，它们的作用与【缩放】子菜单中的命令相同。

3.1.2 实时缩放视图

使用实时缩放功能，可以按住鼠标向上拖动放大整个图形，而往下拖动即可缩小图形。

动手操作 实时缩放视图

1 在【视图】选项卡的【二维导航】面板中单击【范围】按钮右侧的 按钮，打开缩放功能列表并选择【实时】选项 ，鼠标光标将变成 状态，缩放前的对象如图 3-3 所示。

2 移动光标至图形上，按下鼠标左键不放并往上方拖动，整个图形对象就会放大显示，如图 3-4 所示。

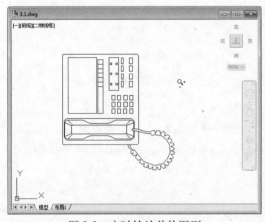
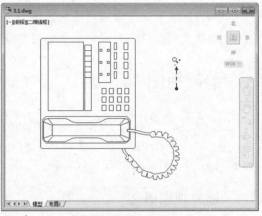

图 3-3　实时缩放前的图形　　　　　　图 3-4　实时放大图形

3 移动光标至图形上，按下鼠标左键不放并往下方拖动，整个图形对象就会缩小显示，如图 3-5 所示。

4 完成缩放处理后在图形中右击，在打开的快捷菜单中选择【退出】命令，或者按 Enter 键完成缩放操作，如图 3-6 所示。

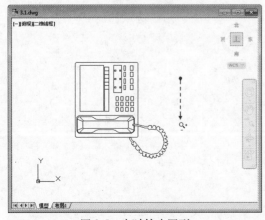
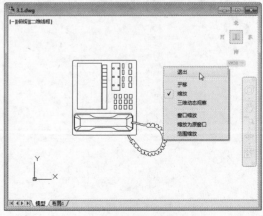

图 3-5　实时缩小图形　　　　　　　　图 3-6　退出实时缩放状态

在缩放过程中，在【视图】选项卡的【视图】面板中单击【后退】按钮 ，可以返回上一个缩放操作；单击【前进】按钮 ，可以恢复下一个缩放操作。

3.1.3　窗口缩放视图

窗口缩放视图可以在屏幕上指定两个对角点，以确定一个矩形范围来将指定区域放大至填满整个绘图区域。在指定角点的操作中，较为常用的是使用十字光标来确定，但有时为了更加精确，也允许在命令行中输入两个点的坐标来确定。

动手操作　窗口缩放视图

1　在【视图】选项卡的【二维导航】面板中单击 按钮，打开缩放功能列表并选择【窗口】选项 ，光标将变成"十"字形状。

2　将光标移至目标图形的左上角，在此以电话图形的下半部分图形为放大目标，所以在电话图形的下半部分单击指定第 1 个角点，如图 3-7 所示。

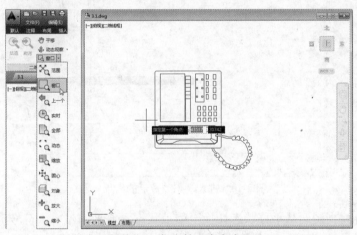

图 3-7　指定第 1 个角点

3　拖动光标至电话图形的右下方，单击确定第 2 个角点，如图 3-8 所示。最后两个角点之间的区域即会以满屏的形式显示，结果如图 3-9 所示。

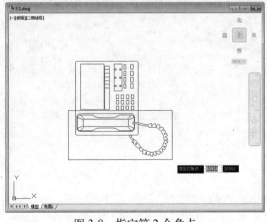

图 3-8　指定第 2 个角点

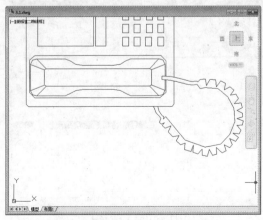

图 3-9　使用窗口缩放方式放大图形

3.1.4 动态缩放视图

动态缩放视图是指可以将视图框选中的区域满屏显示于绘图区内，其中，视图框是指一个可以随意移动与缩放的矩形(比例与屏幕尺寸相同)。通过单击即可在平移与缩放两种状态之间切换。当进入缩放模式后，整个图形将会以缩略图的形式置放于绘图区的左下角，以便选择缩放的区域。

动手操作 动态缩放视图

1 在【视图】选项卡的【二维导航】面板中单击█按钮，打开缩放功能列表并选择【动态】选项██ ，图形立刻缩小至绘图区的左下角处，并出现一个与缩图尺寸相同的矩形框(这就是视图框)，中间的"×"主要用于平移指定缩放的中心点，如图 3-10 所示。

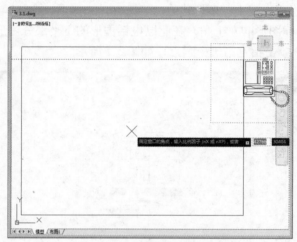

图 3-10 进入动态缩放后的结果

2 单击光标将视图区从平移状态切换至缩放状态，原来的"×"符号消失，并在矩形框的右边增加"→"箭头符号，表示进入缩放状态，如图 3-11 所示。

3 往左拖动光标，使视图框变小以缩小显示区域，使图形的缩放因子更大，如图 3-12 所示。

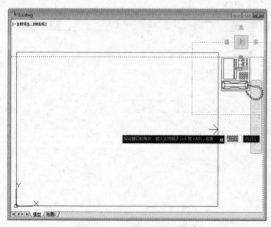

图 3-11 切换至缩放状态

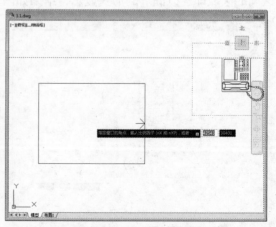

图 3-12 缩小显示区域

4　单击光标从缩放状态切换回平移状态，接着将视图框的中心点移至电视机的按钮控制区，单击确定缩放中心点，如图 3-13 所示。

5　确定缩放区域与大小后，按 Enter 键即可将视图框内的区域以满屏状态显示于绘图区内，结果如图 3-14 所示。

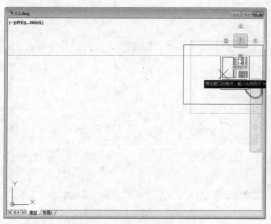

图 3-13　指定缩放中心点

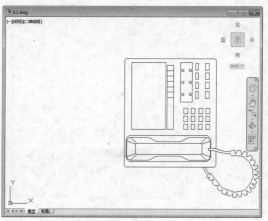

图 3-14　动态放大后的结果

3.1.5　圆心缩放视图

圆心缩放是指先在图形中指定一个点，作为缩放的中心基准点，然后通过比例或高度值来缩放图形。进入圆心缩放模式后，命令行将会显示目前比例或高度的参考值，当输入的值大于参考值时，图形即会以中心点为基准缩小，反之将会以同样的方式放大显示。

动手操作　圆心缩放视图

1　在【视图】选项卡的【二维导航】面板中单击 按钮，打开缩放功能列表并选择【圆心】选项 ，光标将变成十字符号，接着在电话机的屏幕中心单击，指定其为缩放的中心点，如图 3-15 所示。

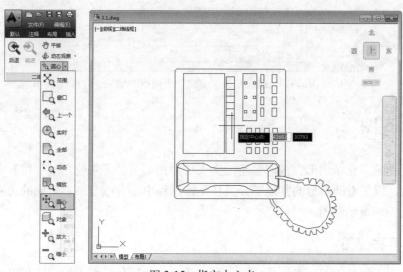

图 3-15　指定中心点

2 此时系统提示输入比例或者高度，下面通过在画面中单击两点来确定高度，先如图 3-16 所示单击显示屏下边缘处，此时系统提示指示第 2 点，接着在显示屏的上边缘处单击指定第 2 点，如图 3-17 所示。

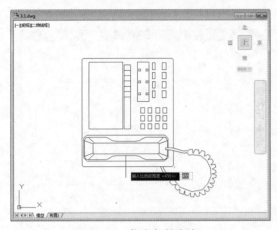

图 3-16　指定起始高度　　　　　　　图 3-17　指定结束高度

3 由于输入的值小于参考值，所以按 Enter 键后，即会以中心点为基准满屏放大，显示电话机的屏幕区域，结果如图 3-18 所示。

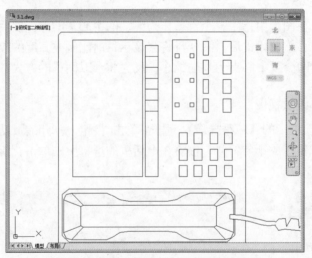

图 3-18　以圆心缩放方式放大图形的结果

3.2　平移视图

当屏幕无法完全显示图形，或者显示比例大于原图形时，即可使用【平移】命令进行图形的重新定位，以便看清图形的其他部分。在平移过程中不会改变图形对象的位置或实际比例，只改变视图的显示范围。

3.2.1　实时平移视图

在使用实时平移功能时，光标将变成一只小手，只要按住鼠标左键向四周随意拖动，绘图区中的图形即可顺着光标移动的方向移动显示。如果需要退出实时平移视图，只要按 Esc 键或 Enter 键即可。

 动手操作　实时平移视图

1　打开一幅不能完全显示所有图形的文件，如图 3-19 所示。

2　如果想要查看右侧的零件俯视图，可以执行以下任一操作，进入实时平移模式：

- 选择【视图】|【平移】|【实时】菜单命令
- 在【视图】选项卡的【二维导航】面板中单击【平移】按钮 。
- 在文档窗口右侧的工具栏中单机【平移】按钮 。

3　当光标变成 形状时，按住鼠标左键不放并向左拖动，即可显示图形右边的结果，如图 3-20 所示。

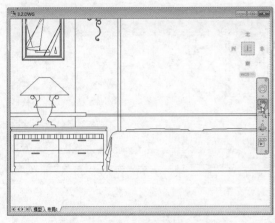

图 3-19　实时平移前的视图　　　　　　图 3-20　实时平移后的结果

4　此时右击鼠标，在弹出的快捷菜单中选择【退出】命令，或者按 Esc 键或 Enter 键退出实时平移模式，完成平移操作。

3.2.2　点平移视图

可以通过使用【点】命令指定基点和位移值来平移视图。在 AutoCAD 2014 中，点平移就好比瞄准器的镜头，它相当于将一个镜头对准视图，当镜头移动时，视口中的图形也跟着移动。

 动手操作　点平移视图

1　选择【视图】|【平移】|【点】菜单命令，或者在命令行中输入"-pan"并按 Enter 键，如图 3-21 所示。

2　系统提示：指定基点或位移，并且光标会变成十字符号，此时在图形中的右侧单击确定平移的基点，如图 3-22 所示。

3　系统提示：指定第二点，此时接着拖动十字光标至绘图区右侧的合适位置单击，如图 3-23 所示，确定平移的终点。

4　完成上述操作后，程序即会根据前面指定的两个点来平移图形，结果如图 3-24 所示。

图 3-21　选择【点】命令

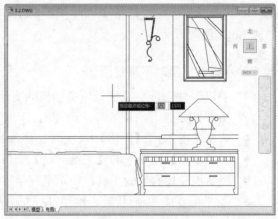
图 3-22　指定平移的基点

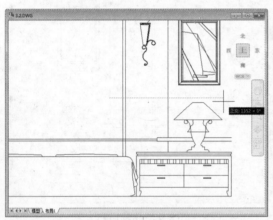
图 3-23　指定第二个点

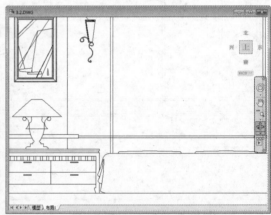
图 3-24　点平移后的结果

3.3　快速查看图形

通过状态栏中的图形与布局工具，可以快速查看模型、布局、图形。还可以在各种查看对象之间进行切换，进行保存、打印与发布等操作。另外，使用 SteeringWheels 控制盘可以快速对二维或者三维模型进行导航预览。

3.3.1　快速查看布局

使用【快速查看布局】工具，可以预览当前图形的模型空间和布局，并在其间进行切换。

动手操作　在当前图形的布局之间进行切换

1　单击状态栏上的【快速查看布局】按钮 时，图形中的模型空间和布局将显示为水平的一行，如图 3-25 所示。将光标悬停在某个布局的快速查看缩图上时，可以通过单击【打印】按钮 或者【发布】按钮 进行打印或发布，如图 3-26 所示。

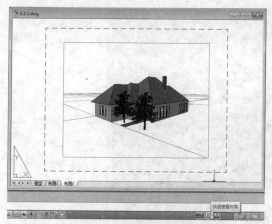

图 3-25　快速查看布局　　　　　　　　图 3-26　将鼠标移到布局缩图上

2　在快速查看布局的缩图下方显示的工具栏上有以下选项按钮：

- 【固定快速查看布局】⬛：固定快速查看布局图像行，使用户在使用图形编辑器工作时始终可查看这些布局。
- 【新建布局】⬛：创建一个布局，该布局还会在快速查看图像行的末尾显示为快速查看图像。
- 【发布】⬛：启动【发布】对话框以发布布局。
- 【关闭快速查看布局】✕：关闭所有快速查看布局图像。

3　在快速查看布局图像中单击图像缩略图，可以在绘图区域中显示关联布局或模型，例如单击"模型"缩图后，即在绘图区中显示"模型"，同时在绘图区的左下方切换至"模型"标签，如图 3-27 所示。

4　如果图像的缩略图过大，可以移动鼠标至缩图上，在按住 Ctrl 键的同时拨动鼠标的 3D 滚轮，动态调整快速查看图像的大小，如图 3-28 所示。

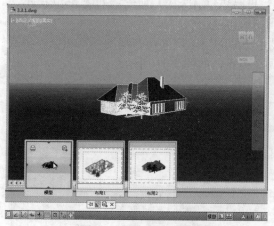 

图 3-27　查看选定的布局　　　　　　　　图 3-28　缩小显示图形

5　在图像上单击鼠标右键，可以显示附带其他选项的快捷菜单，如图 3-29 所示。可以进行新建布局、激活布局、打印等操作。

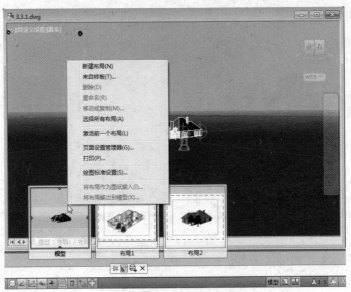

图 3-29　其他选项的快捷菜单

3.3.2　快速查看图形

使用【快速查看图形】工具能够以两个级别的结构预览所有打开的图形和图形中的布局，并在其间进行切换。其中第一级显示打开图形的快速查看图像，第二级显示图形的模型空间与所有布局的图像。

动手操作　快速查看图形

1　单击状态栏上的【快速查看图形】按钮，每个打开的图形均将显示为一行缩略图图像。默认情况下，当前图形的图像将亮显，单击图像左上角的【保存】按钮，可以执行【保存】命令，单击其右上角的【关闭】按钮，可以执行【关闭】命令，如图 3-30 所示。如果单击快速查看图形图像可以将该图形置为当前图形。

2　将光标悬停在快速查看图形上，可以显示图形的模型空间与布局的预览图像。将鼠标移至该行图像上，即可切换至"快速查看布局"模式，如图 3-31 所示。

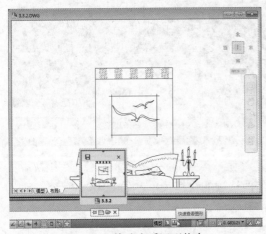

图 3-30　快速查看图形状态

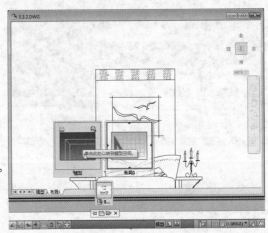

图 3-31　切换至"快速查看布局"模式

3 快速查看图形下方的工具栏具有以下选项按钮：

● 【固定快速查看图形】 ⊡ ：固定图形的快速查看图像行，使用户在使用图形编辑器工作时始终可查看这些图像。

● 【新建】 □ ：创建一个图形，该图形还会显示在快速查看图像行的末尾。

● 【打开】 ▷ ：打开一个现有图形，该图形还会显示在快速查看图像行的末尾。

● 【关闭】 ✕ ：关闭所有快速查看图像。

4 在图像上单击右键打开如图 3-32 所示的快捷菜单，可以关闭除要处理的图形外的所有其他图形，或者关闭并保存所有打开的图形。还可以通过【Windows】子菜单，管理窗口中要垂直平铺、水平平铺或层叠的图形的显示。

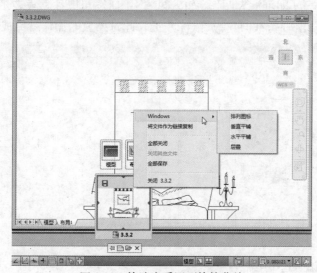

图 3-32 快速查看图形快捷菜单

3.3.3 使用 SteeringWheels

SteeringWheels（控制盘）是用于追踪悬停在绘图窗口上的光标的菜单，通过这些菜单可以从单一界面中访问二维和三维导航工具。

SteeringWheels 控制盘分为若干个按钮，每个按钮包含一个导航工具。可以通过单击按钮或单击并拖动悬停在按钮上的光标来启动导航工具。共有 4 个不同的控制盘可供使用，如图 3-33 所示。每个控制盘均拥有其独有的导航方式。

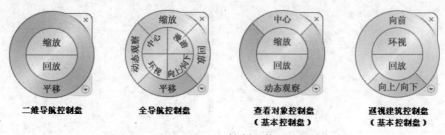

图 3-33 SteeringWheels 控制盘的四种导航方式

● 二维导航控制盘：通过平移和缩放导航模型。

● 查看对象控制盘：将模型置于中心位置，并定义轴心点以使用【动态观察】工具。缩放和动态观察模型。

● 巡视建筑控制盘：通过将模型视图移近或移远、环视以及更改模型视图的标高来导航模型。

● 全导航控制盘：将模型置于中心位置并定义轴心点以使用【动态观察】工具、漫游和环视、更改视图标高、动态观察、平移和缩放模型。

下面介绍使用 SteeringWheels 进行平衡和缩放等二维导航的操作方法。

动手操作 使用 SteeringWheels

1 在文档窗口工具栏中单击【SteeringWheels】按钮 ◎，显示 SteeringWheels。将鼠标移至控制盘的【缩放】按钮上，如图 3-34 所示。此时，按住左键不放，当指标变成 "🔍" 状态后往上或者右方拖动，即可放大图形。如果想缩小图形，可以往左或者下方拖动，如图 3-35 所示。当调整到合适比例时，即可释放鼠标左键，此时缩放的操作就完成了。

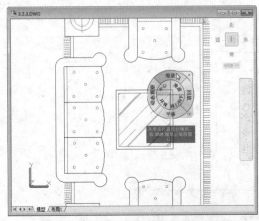
图 3-34　显示控制盘并选择【缩放】操作

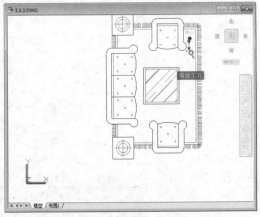
图 3-35　放大图形

2 重新显示控制盘，将鼠标移至【平移】按钮上，如图 3-36 所示。此时按下鼠标左键不放，当指标变成 "✥" 状态后，拖动鼠标平移图形，如图 3-37 所示。至合适位置后释放左键，完成平移操作。

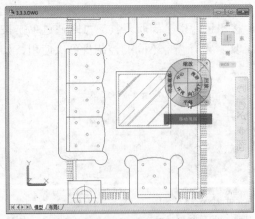
图 3-36　选择【平移】操作

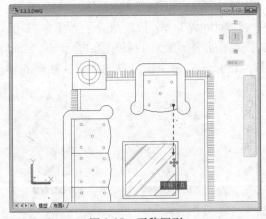
图 3-37　平移图形

3 在使用控制盘上的工具导航模型时，先前的视图将保存到模型的导航历史中。如果要从导航历史恢复视图，可以移动鼠标至控制盘中的【回放】按钮上，如图 3-38 所示。当出

现历史缩图后，将鼠标在图像上面拖动，即可显示回放历史。如果要恢复先前的某个视图时，只要在该视图上释放鼠标左键即可，如图 3-39 所示。

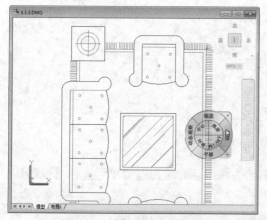
图 3-38　选择【回放】操作

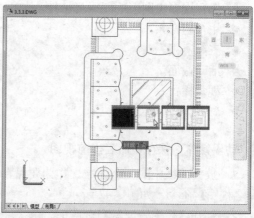
图 3-39　浏览导航历史并恢复指定视图

4　单击【显示控制盘菜单】按钮 ，即可弹出如图 3-40 所示的菜单，在此可以切换不同方式的控制盘，如果选择【SteeringWheels 设置】命令，可以打开如图 3-41 所示的【SteeringWheels 设置】对话框，可以对控制盘进行深入的设置。

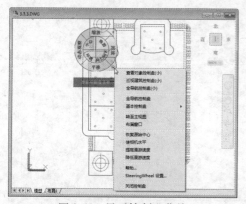
图 3-40　显示控制盘菜单

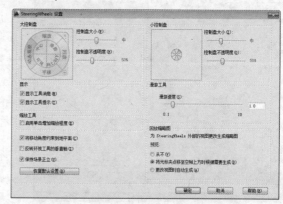
图 3-41　【SteeringWheels 设置】对话框

3.4　保存与恢复命名视图

对于大型的施工图纸而言，虽然可以通过平移、缩放等方式来放大显示某个区域，但使用【命名视图】命令可以使上述操作变得简单起来。它允许在一张工程图纸上创建多个视图，并将某个特定视图保存起来。当要查看、修改保存后的某一部分视图时，只要将该视图恢复即可。

3.4.1　保存视图

通过【视图管理器】对话框可以创建、设置、重命名与删除命名视图。命名和保存视图时，将保存以下设置：

● 比例、中心点和视图方向。

- 指定给视图的视图类别。
- 视图的位置。
- 保存视图中图形的图层可见性。
- 用户坐标系。
- 三维透视。
- 活动截面。
- 视觉样式。
- 背景。

 动手操作　保存和命名当前视图

1　放大图纸中的某个区域，作为要保存和命名的视图，此时通过菜单栏选择【视图】|
【命名视图】命令，如图 3-42 所示。

2　打开【视图管理器】对话框，单击【新建】按钮，如图 3-43 所示。

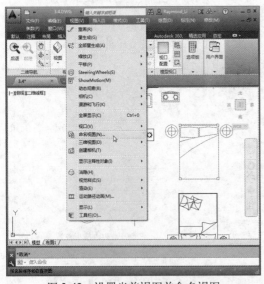

图 3-42　设置当前视图并命名视图

图 3-43　新建视图

3　在打开的【新建视图/快照特性】对话框中输入视图名称（如果图形是图纸集的一部分，系统将列出该图纸集的视图类别，可以向列表中添加类别或从中选择类别）。接着在【边界】选项组中选中【当前显示】单选按钮，表示当前绘图区中可见的所有图形，如图 3-44 所示。

TIPS▶ 通过 ShowMotion 创建的动画视图称为快照，可以通过【新建视图/快照特性】对话框的【快照特性】选项卡修改快照，如图 3-45 所示。可以调整视图间的转场，还可以更改移动类型、相机位置和录制的长度。但是，【快照特性】选项卡中的可用选项取决于选定的视图类型。例如，如果快照的视图类型为"静止画面"，则可以更改录制的长度，但无法更改相机位置。如果选定的视图类型为"电影式"或"录制的漫游"，可用选项则有所不同。针对每种视图类型会显示不同的选项。

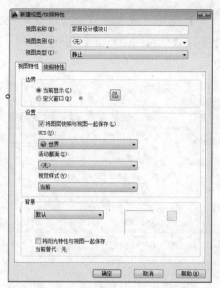

图 3-44　命名视图并设置特性

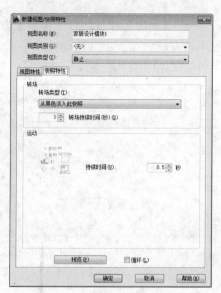

图 3-45　【快照特性】选项卡

4　单击【确定】按钮，返回到【视图管理器】对话框，在这里即可显示命令视图的相关属性，包括"名称"、UCS、"视觉样式"等。此外在右下方还显示目前指定视图缩览图，如果单击【删除】按钮即可将其取消命名。最后单击【应用】与【确定】按钮，完成当前视图保存操作，如图 3-46 所示。

5　当需要使用新建的视图时，可以通过【视图】选项卡【视图】面板的视图列表选择创建的视图，如图 3-47 所示。

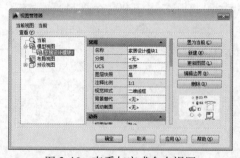

图 3-46　查看与完成命名视图

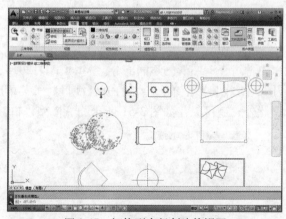

图 3-47　切换到自行创建的视图

3.4.2　恢复命名视图

AutoCAD 2014 允许一次命名多个视图，系统会将其罗列于【视图管理器】对话框的【模型视图】之下，可以选择恢复所有命名视图中的某一个。

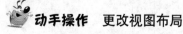**动手操作**　更改视图布局

1　在【视图】选项卡中单击【视图管理器】按钮 ，打开【视图管理器】对话框，然后展开【模型视图】列表，选择【家居设计模块 1】视图，如图 3-48 所示。

2 单击【视图管理器】对话框右上方的【置为当前】按钮（或者在【家居设计模块 1】选项上单击右键，在弹出的快捷菜单中选择【置为当前】命令），并单击【确定】按钮，即可在当前绘图区中恢复此前保存的结果，如图 3-49 所示。

图 3-48　选择视图　　　　　　　　　　　　　图 3-49　将视图置为当前

3.5　使用视口

"视口"是指以不同形式显示视图的区域，在编辑大型或复杂的图形中，通常需要将图形进行平移或局部缩放等操作，以显示细节。

当需要观察视图的整体效果时，单一的视口将无法满足需求。此时可以使用【视口】功能将绘图区域拆分成一个或多个相邻的矩形视图，即"视口"。另外，当在一个视口中做出修改后，其他视口也会立即更新，可以降低编辑时出错的可能性。

3.5.1　平铺视口的概述

"平铺视口"是指将绘图区划分为多个区域，从而制定出多个不同的视口区域。在各个视口中都可查看图形的不同部分。AutoCAD 2014 支持同时打开多达 32000 个视口，当选择【视图】|【视口】菜单命令，打开【视口】子菜单后，即可选择显示多个视口，如图 3-50 所示。此外，还可以在如图 3-51 所示的【模型视口】面板中设置视口。

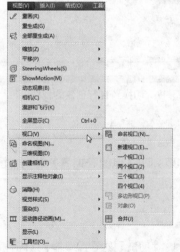 

图 3-50　【视口】子菜单　　　　　　　　　　　图 3-51　配置视口的选项

3.5.2 创建平铺视口

通过【视口】对话框中的【新建视口】选项卡，可以创建与设置各种不同结构的平铺视口。其中包括"两个：垂直"、"两个：水平"、"三个：右"、"三个：左"、"四个：相等"、"四个：左"等，只要在该选项卡内输入平铺视口的名称，然后在【标准视口】列表框中选择合适的结构，即可在右侧的预览中查看所选视口的配置。

下面介绍为图形创建 3 个视口的方法，其上侧为最大的视口，下侧分别为两个较小的视口结构。

 动手操作　创建平铺视口

1　打开光盘中的"..\Example\Ch03\3.5.2.dwg"练习文件，在菜单栏中选择【视图】|【视口】|【新建视口】命令，打开【视口】对话框。

2　在【新建视口】选项卡的【新名称】文本框中输入名称，接着在【标准视口】列表框中选择【三个：上】选项，此时在【预览】选项组中可以查看所选视口的效果，最后单击【确定】按钮，如图 3-52 所示。

3　完成上述操作后，原来的单个视图随即一分为三，如图 3-53 所示。此时只要在不选择任何命令的状态下即可单击鼠标左键激活任意一个视口，然后就可以方便地进行平移或者缩放操作了。

4　先激活左下方的视口，放大显示客厅平面图中间的"茶几"。接着使用同样的方法在右下方的视口中放大显示平面图中的"电话机"，结果如图 3-54 所示。

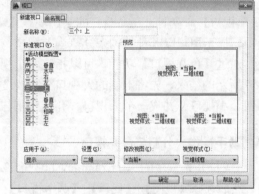

图 3-52　新建视口

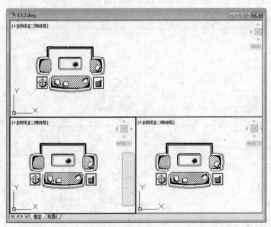

图 3-53　选择【三个：上】选项后的视口

图 3-54　独立编辑视口后的结果

 在【视口】对话框的下方分别提供了【应用于】、【设置】、【修改视图】、【视觉样式】4 个下拉列表框，它们各自的作用如下。

- 应用于：将模型空间视口配置应用到整个显示窗口或当前视口。如果选择【显示】选项，将视口配置应用到整个【模型】选项卡显示窗口，该选项为默认设置；如果选择【当前】选项，仅将视口配置应用到当前视口。
- 设置：用于指定二维、三维设置。如果选择【二维】选项，新的视口配置将最初通过所有视口中的当前视图来创建；如果选择【三维】选项，一组标准正交三维视图将被应用到配置中的视口。
- 修改视图：用从【标准视口】列表框中选择的视图替换选定视口中的视图。可以选择命名视图，如果已选择三维设置，也可以从【标准视图】列表框中选择。使用【预览】选项组中的区域查看结果。
- 视觉样式：将视觉样式应用到视口。

3.5.3 分割与合并视口

在创建视口后，允许根据实际需要对其进行分割或者合并的操作，当执行【一个视口】命令时，程序会将当前视口以填满绘图区的形式显示，而选择【两个视口】、【三个视口】或【四个视口】命令时，在命令行即会出现“水平(H)/垂直(V)/上(A)/下(B)/左(L)/右(R)”的配置选项，提示用户以哪种结构来分割当前视口。

通过【合并视口】功能，可以指定两个视口，然后将其合并成一个视口。下面沿用如图 3-54 所示的结果，先将上侧的大视口分割为 2 个以垂直方式排列的小视口，然后将原来下侧的两个小视口合并成一个大视口，介绍分割与合并视口的方法。

动手操作 分割与合并视口

1 打开光盘中的“..\Example\Ch03\3.5.3.dwg”练习文件，激活上侧的视口作为当前视口，然后选择【视图】|【视口】|【两个视口】菜单命令，在弹出的列表中选择【垂直】选项，表示以垂直结构分割当前视口，如图 3-55 所示。分割后的结果如图 3-56 所示。

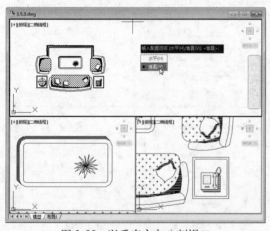
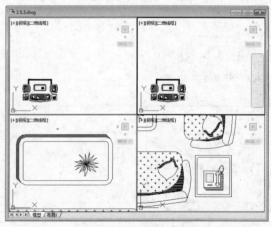

图 3-55 以垂直方向分割视口   图 3-56 分割视口的结果

2 在【视图】选项卡的【模型视口】面板中单击【合并】按钮，系统提示：选择主视口<当前视口>，此时单击左下角的视口，如图 3-57 所示。

3 系统提示：选择要合并的视口，此时单击右下角的视口，将下侧的两个小视口合并

成一个大视口，结果如图 3-58 所示。

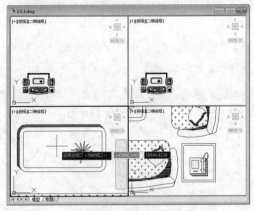
图 3-57 选择主视口

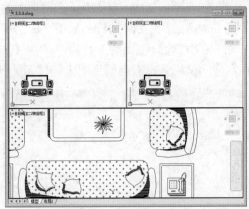
图 3-58 合并视口的结果

3.6 课堂实训

本章介绍了缩放视图、平移视图、快速查看布局和图形、保存与恢复命名视图与使用视口的各种方法。下面通过缩放、平移与命名恢复视图和查看布局与平铺文件两个范例巩固所学知识。

3.6.1 缩放、平移与命名恢复视图

本例将练习在 AutoCAD 2014 中控制图形视图的方法，包括缩放、平移与命名恢复视图的操作。

动手操作 缩放、平移与命名恢复视图

1 打开光盘中的 "..\Example\Ch03\3.6.1.dwg" 练习文件，在【视图】选项卡的【二维导航】面板中打开【缩放】选项列表框，然后选择【窗口】选项，当光标变成"十"形状后，即可指定两个角点，选择设计图中需要放大显示的区域，如图 3-59 所示。放大后的结果如图 3-60 所示。

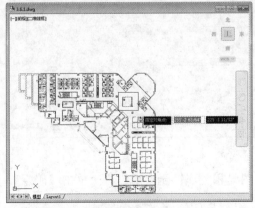
图 3-59 框选到要放大显示的区域

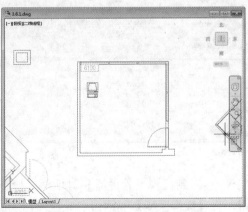
图 3-60 放大指定区域后的结果

2 在【视图】选项卡的【二维导航】面板中打开【缩放】选项列表框，再选择【实时】选项 。当光标变成  状态后，在图形中按下左键不放并往下方拖动，适当缩小图形对象，最后按 Enter 键结束实时缩放，如图 3-61 所示。

3 在文档窗口视图的工具栏中单击【实时平移】按钮 ，进入实时平移模式，然后自左往右拖动鼠标，查看当前视图未能显示的其他图形，如图 3-62 所示。

图 3-61 实时缩放后的结果

图 3-62 实时平移查看其他图形

4 在【视图】选项卡的【视图】面板中单击【视图管理器】按钮，打开【视图管理器】对话框，然后单击【新建】按钮，在打开的【新建视图】对话框中输入【视图名称】为【楼梯区域】，然后单击【确定】按钮，如图 3-63 所示。

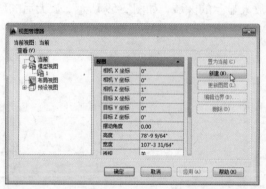

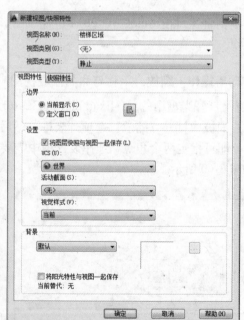

图 3-63 新建并命名视图

5 返回到【视图管理器】对话框，检查缩览图与相关属性无误后，再次单击【确定】按钮，将【楼梯区域】画面命名成视图，如图 3-64 所示。

图 3-64 完成创建视图

3.6.2 查看布局与平铺文件

本例将同时打开三个练习文件，然后使用【快速查看图形】调整缩略图的大小，再选择要查看的图形，并切换至"布局"模式，接着将打开的三个文件垂直平铺排列。

动手操作 查看布局与平铺文件

1 打开光盘中的"..\Example\Ch03\3.6.2a.dwg、362b.dwg、362c.dwg"练习文件，单击状态栏上的【快速查看图形】按钮，如图 3-65 所示。

2 由于"3.6.2c.dwg"文件最后打开，所以该文件显示在绘图区的最上方，下面单击"3.6.2a.dwg"缩略图，显示此图形文件，如图 3-66 所示。

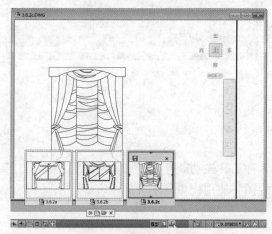

图 3-65 快速查看图形

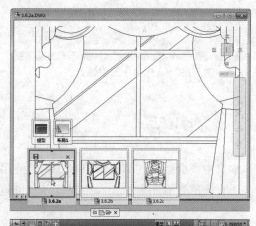

图 3-66 选择要显示的图形文件

3 移动鼠标至"3.6.2a.dwg"缩图上方的【模型】，切换至【查看布局】模式，然后单击右键并在打开的快捷菜单中选择【创建布局】命令，如图 3-67 所示。此时创建出如图 3-68 所示的【布局 2】。

4 移动鼠标至"3.6.2a.dwg"缩图上，切换至"查看图形"模式，在图形上单击右键，在打开的快捷菜单中选择【Windows】|【垂直平铺】命令，如图 3-69 所示。打开的三个图形文件将会如图 3-70 所示的垂直平铺显示。

图 3-67　创建布局

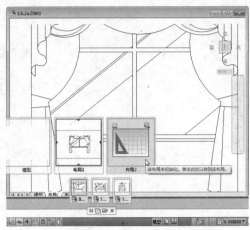

图 3-68　创建的【布局2】

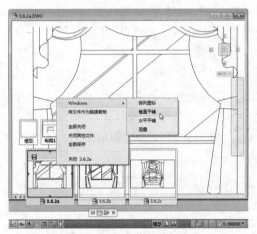

图 3-69　选择文件的平铺方式

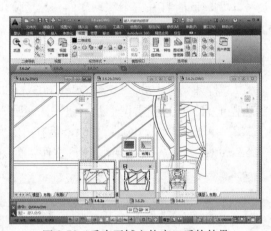

图 3-70　垂直平铺文件窗口后的结果

3.7　本章小结

本章主要介绍了在 AutoCAD 2014 中使用各种工具或功能控制图形文件视图的缩放、平移，还有快速查看图形和查看布局，以及创建视图并使用视口显示文件内容等方法。

3.8　习题

1. 填充题

（1）＿＿＿＿＿＿是指按一定比例、位置与角度显示图形的区域，＿＿＿＿＿＿是一个放大或缩小视图的查看功能。

（2）执行【实时】缩放命令时，往上拖动鼠标可以＿＿＿＿＿图形，反之即可＿＿＿＿＿图形。

（3）动态缩放视图能够以＿＿＿＿＿与＿＿＿＿＿的方式确定＿＿＿＿＿的位置与大小，从而实现缩放处理。

（4）【点平移】的命令为＿＿＿＿＿。

2. 选择题

（1）在快速查看布局的缩图下方显示的工具栏上没有以下哪个选项按钮？　　　（　）

    A. 固定快速查看布局　　　　　　　　B. 新建布局

    C. 打印　　　　　　　　　　　　　　D. 关闭快速查看布局

（2）如果想要快速放大图形中的某个区域时，选择以下哪个缩放视图方式最简便？（　）

    A. 实时缩放　　　　B. 窗口缩放　　　　C. 动态缩放　　　　D. 中心缩放

（3）在缩放过程中，如果不小心操作错误时，可以单击以下哪个按钮返回上一个操作（　）

    A. 🔍　　　　　B. 🔍　　　　　C. ✋　　　　　D. 🖥

（4）如果想要将两个视口结合成一个时，应该选择哪个命令？　　　　　　　　（　）

    A. 一个视口　　　　B. 两个视口　　　　C. 合并　　　　D. 两个：垂直

3. 操作题

为练习文件创建两个垂直平铺的视口，然后使用 SteeringWheels 针对右侧的视口进行中心轴的定位，使图形处于视口的正中心，然后启用【缩放工具】的【单击增加缩放程度】特性，最后在视口的中心单击数次，递增放大程序。练习文件的效果如图 3-71 所示。

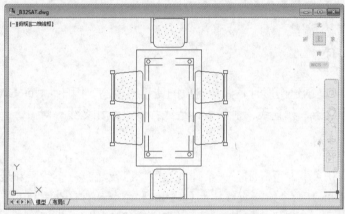

图 3-71　练习题文件的图形效果

提示：

（1）打开操作题的练习文件"3.8.dwg"，在【视图】选项卡的【模型视口】面板中单击【视口配置】按钮，在打开的列表中选择【两个：垂直】选项。

（2）保持右侧视口被选状态，在文件窗口右侧的工具栏中单击【全导航控制盘】按钮，显示 SteeringWheels。将鼠标移至控制盘的【中心】按钮上，接着按住左键不放，移动鼠标至图形的中心处，当出现"轴心"二字时释放鼠标左键，将图形定位于视口的正中。

（3）单击【显示控制盘菜单】按钮，选择【SteeringWheels 设置】命令，打开【SteeringWheels 设置】对话框后，在【缩放工具】设置区中选择【启用单击增加缩放程度】复选框，接着单击【确定】按钮。

（4）调整控制盘至图形的中心处，然后连续单击三次【缩放】按钮，以图形的中心为缩放基点，每单击一次即按指定的比例放大图形。

第 4 章　绘制基本的二维图形

教学提要

本章主要介绍 AutoCAD 2014 中基本的二维图形的绘制方法，包括绘制线条、常规图形、圆和曲线以及点对象的方法。

教学重点

➢ 掌握绘制直线、射线、多段线、构造线等方法
➢ 掌握绘制矩形、圆角矩形、正多边形等常规图形的方法
➢ 掌握绘制圆和曲线，以及由圆和曲线构成的其他图形的方法
➢ 掌握绘制点和定数等分点与定距等分点的方法

4.1　绘制线条

在使用 AutoCAD 创建图形时，线条对象的使用率较高。因此，AutoCAD 提供了多个工具与命令用于绘制线条，如直线、射线、构造线、多段线和多线等对象。

4.1.1　绘制直线

在 AutoCAD 2014 中，可以闭合一系列直线段，以及将第一条线段和最后一条线段连接起来。可以通过【line】命令绘制直线，而且【line】命令具有自动重复的特性，它可以将某条直线的终点作为另一条直线的起点。还可以指定直线的特性，包括颜色、线型和线宽。

在 AutoCAD 中，可以使用二维坐标（x,y）或三维坐标（x,y,z）来指定直线的端点，或者通过两种方式相结合的方法来定义端点。如果输入二维坐标，AutoCAD 将会使用当前的高度作为 Z 轴坐标值，默认值为 0。

绘制直线的方法如下。
● 菜单：选择【绘图】|【直线】菜单命令。
● 功能区：在【默认】选项卡的【绘图】面板中单击【直线】按钮 ⬚。
● 命令：在命令窗口中输入 "line"。
下面以输入命令的方式，介绍如何使用直线命令绘制一个三角图形。

动手操作　使用直线命令绘制三角图形

1 在命令窗口中输入 "line" 或者 "L"。
2 系统提示：指定第一点，此时输入(10,20)坐标，指定直线的起点位置，然后按下 Enter 键，如图 4-1 所示。

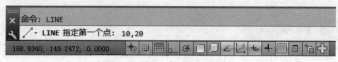

图 4-1 输入第一点的坐标

3 系统提示：指定下一点或[放弃(U)]，此时输入(100,20)并按下 Enter 键，确定直线终点，此时得到一条长度为 90mm 的水平直线，如图 4-2 所示。

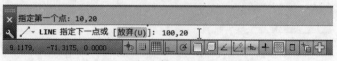

图 4-2 输入第二个点的坐标

4 使用光标在绘图区中单击，即可确定第二条直线的终点，如图 4-3 所示。

5 在第一条直线的起点处单击[也可以输入原点坐标(10,20)]，确定第三条直线的终点并闭合三角形，如图 4-4 所示。单击右键，然后选择【确认】命令，即可完成绘图的操作。

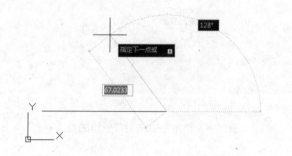

图 4-3 指定第二条直线的终点

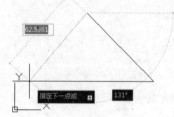

图 4-4 闭合三角形

4.1.2 绘制射线

射线是二维和三维空间中起始于指定点并且无限延伸的直线，它与在两个方向上延伸的构造线不同，射线仅在一个方向上延伸。

在创建射线时，只要指定起点与通过点即可绘制一条射线。指定射线的起点后，可以在"指定通过点："提示下指定多个通过点，绘制以起点为端点的多条射线，直到按 Esc 键或按 Enter 键退出为止。

动手操作 绘制射线

1 打开光盘中的 "..\Example\Ch04\4.1.2.dwg" 练习文件，打开【默认】选项卡的【绘图】面板隐藏的列表，然后单击【射线】按钮，或者在命令窗口中输入 "ray" 并按下 Enter 键，如图 4-5 所示。

2 系统提示：指定起点，在图形两个划杖交点上单击，确定射线的起点，如图 4-6 所示。

3 系统提示：指定通过点，在如图 4-7 所示的位置单击（或者使用输入坐标值的方式来确定），指定射线通过的点。

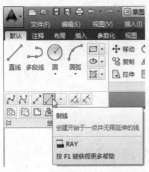

图 4-5　单击【射线】按钮

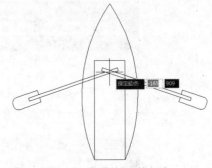

图 4-6　指定射线的起点

4　系统提示：指定通过点，指定第二条射线通过的点，最后按下 Enter 键完成射线的绘制，如图 4-8 所示。

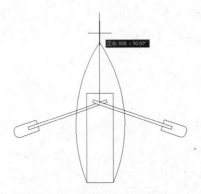

图 4-7　指定第一条射线通过的点

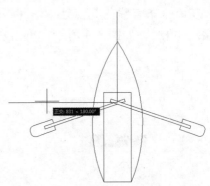

图 4-8　指定第二条射线通过的点

4.1.3　绘制构造线

构造线是一种两端可以无限延伸的直线，该直线可以贯穿于文件，没有起点和终点，可以放置在三维空间的任何地方，主要用于绘制辅助线。

绘制构造线的方法如下。

- 菜单：选择【绘图】|【构造线】菜单命令。
- 功能区：在【默认】选项卡的【绘图】面板中单击【构造线】按钮 。
- 命令：在命令窗口中输入"xline"。

当输入命令后，系统提示：指定点或[水平(H)/垂直(V)/角度(A)/二等分(B)/偏移(O)]。

该提示中各个选项的含义如下。

- 水平/垂直：创建一条经过指定点并且与当前 UCS 的 X 轴或 Y 轴平行的构造线。
- 角度：用旋转角度或者指定参照物两种方法中的一种创建构造线。或者选择一条参考线，指定该直线与构造线的角度，又或者通过指定角度和构造线必经的点来创建与水平轴成指定角度的构造线。
- 二等分：创建二等分指定角的构造线。主要用于指定创建角度的顶点和直线。
- 偏移：创建平行于指定基线的构造线。只要先指定偏移距离，然后选择基线，并指明构造线位于基线的哪一侧即可。

下面使用构造线在一个圆盘截面图形中绘制两条贯穿整文件的十字交叉线，作为洗脸盘图形的中心辅助线。

动手操作　绘制构造线

1　打开光盘中的 "..\Example\Ch04\4.1.3.dwg" 练习文件，然后在状态栏中单击【对象捕捉追踪】按钮 ![] （或直接按下 F11 功能键），激活圆心捕捉，如图 4-9 所示。

图 4-9　激活对象捕捉追踪

2　在命令窗口中输入 "xline"，然后在提示下输入 "H" 并按下 Enter 键，如图 4-10 所示。

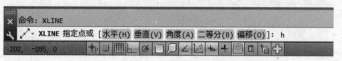

图 4-10　输入射线命令并指定方向

3　系统提示：指定通过点，并在光标之下出现一条水平贯穿图形的构造线，移动光标至圆盘界面中心处单击，即指定水平构造线的位置，如图 4-11 所示。

4　系统再提示：指定通过点，在图形中单击右键结束执行该命令。

5　在图形中单击右键，在弹出的快捷菜单中选择【重复 XLINE】命令，如图 4-12 所示。

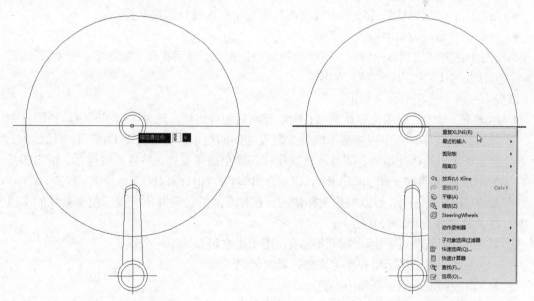

图 4-11　指定通过点　　　　　　　　　图 4-12　重复 XLINE 命令

6　在提示下输入 "V" 并按下 Enter 键，系统再次提示：指定通过点，并在光标之下出现一条垂直贯穿图形的构造线，移动光标至圆盘图形中心处单击，指定垂直构造线的位置，最后按下 Enter 键结束构造线的绘制，如图 4-13 所示。

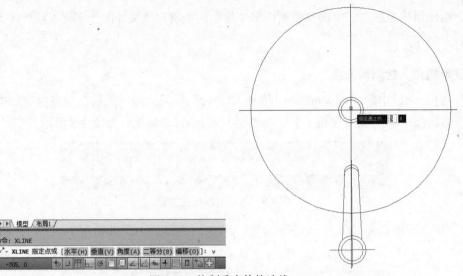

图 4-13 绘制垂直的构造线

4.1.4 绘制多段线

多段线是作为单个对象创建的相互连接的线段序列,它可以创建直线段、圆弧段或两者的组合线段。在使用多段线绘制弧线时,前一段弧线的终点就是下一段的起点,可以通过角度、圆心、方向或者半径等设置来确定弧线,又或者以分别指定一个中间点与端点的形式来完成弧线的绘制。

绘制多段线的方法如下。

- 菜单:选择【绘图】|【多段线】菜单命令。
- 功能区:在【默认】选项卡的【绘图】面板中单击【构造线】按钮 。
- 命令:在命令窗口中输入"pline"。

当使用上述方法绘制多段线时,系统会提示指定起点,然后提示:指定下一个点或[圆弧(A)/半宽(H)/长度(L)/放弃(U)/宽度(W)]。

该提示中各个选项的含义如下。

- 指定下一个点:此项为默认选项,确定起点后即可出现。只要在绘图区中单击即可完成折线的绘制,其中程序会不断地重复着相同的提示,直至按下 Enter 键方可结束。
- 指定圆弧:选择此项后,即可从直线模式切换至圆弧模式,并且系统提示:指定圆弧的端点或[角度(A)/圆心(CE)/闭合(CL)/方向(D)/半宽(H)/直线(L)/半径(R)/第二个点(S)/放弃(U)/宽度(W)]。可以根据实际情况,选择合适的选项并依照提示绘制弧状的多段线。其中各选项的含义如下。
  - ➢ 指定圆弧端点:此项为默认选项,用于指定圆弧的下一个点。
  - ➢ 角度:用于提示用户指定夹角,顺时针时为负。
  - ➢ 圆心:用于提示圆弧中心。
  - ➢ 闭合:用于闭合圆弧,并退出多段线命令。
  - ➢ 方向:用于提示用户指定重定切线的方向。
  - ➢ 半宽/宽度:指定多段线的半宽与全宽属性。
  - ➢ 直线:返回直线模式。

> ➢ 半径：用提示输入圆弧半径。
> ➢ 第二个点：在三点弧制圆弧时，指定第二个点。
> ➢ 放弃：取消上一步选项的操作。
> ➢ 宽度：指定圆弧的线宽。

● 指定半宽：选择此项后，即可指定多段线一半的宽度，并且系统依次提示如下：指定起点半宽：指定端点半宽若指定起点半宽为 1，端点半宽为 3，即可绘制出如图 4-14 所示的多段线。

● 指定长度：选择此项可以指定多段线的长度。

● 放弃：选择此项可以取消最近绘制的一条直线或者弧线。

● 宽度：选择此项可以设置多段线的线宽，默认值为 0，用户将多段线中的不同线段设置不同的线宽，其中不同宽度时的多段线分别如图 4-15 与图 4-16 所示。

图 4-14　指定半宽绘制的多段线

图 4-15　宽度为 1 时的多段线

　下面通过多条直线与弧线，使用多段线绘制一个图标图形，以介绍绘制多段线的方法和步骤，绘制结果如图 4-17 所示。

图 4-16　宽度为 3 时的多段线

图 4-17　绘制图标图形的结果

动手操作　绘制多段线

命令:_pline✓

指定起点:2,2✓

当前线宽为 0 ✓

指定下一个点或 [圆弧(A)/半宽(H)/长度(L)/放弃(U)/宽度(W)]:28,2✓

指定下一点或 [圆弧(A)/闭合(C)/半宽(H)/长度(L)/放弃(U)/宽度(W)]: H✓

指定起点半宽 <0>: 0✓

指定端点半宽 <0>: 0.3✓

指定下一点或 [圆弧(A)/闭合(C)/半宽(H)/长度(L)/放弃(U)/宽度(W)]: A✓

指定圆弧的端点或

[角度(A)/圆心(CE)/闭合(CL)/方向(D)/半宽(H)/直线(L)/半径(R)/第二个点(S)/放弃(U)/宽度(W)]: S✓

指定圆弧上的第二个点:30,6✓

指定圆弧的端点:27,10✓

指定圆弧的端点或

[角度(A)/圆心(CE)/闭合(CL)/方向(D)/半宽(H)/直线(L)/半径(R)/第二个点(S)/放弃(U)/

宽度(W)]: H↙

指定起点半宽 <0>: 0.3↙

指定端点半宽 <0>: 0↙

指定圆弧的端点或

[角度(A)/圆心(CE)/闭合(CL)/方向(D)/半宽(H)/直线(L)/半径(R)/第二个点(S)/放弃(U)/宽度(W)]:28,15↙

指定圆弧的端点或

[角度(A)/圆心(CE)/闭合(CL)/方向(D)/半宽(H)/直线(L)/半径(R)/第二个点(S)/放弃(U)/宽度(W)]: L↙

指定下一点或 [圆弧(A)/闭合(C)/半宽(H)/长度(L)/放弃(U)/宽度(W)]:2,15↙

指定下一点或 [圆弧(A)/闭合(C)/半宽(H)/长度(L)/放弃(U)/宽度(W)]:C↙

 在上例中，"↙"表示按下 Enter 键。

4.1.5 控制多段线的填充状态

fill 命令主要用于控制多段线及填充直线等对象的填充状态，该命令处于关闭状态时，程序只会显示多段线等对象的轮廓线状态,但要检查关闭 fill 命令后的结果时，必须先执行regen (重生成)命令方可。

以上一个小节的成果文件为例，介绍通过 fill 命令关闭多段线填充状态的方法。

 动手操作 控制多线段的填充状态

命令: fill↙

输入模式 [开(ON)/关(OFF)] <开>: OFF↙

命令: _regen↙ 正在重生成模型

完成上述操作后，如图 4-17 所示的图标图形将变成如图 4-18 所示的结果。

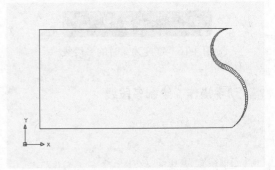

图 4-18　取消多段线填充的效果

4.2 绘制常规图形

常规的图形是只在二维空间中常用的简单图形，如矩形、圆角矩形、正方形和多边形等图形，它们都是构成复杂图形的常用对象元素。

4.2.1 绘制矩形

通过四条封闭的多段线，即可组成一个矩形。在 AutoCAD 中绘制矩形时，只要指定两个对角点，即可创建一个平行于用户坐标系的矩形。

绘制矩形的命令执行方式有以下几种。

● 菜单: 选择【绘图】|【矩形】菜单命令。

- 功能区：在【默认】选项卡的【绘图】面板中单击【矩形】按钮回。
- 命令：在命令窗口中输入"rectangle"。

 动手操作　绘制矩形

1 在【默认】选项卡的【绘图】面板中单击【矩形】按钮回。

2 系统提示：指定第一个角点或 [倒角(C)/标高(E)/圆角(F)/厚度(T)/宽度(W)]，在绘图区的合适位置上按左键不放，即可指定矩形的第一个角点，如图 4-19 所示。

3 系统提示：指定另一个角点或[面积(A)/尺寸(D)/旋转(R)]，将光标往对角方向拖动，得到合适尺寸后释放左键，即可绘制一个矩形对象，如图 4-20 所示。

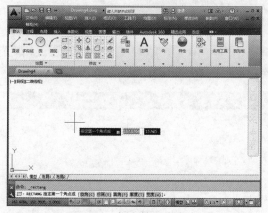
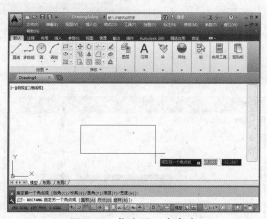

图 4-19　指定第一个角点　　　　　图 4-20　指定另一个角点

> 通过指定对角点绘制矩形只是默认方式，使用在执行命令过程中的"[倒角(C)/标高(E)/圆角(F)/厚度(T)/宽度(W)]"选项，还可以创建其他较为特殊的矩形，例如倒角矩形、圆角矩形或者具有线宽的矩形等。

4.2.2　绘制圆角矩形

在 AutoCAD 中，绘制圆角矩形的原理是以指定半径的圆弧替代原来的直角。其中在确定圆角时，可以单击指定两个点，其之间的距离即为圆角的半径，又或者直接在命令窗口提示下输入准确数值即可。

 动手操作　绘制圆角矩形

1 在命令窗口中输入"rectangle"，并按下 Enter 键。

2 系统提示：指定第一个角点或[倒角(C)/标高(E)/圆角(F)/厚度(T)/宽度(W)]，此时输入"F"并按下 Enter 键，以选择【圆角】选项，如图 4-21 所示。

图 4-21　选择【圆角】选项

3 系统提示：指定矩形的圆角半径<0.0000>，输入"30"并按下 Enter 键，如图 4-22 所示。

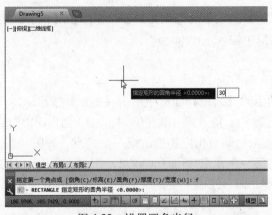

图 4-22　设置圆角半径

4　系统提示：指定第一个角点或[倒角(C)/标高(E)/圆角(F)/厚度(T)/宽度(W)]，通过指定两个对角点的方法，即可得到如图 4-23 所示的圆角矩形。

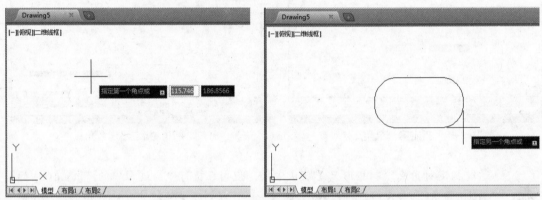

图 4-23　通过指定两个角点绘制圆角矩形

4.2.3　绘制正多边形

可以使用【ploygon】命令快速创建等边三角形、正方形、五边形和六边形等规则的多边图形，其中多边形的边数范围在 3～1024 之间。在默认状态下，只要指定多边形的中心点，然后往外指定另一个点，即可确定中心至多边形各顶点之间的距离，从而绘制正多边形。

在 AutoCAD 中分为"内接正多边形"与"外切正多边形"两个绘制形式，它们都是针对一个虚拟的圆而言的。

1. 绘制内接正多边形

内接正多边形的中心点到各个顶点的距离相同，并且所有顶点都处于圆形的边上，而中点与顶点之间的距离也就是等于圆的半径。所以内接正多边形将处于圆形之内。只要指定多边形的边数、中心点、半径或者与顶点的距离即可绘制一个内接正多边形，如图 4-19 所示。

动手操作　绘制内接正多边形

1　新建文件并执行以后任一操作：

● 选择【绘图】|【多边形】菜单命令。

● 在【默认】选项卡的【绘图】面板中单击【多边形】按钮⬡，如图 4-24 所示。

● 在命令窗口中输入"ploygon"并按下 Enter 键。

2 系统提示：输入侧面数<4>，可以输入 3～1024 范围中的任一整数来指定正多边形的边数，这里输入"8"并按下 Enter 键，如图 4-25 所示。

图 4-24　单击【多边形】按钮

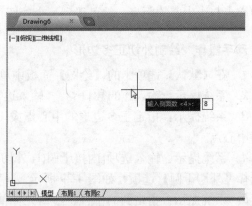

图 4-25　输入侧面数

3 系统提示：指定正多边形的中心点或[边(E)]，在绘图区的合适位置单击确定正多边形的中心点，如图 4-26 所示。

4 系统提示：输入选项[内接于圆(I)/外切于圆(C)] <C>，选择"内接于圆"选项，如图 4-27 所示。

图 4-26　指定多边形的中心点

图 4-27　选择【内接于圆】选项

5 系统提示：指定圆的半径，拖动光标单击确定中心点至顶点的位置，又或者通过输入半径值来确定正多边形的大小，最后得到如图 4-28 所示的内接正多边形。

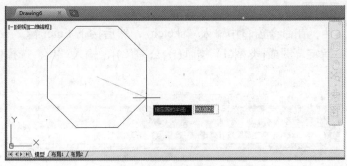

图 4-28　指定圆半径完成绘图

2. 绘制外切正多边形

外切正多边形是指从图形中心至各边中点的距离相等。另外，其各边的中点均与圆相切，因为整个外切正多边形外切一个指定半径的圆形。只要指定多边形的边数、中心点、半径或者中心点与边中心的距离，就可得到一个外切正多边形。

动手操作　绘制外切正多边形

1　在【默认】选项卡的【绘图】面板中单击【多边形】按钮◻。

2　系统提示：输入边的数目<4>，输入边数为"8"并按下 Enter 键。

3　系统提示：指定正多边形的中心点或[边(E)]，在绘图区的合适位置单击确定正多边形的中心点。

4　系统提示：输入选项[内接于圆(I)/外切于圆(C)]，输入"C"命令或者在弹出的列表中选择【外切于圆】选项，如图 4-29 所示。

5　系统提示：指定圆的半径，移动光标单击确定中心点至边线中点的位置，又或者通过输入半径值来确定正多边形的大小，最后得到如图 4-30 所示的外切正多边形。

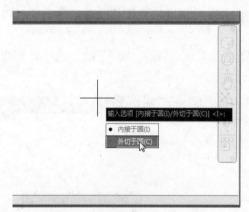

图 4-29　选择【外切于圆】选项

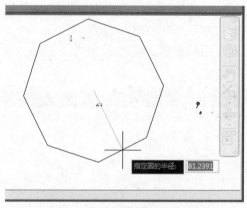

图 4-30　指定圆的半径完成绘图

4.2.4　徒手画图

在 AutoCAD 中，可以使用 sketch 命令徒手绘制图形，该命令对于创建不规则边界或使用数字化仪追踪时非常有用。通过这种方法，只需在绘图区中移动光标，即可创建连续的直线或者多段线。

动手操作　徒手画图

1　新建一个文件，在命令窗口中输入"sketch"，然后按下 Enter 键。

2　系统提示：指定草图或[类型(T) 增量(I) 公差(L)]，输入"I"，选择使用增量方式绘图，如图 4-31 所示。

图 4-31　选择【增量】选项

3　系统提示：指定草图增量<1.0000>，直接按 Enter 键，使用默认的增量，如图 4-32 所示。

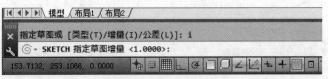

图 4-32　使用默认增量

4　系统提示：指定草图或[类型(T)/增量(I)/公差(L)]，可以设置其他选项，也可以直接使用鼠标在绘图区上进行绘图，如图 4-33 所示。

图 4-33　使用鼠标进行徒手绘画

5　绘图完成后，直接按下 Enter 键，保存已生成的线段并退出该项命令，系统提示已记录的样条曲线数量，如图 4-34 所示。

图 4-34　徒手绘制的图形

4.3　绘制圆和曲线

除了绘制直线和一般的图形，还可以在 AutoCAD 中绘制各种圆和曲线，以及由圆和曲线构成的圆环、圆弧、椭圆形和样条曲线等图形。

4.3.1　绘制圆形

圆形也是 AutoCAD 中一种使用率较高的图形对象。在默认状态下，可以通过鼠标在绘图区中单击，分别指定圆心与半径的长度；或者通过指定直径两端的两个点，创建一个圆；另外，也可以通过指定圆周上的三个点来确定一个圆。上述都是较为常用的绘制圆形的方式，另外还可以创建与其他对象相切的圆。各种绘制圆形的方法如图 4-35 所示。

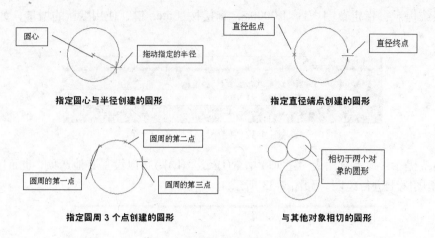

图 4-35　绘制圆形的各种方法

1. 指定圆心与半径绘制圆形

动手操作　通过指定圆心与半径绘制圆形

1　执行以下任一操作：

- 选择【绘图】|【圆】|【圆心、半径】菜单命令。
- 在【默认】选项卡的【绘图】面板中单击【圆心、半径】按钮，如图 4-36 所示。
- 在命令窗口中输入"circle"并按下 Enter 键。

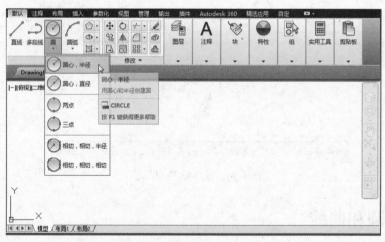

图 4-36　单击【圆心、半径】按钮

2　系统提示：指定圆的圆心或[三点(3P)/两点(2P)/切点、切点、半径(T)]，在绘图区中单击或者输入坐标值，会出现一个圆，此时光标变成了"十"字形状，可以随意拖动改变尺寸，如图 4-37 所示。

3　系统提示：指定圆的半径或[直径(D)]，在绘图区中移动光标至合适位置后单击，或者输入半径值，都可指定圆形的半径，如图 4-38 所示。

4　如果输入"D"并按下 Enter 键，系统将提示：指定圆的直径，可以使用移动光标或者输入数值的方式来指定圆形的直径，如图 4-39 所示。

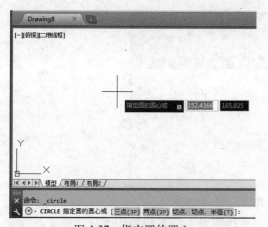
图 4-37　指定圆的圆心

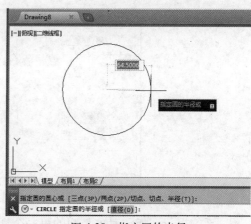
图 4-38　指定圆的半径

5　完成上述操作后即可得到一个圆形。

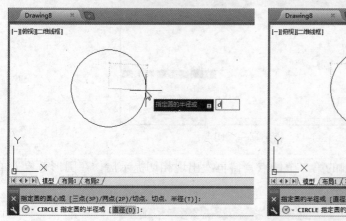

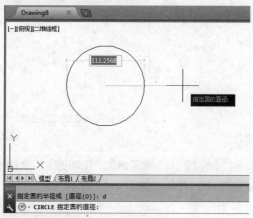
图 4-39　通过指定圆的直径绘制圆

2. 相切对象绘制圆形

动手操作　通过相切对象绘制圆形对象

1　打开光盘中的 "..\Example\Ch04\4.3.1b.dwg" 练习文件，该文件已经在绘图区中绘制了一个圆形与直线，准备作为被相切的对象，如图 4-40 所示。

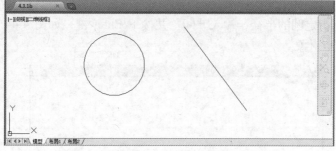
图 4-40　绘图区上有一条直线和一个圆形

2　在【默认】选项卡的【绘图】面板中单击【相切、相切、半径】按钮，如图 4-41 所示。

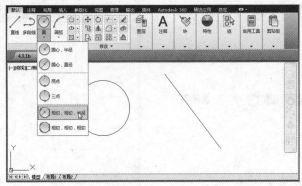

图 4-41 单击【相切、相切、半径】按钮

3 系统提示：指定对象与圆的第一个切点，光标会提示一个相切的符号，单击窗口中的直线对象，指定第一个切点，如图 4-42 所示。

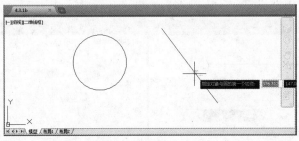

图 4-42 指定第一个切点

4 系统提示：指定对象与圆的第二个切点，待再次出现相切提示后，在圆形对象上单击指定第二个切点，如图 4-43 所示。

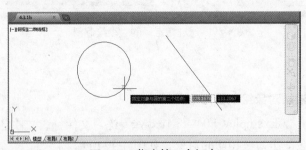

图 4-43 指定第二个切点

5 系统提示：指定圆的半径，输入"60"并按下 Enter 键，如图 4-44 所示，即可创建如图 4-45 所示的圆形对象。

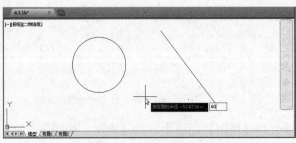

图 4-44 指定圆的半径

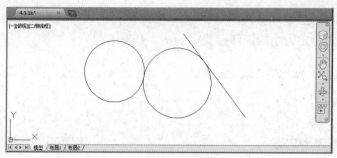

图 4-45　绘制相切圆形的结果

 如果要绘制分别相切于三个对象的圆形时，可以在【默认】选项卡的【绘图】面板中单击【相切、相切、相切】按钮 ，然后分别指定三个相切点，如图 4-46 所示。另外，此类型的圆形将无法确定半径大小。

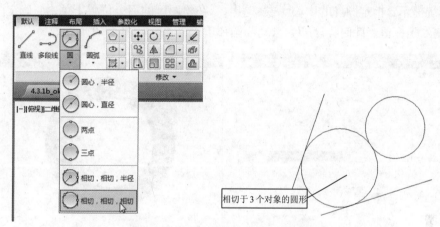

图 4-46　绘制相切于三个对象的圆形

4.3.2　绘制圆环

圆环是指填充环或实体填充圆，即带有宽度的闭合多段线。在创建圆环时，必须先指定其内、外直径与圆心。完成单个圆环的绘制后，还可以通过指定不同的中心点，继续复制具有相同直径的多个副本。当内直径为 0 时，则为填充的圆；当内直径等于外直径时，则为普通的圆。

 动手操作　绘制圆环

1　新建一个图形文件并执行以下任一操作：

- 选择【绘图】|【圆环】命令。
- 在【默认】选项卡的【绘图】面板中单击【圆环】按钮 ，如图 4-47 所示。
- 或者在命令窗口中输入 "donut" 并按下 Enter 键。

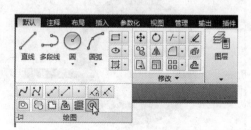

图 4-47　单击【圆环】按钮

2　系统提示：指定圆环的内径<1>，输入圆环的内直径为 "200" 并按下 Enter 键，如图 4-48 所示。

3 系统提示：指定圆环的外径<2>，输入"300"指定圆环的外直径并按下 Enter 键后，在绘图区将出现一个指定大小的圆环形状，如图 4-49 所示。

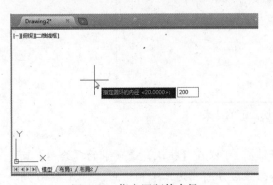

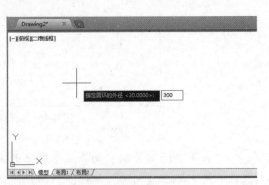

图 4-48　指定圆环的内径　　　　　　　　图 4-49　指定圆环的外径

4 系统提示：指定圆环的中心点或<退出>，在绘图区的适合位置上单击，确定中心点，或者直接输入坐标值。此时程序即会自动为圆环填充黑色，如图 4-50 所示。

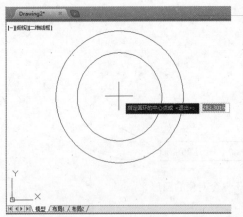

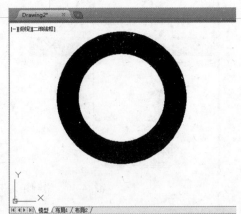

图 4-50　指定圆环的中心绘出圆环形

5 此时命令依然提示指定中心点，移动光标并单击，即可复制出相同的圆环副本，如图 4-51 所示。复制一个圆环后单击右键，结束圆环绘制，最终结果如图 4-52 所示。

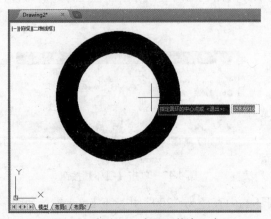

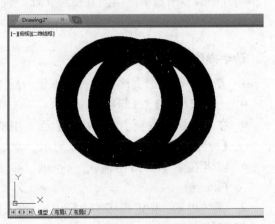

图 4-51　指定另一个圆环的中心点　　　　图 4-52　复制出另一个圆环的结果

4.3.3 绘制圆弧

在绘制圆弧时，可以通过圆心、起点、端点、弧半径、角度、弦长与方向值等主要参数进行绘制。在默认状态下，程序会以起点、第二点、终点的方式利用三点确定一段圆弧。

另外，AutoCAD 2014 提供了 11 种绘制圆弧的方式，可以在【默认】选项卡的【绘图】面板中打开如图 4-53 所示的【圆弧】功能按钮列表。

除了使用【绘图】面板外，还可以选择【绘图】|【圆弧】命令打开【圆弧】子菜单，或者使用【arc】命令执行绘制圆弧命令。此外，除了在命令窗口中输入坐标来指定圆弧上的点外，还可以直接使用鼠标在绘图区中单击确定。

下面选择几种较为常用方式介绍绘制圆弧的方法。

图 4-53 绘制圆弧的功能按钮

1. 指定三点绘制圆弧

可以通过指定圆弧通过的三个点来绘制圆弧，先指定起点为第一个点，然后指定通过的第二个点，最后指定终点为第三个点。在绘制过程中可以沿逆时针方向创建，也允许沿顺时针方向创建。

🐝 **动手操作** **通过三点绘制圆弧**

1 在【默认】选项卡的【绘图】面板中单击【三点】按钮⟋。

2 系统提示：指定圆弧的起点或[圆心(C)]，在绘图区中单击确定起点，也就是圆弧的第一个点，如图 4-54 所示。

3 系统提示：指定圆弧的第二个点或[圆心(C)/端点(E)]，在绘图区中单击指定第二个点，如图 4-55 所示。

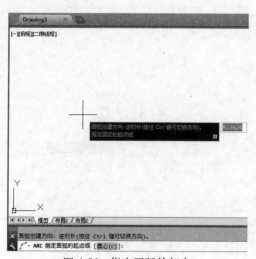

图 4-54 指定圆弧的起点

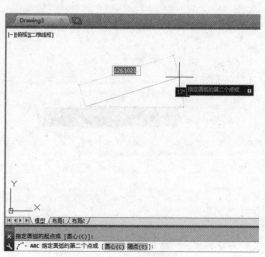

图 4-55 指定圆弧的第二个点

4 系统提示：指定圆弧的端点，单击确定第三个点，即可得到如图 4-56 所示的圆弧对象。

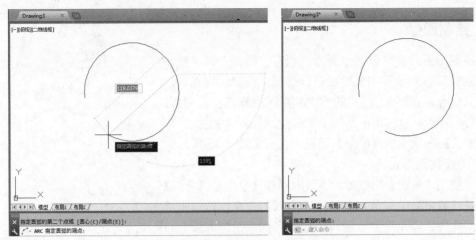

图 4-56 指定圆弧的端点完成绘图

2. 使用起点、圆心与端点绘制圆弧

可以通过使用起点、圆心与端点绘制圆弧，这里的圆心是指该圆弧所在圆的圆心。此方法可以通过先指定圆弧的起点与圆心位置，最后指定终点的方法确定圆弧的长度。当指定的终点为正数时，将绘制一个逆时针方向的圆弧；反之则绘制一个顺时针方向的圆弧。

动手操作 使用起点、圆心与端点绘制圆弧

1 在【默认】选项卡的【绘图】面板中单击【起点、圆心、端点】按钮 。

2 系统提示：指定圆弧的起点或[圆心(C)]，在绘图区中单击指定起点，如图 4-57 所示。

3 系统提示：指定圆弧的第二个点或[圆心(C)/端点(E)]，在绘图区中移动十字光标指定圆心位置，如图 4-58 所示。

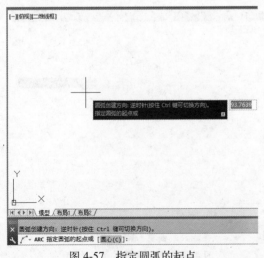

图 4-57 指定圆弧的起点

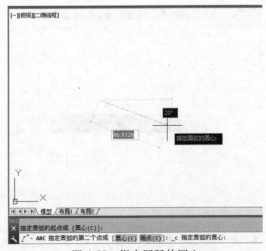

图 4-58 指定圆弧的圆心

4 系统提示：指定圆弧的端点或[角度(A)/弦长(L)]，此时可以指定圆弧的端点，如图 4-59 所示。

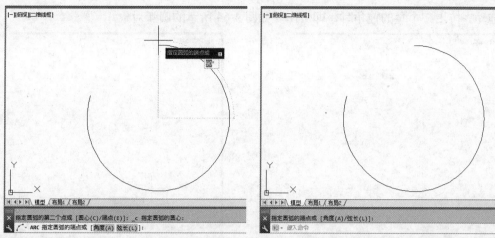

图 4-59　指定圆弧的端点完成绘图

3. 使用起点、端点与角度绘制圆弧

此方法可以先通过起点与端点指定圆弧两端之间的距离，然后通过输入的角度指定圆弧的弯度，从而绘制出圆弧。

动手操作　使用起点、端点与角度绘制圆弧

1　在【默认】选项卡的【绘图】面板中单击【起点、端点、角度】按钮，如图 4-60 所示。

2　系统提示：指定圆弧的起点或[圆心(C)]，在绘图区中单击指定起点，如图 4-61 所示。

3　系统提示：指定圆弧的端点，移动十字光标至合适位置上单击，指定圆弧的终点，如图 4-62 所示。

图 4-60　单击【起点、端点、角度】按钮

图 4-61　指定圆弧的起点

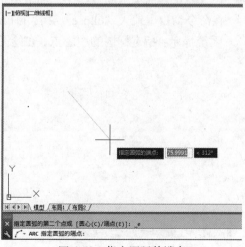

图 4-62　指定圆弧的端点

4　系统提示：指定圆弧的圆心或[角度(A)/方向(D)/半径(R)]，此时移动十字光标至起点的右上方，拉出一个正数的钝角并单击，即可出现如图 4-63 所示的圆弧对象。若往起点的左

下方拖动，拉出一个负的钝角时，即可出现如图 4-64 所示的圆弧对象。

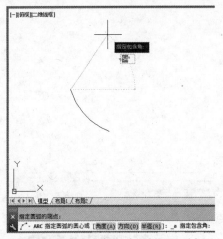

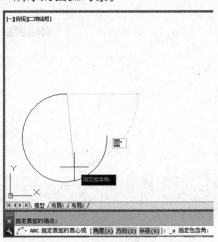

图 4-63　向右上方拖动绘制圆弧对象　　　　　　图 4-64　向左下方拖动绘制圆弧对象

4.3.4　绘制椭圆形

绘制椭圆形有 2 种常用方法，第一种是使用圆心绘制；第二种是使用轴与端点绘制。

1. 使用中心点绘制椭圆形

使用圆心绘制椭圆形时，可以先指定椭圆形的圆心，然后分别指定轴的长度与宽度即可。其中较长的轴称为长轴，较短的轴称为半轴，当长轴等于半轴时，即为一个标准的圆形。

动手操作

使用圆心绘制椭圆形的步骤如下。

1　新建图形文件并执行以下任意一操作：

● 选择【绘图】|【椭圆】|【圆心】菜单命令。

● 在【默认】选项卡的【绘图】面板中单击【圆心】按钮⊙，如图 4-65 所示。

● 在命令窗口中输入"ellpse"并按下 Enter 键。

2　系统提示：指定椭圆的中心点，在绘图区上单击确定椭圆的中心点，如图 4-66 所示。

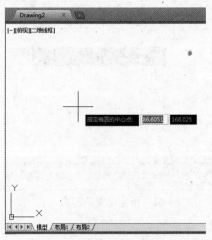

图 4-65　单击【圆心】按钮　　　　　　图 4-66　单击指定椭圆的中心点

3 系统提示：指定轴的端点，在绘图区上单击确定椭圆的端点，如图 4-67 所示。

4 系统提示：指定另一条轴长度或[旋转(R)]，可以输入数值或在绘图区上单击指定另一条轴的长度，如图 4-68 所示。

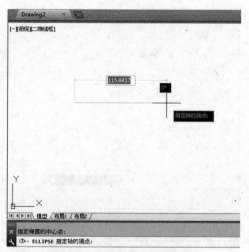

图 4-67 指定第一条轴的端点

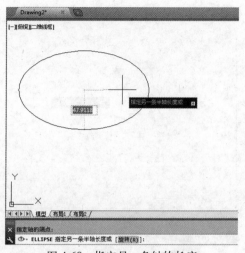

图 4-68 指定另一条轴的长度

2. 使用轴与端点绘制椭圆形

可以先指定两个端点来确定长轴的长度，然后在与长轴垂直的上方或者下方指定半轴的任意一个端点即可绘制椭圆形。下面通过利用鼠标在绘图区单击的方式，介绍使用轴与端点绘制椭圆形的方法。

动手操作 使用轴与端点绘制椭圆形

1 在【默认】选项卡的【绘图】面板中单击【轴、端点】按钮，如图 4-69 所示。

2 系统提示：指定椭圆形的轴端点或[圆弧(A)/中心点(C)]，在绘图区的合适位置上单击确定长轴的起点，如图 4-70 所示。

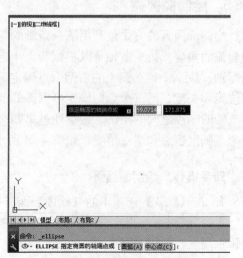

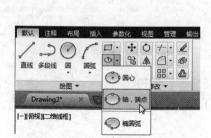

图 4-69 单击【轴、端点】按钮

图 4-70 指定椭圆形的轴端点

3 系统提示：指定轴的另一个端点，移动十字光标至合适的距离上单击确定长轴的终

点，如图 4-71 所示。

4 系统提示：指定另一条半轴长度或[旋转(R)]，最后往右方移动光标至合适位置上单击，确定半轴的端点，即可绘制一个椭圆形，如图 4-72 所示。

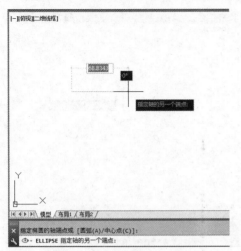

图 4-71 指定轴的另一个端点

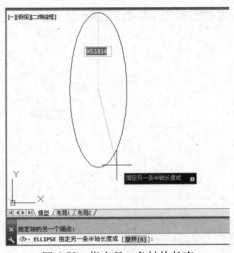

图 4-72 指定另一条轴的长度

TIPS▶ 当拖动鼠标指定半轴端点时，如果长度大于先前指定的两端长度，原来的长轴即会变成半轴，从而产生如图 4-73 所示的椭圆形。也就是说，必须在椭圆形绘制完成后方可确定长轴或短轴，而在绘制前必须先预算椭圆形的形状或者摆放位置等属性。

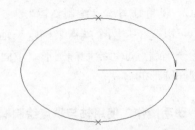

图 4-73 另一半轴长度大于两端点距离的结果

4.3.5 绘制椭圆弧

绘制椭圆弧的方式是利用第一条轴的角度确定椭圆弧的角度（第一条轴可以根据其大小定义长轴或短轴），另外，椭圆弧上的前两个点确定第一条轴的位置和长度，第三个点则确定椭圆弧的圆心与第二条轴的端点之间的距离，最后通过第四个点和第五个点确定起点和端点角度，如图 4-74 所示。

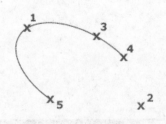

图 4-74 绘制椭圆弧的方式

动手操作 绘制椭圆弧

1 在【默认】选项卡的【绘图】面板中单击【椭圆弧】按钮 。

2 系统提示：指定椭圆弧的轴端点或[中心点(C)]，在绘图区的合适位置上单击确定椭圆弧轴端点，如图 4-75 所示。

3 系统提示：指定轴的另一个端点，在绘图区上单击确定椭圆弧轴的另一个端点，如图 4-76 所示。

图 4-75　指定椭圆弧的轴端点

图 4-76　指定轴的另一个端点

4 系统提示：指定另一条轴长度或[旋转(R)]，在绘图区合适的位置上单击，即可绘制出椭圆形，如图 4-77 所示。

5 系统提示：指定起点角度或[参数(P)]，此时鼠标拉出一条线并出现一个文本框在鼠标旁显示角度参数，只需在椭圆形上合适的角度方向上单击，即可确定起点角度，如图 4-78 所示。

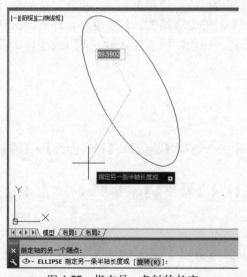

图 4-77　指定另一条轴的长度

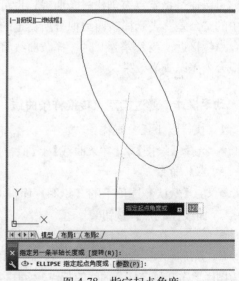

图 4-78　指定起点角度

6 系统提示：指定端点角度或[参数(P) 包含角度(I)]，可以移动鼠标在围绕椭圆中心点旋转，单击后即可确定端点角度，如图 4-79 所示。

在指定起始与终止角度时，如果选择 P "参数模式"选项即可通过以下公式计算椭圆弧：$P(n)=c+ax \times \cos(n)+bx\sin(n)$

在公式中，n 表示用户输入的数值，c 表示椭圆形的中点，a、b 分别表示长轴与半轴的长度。

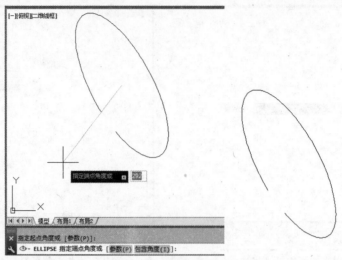

图 4-79 指定端点角度完成绘图

4.3.6 绘制样条曲线

样条曲线是经过或接近一系列给定点的光滑曲线，它可以控制曲线与点的拟合程度，与其他绘图软件中的贝塞尔曲线相似。它主要用于创建弧状不规则的图形，例如船体、地图、风扇机的叶片等。

可以通过指定点来创建样条曲线，也可以封闭样条曲线，使起点和端点重合。在绘制过程中的"公差"表示样条曲线拟合所指定的拟合点集时的拟合精度。公差越小，样条曲线与拟合点越接近。当公差为 0 时，样条曲线将通过该点。在绘制样条曲线时，可以改变样条曲线拟合公差以查看效果。

动手操作 **通过指定点转换样条曲线**

1 执行以下任一操作：

● 选择【绘图】|【样条曲线】|【拟合点】命令或者选择【绘图】|【样式曲线】|【控制点】命令。

● 在【默认】选项卡的【绘图】面板中单击【样条曲线拟合】按钮 或者单击【样条曲线控制点】按钮 。

● 命令：在命令窗口中输入"spline"并按下 Enter 键。

2 系统提示：指定第一个点或[方式(M)/节点(K)/对象(O)]，输入点坐标或者使用十字光标在绘图区单击，确定样条曲线的起点，如图 4-80 所示。

3 系统提示：输入下一个点或[起点切向(T)/公差(L)]，在绘图区上单击确定第二个点，如图 4-81 所示。

4 可以使用步骤 3 的方法，在绘图区上连续单击指定第 3 点至第 5 点，创建如图 4-82 所示的样条曲线，当需要结束绘图时按下 Enter 键即可。

当完成点的指定后，可以在命令窗口中输入"C"并按下 Enter 键，然后分别指定起点与端点切向即可闭合曲线，结果如图 4-83 所示。另外，在指定点后，可以对"公差"值进行设置，如图 4-84 所示，该样条曲线的公差较大，并且起点切线和端点切线不同。

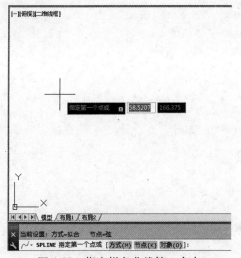

图 4-80　指定样条曲线第一个点

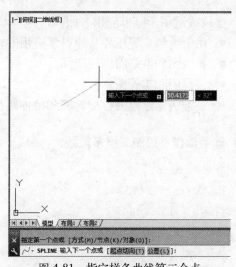

图 4-81　指定样条曲线第二个点

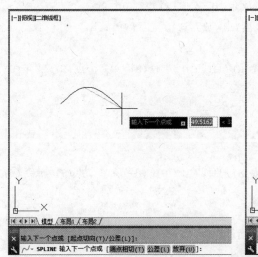

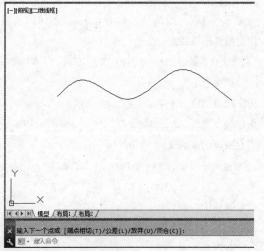

图 4-82　指定样条曲线其他点并完成绘图

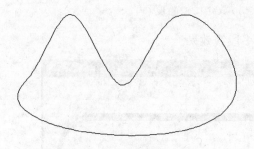

图 4-83　闭合后的样条曲线

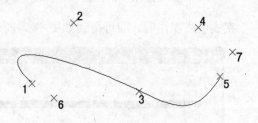

图 4-84　公差较大时的样条曲线

4.3.7　绘制多段线

多段线是作为单个对象创建的相互连接的线段序列。可以创建直线段、圆弧段或两者的组合线段。

多段线适用于以下应用方面：

- 用于地形、等压和其他科学应用的轮廓素线。
- 布线图和电路印刷板布局。
- 流程图和布管图。
- 三维实体建模的拉伸轮廓和拉伸路径。

 动手操作　绘制二维多段线

命令：_pline↙

指定起点：30,200↙

当前线宽为 0.0000↙

指定下一个点或 [圆弧(A)/半宽(H)/长度(L)/放弃(U)/宽度(W)]：w↙

指定起点宽度 <0.0000>：5↙

指定端点宽度 <5.0000>：↙

指定下一个点或 [圆弧(A)/半宽(H)/长度(L)/放弃(U)/宽度(W)]：300,200↙

指定下一点或 [圆弧(A)/闭合(C)/半宽(H)/长度(L)/放弃(U)/宽度(W)]：a↙

指定圆弧的端点或

[角度(A)/圆心(CE)/闭合(CL)/方向(D)/半宽(H)/直线(L)/半径(R)/第二个点(S)/放弃(U)/
　　宽度(W)]：w↙

指定起点宽度 <5.0000>：↙

指定端点宽度 <5.0000>：0↙

指定圆弧的端点或

[角度(A)/圆心(CE)/闭合(CL)/方向(D)/半宽(H)/直线(L)/半径(R)/第二个点(S)/放弃(U)/
　　宽度(W)]：300,150↙

指定圆弧的端点或

[角度(A)/圆心(CE)/闭合(CL)/方向(D)/半宽(H)/直线(L)/半径(R)/第二个点(S)/放弃(U)/
　　宽度(W)]：l↙

指定下一点或 [圆弧(A)/闭合(C)/半宽(H)/长度(L)/放弃(U)/宽度(W)]：30,150↙

指定下一点或 [圆弧(A)/闭合(C)/半宽(H)/长度(L)/放弃(U)/宽度(W)]：c↙

完成上述操作后，即可得到如图 4-85 所示的多段线效果。

图 4-85　绘制的多段线

4.4　绘制点

在 AutoCAD 2014 中，点作为节点或参照几何图形的点对象，对于对象捕捉和相对偏移非常有用，可以相对于屏幕或使用绝对单位设置点的样式和大小。

在 AutoCAD 中，创建的节点也属于一个图形对象。其中点的操作包括创建单点、多点、定数等分、定距等分等。可以选择【绘图】|【点】菜单命令，打开子菜单，然后选择对应命令执行各种操作。

4.4.1　创建单点或多点

创建单个点对象的方法有以下几种。

- 菜单：选择【绘图】|【点】|【单点】/【多点】菜单命令。
- 命令：在命令窗口中输入 "point"。

如果想连续创建多个点对象时，可以在【绘图】面板中单击【多点】按钮，然后在绘图区连续单击即可创建多个点对象，按 Esc 键可以结束该命令，如图 4-86 所示。

在默认状态下，创建的点的效果用在某些图形上时将不太明显，针对此问题，AutoCAD 提供了设置的功能，在【默认】选项卡的【实用工具】面板中单击【点样式】按钮，即可打开如图 4-87 所示的【点样式】对话框，可以根据需要变更点对象的样式形状、大小与放大方式等。

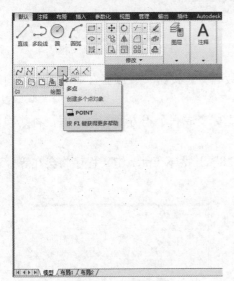

图 4-86　绘制多点

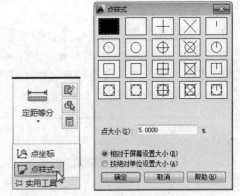

图 4-87　更改点对象的样式

在此对话框中提供了 20 种点样式。

- 【点大小】：可以设置点的显示大小。
- 【相对于屏幕设置大小】：在选择该单选按钮时，将按屏幕尺寸的百分比来设置点的显示大小。当进行缩放操作后，点的大小不变。
- 【按绝对单位设置大小】：在选择该单选按钮时，将按【点大小】文本框中的数值设置点的显示大小。在缩放过程中，点对象将会随显示比例变更。

如果将点样式变更为第二行第四列的⊠图标，其他设置保持默认不变，然后选择【视图】|

【重画】菜单命令,如图 4-86 所示的点将变成如图 4-88 所示。

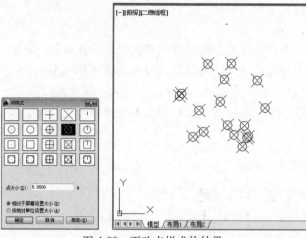

图 4-88　更改点样式的结果

4.4.2　定数等分点

如果要将一条直线分段,可以选择在其上面添加点,然后进行打断操作。但要将整条线段变成相等的几段时,使用徒手的方式添加点对象将不够准确。此时可以使用【定数等分】命令(divide)来实现。它可以在选择的对象上等间隔地放置点。

下面在一个圆形对象上添加 8 个点对象,介绍定数等分的方法。

动手操作　定数等分对象

1　绘制一个圆,在【绘图】面板中单击【定数等分】按钮，或者在命令窗口中输入"divide"并按下 Enter 键。

2　系统提示:选择要定数等分的对象,此时光标变成一个正方形的拾取框,将其移至圆形对象上单击,指定等分的对象,如图 4-89 所示。

3　系统提示:输入线段数目或[块(B)],输入"8"并按下 Enter 键,程序将会在等分对象上添加 8 个等分点,如图 4-90 所示。

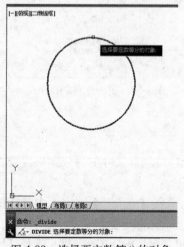

图 4-89　选择要定数等分的对象

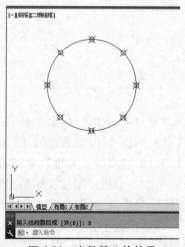

图 4-90　定数等分的结果

4.4.3　定距等分点

定距等分对象是指将点对象按指定间距放置于对象上。定距等分点通常用作测量对象的测量点。

动手操作　定距等分对象

1　绘制一条直线对角，然后在【绘图】面板中单击【定距等分】按钮，或者在命令窗口中输入"measure"并按下 Enter 键。

2　系统提示：选择要定距等分的对象，选择直线作为等分的对象，如图 4-91 所示。

3　系统提示：指定线段长度或[块(B)]，输入"15"并按下 Enter 键，直线即会每隔 15 个单位添加一个点对象，如图 4-92 所示。

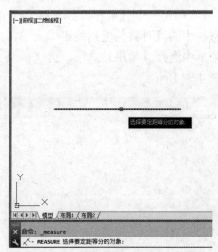

图 4-91　选择直线作为等分的对象

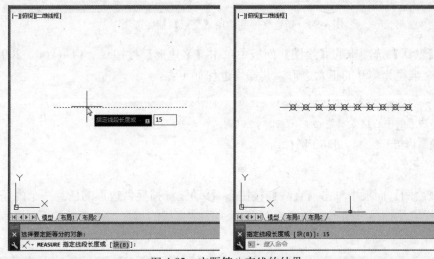

图 4-92　定距等分直线的结果

4.5　课堂实训

本章主要介绍了 AutoCAD 基本图形的绘制与使用，大多数图形都有一个特性，即执行某个命令时，命令会提示多个选项，可以根据目前所需选择合适的选项，再根据命令提示一步步地完成图形的绘制。下面通过绘制花朵和绘制五角星图形两个范例，介绍基本二维图形的绘制技巧。

4.5.1　绘制花朵图形

先使用六边形和直线作为辅助图形，然后使用【三点】弧线功能绘制如图 4-93 所示的花朵图形。

图 4-93　花朵图形

动手操作　绘制花朵

1　创建一个【无样板打开-公制】的新文件，然后在状态栏中的【对象捕捉】按钮上单击右键，在打开的快捷菜单中选择【启用】选项，再选择【交点】捕捉选项，如图 4-94 所示。

图 4-94　新建文件并启用【交点】捕捉选项

2　在【默认】选项卡的【绘图】面板中单击【多边形】按钮，以（200，200）为中心点绘制一个半径为 100 的正六边形。其操作过程如下：

命令：_polygon 输入边的数目 <4>: 6✓
指定正多边形的中心点或 [边(E)]: 200,200✓
输入选项 [内接于圆(I)/外切于圆(C)] <I>:✓
指定圆的半径: 100✓

3　在【绘图】面板中单击【直线】按钮，移动鼠标捕捉六边形的任意一个内角交点，然后使用同样方法捕捉对角点，如图 4-95 所示。确定直线的起点与终点后按下 Enter 键结束【直线】命令。

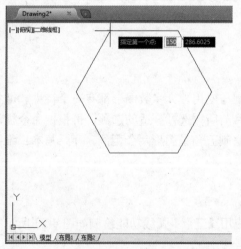

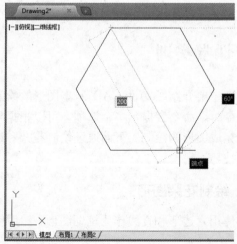

图 4-95　绘制直线

4 使用上一步骤的方法绘制另一条辅助直线，如图 4-96 所示。

5 在【绘图】面板中单击【三点】按钮 ，系统提示：指定圆弧的起点或[圆心(C)]，单击确定起点，也就是圆弧的第一个点，如图 4-97 所示。

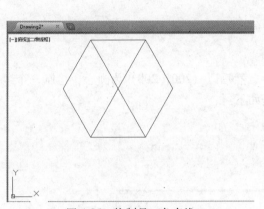

图 4-96　绘制另一条直线

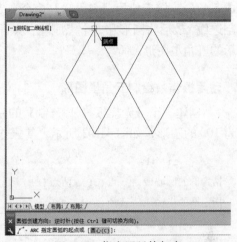

图 4-97　指定圆弧的起点

6 系统提示：指定圆弧的第二个点或[圆心(C)/端点(E)]，此时指定第二个点，如图 4-98 所示。

7 系统提示：指定圆弧的端点，最后单击确定第三个点，如图 4-99 所示。

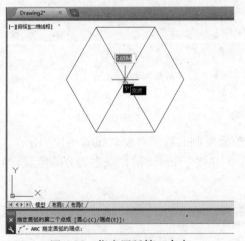

图 4-98　指定圆弧第二个点

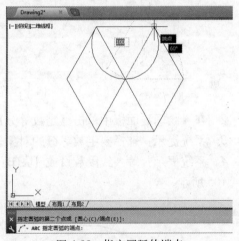

图 4-99　指定圆弧的端点

8 使用步骤 5～7 的方法绘制其余 5 个圆弧对象，如图 4-100 所示。

分别删除六边形与两条直线，如图 4-101 所示。

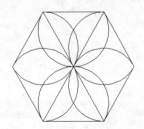

图 4-100　绘制其他圆弧的结果

图 4-101　删除六边形和两条直线的结果

4.5.2 绘制五角星图形

本例先绘制一个圆形作为辅助图形，然后将圆形定数分成 5 等份，接着使用【多段线】命令在定分的 5 个点上绘制边线，最后将圆形和 5 个点删除，从而得到如图 4-102 所示的五角星图形。

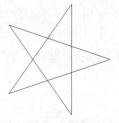

图 4-102　绘制五角星图形的结果

 动手操作　绘制五角星图形

1　创建一个【无样板打开-公制】的新文件，然后以（200，200）为圆心，绘制一个半径为 100 的圆形，如图 4-103 所示。其操作过程如下：

命令：_circle ✓
指定圆的圆心或 [三点(3P)/两点(2P)/切点、切点、半径(T)]：200,200✓
指定圆的半径或 [直径(D)]：100✓

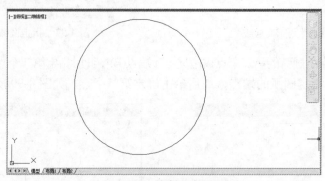

图 4-103　绘制一个圆形

2　在【绘图】面板中单击【定数等分】按钮 。
3　系统提示：选择要定数等分的对象，选择前面绘制的圆形对象，如图 4-104 所示。
4　系统提示：输入线段数目或 [块(B)]，输入 5 并按下 Enter 键，确定等分的数量，如图 4-105 所示。

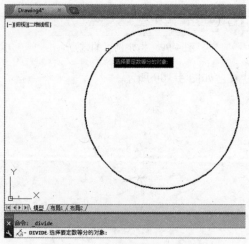

图 4-104　选择要定数等分的对象

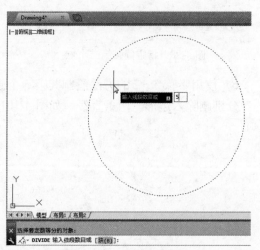

图 4-105　输入线段数目

5　在【实用工具】面板中单击【点样式】按钮 █ 点样式... ，在打开的【点样式】对话框中选择第 1 列第 4 行的点样式，再单击【确定】按钮，如图 4-106 所示。此时，在圆上等分的点即变成如图 4-107 所示的结果。

图 4-106　设置点样式

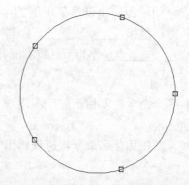

图 4-107　设置点样式后圆形等分的结果

6　在【绘图】面板中单击【多段线】按钮 █，然后通过状态栏启用【节点】与【端点】对象捕捉，如图 4-108 所示。

7　通过单击五个点对象，绘制五角星的连线，直至回到起点上单击，最后按下 Enter 键结束【多段线】命令，即可绘制如图 4-109 所示图形。

8　在不选择任何命令的情况下，使用鼠标逐次单击选取圆形和五个点对象，按 Delete 键将其删除，完成五角星的绘制，结果如图 4-102 所示。

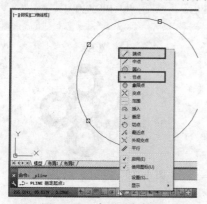

图 4-108　启用对象捕捉

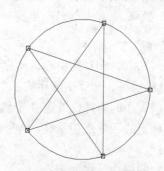

图 4-109　绘制多短线的结果

4.6　本章小结

本章重点介绍了在 AutoCAD 2014 中绘制基本二维图形的方法，其中包括绘制各种线条、常规图形，绘制圆和曲线，以及由圆和曲线构成的其他图形，还有绘制点等内容。

4.7　习题

1. 填充题

（1）射线是二维和三维空间中起始于＿＿＿＿＿＿＿＿并且＿＿＿＿＿＿＿＿的直线。

（2）多段线是作为单个对象创建的相互连接的线段序列，它可以创建＿＿＿＿＿＿＿＿、＿＿＿＿＿＿＿或两者的＿＿＿＿＿＿。

（3）内接正多边形是＿＿＿＿＿＿＿的距离相同，并且所有顶点都处于圆形的边上，而中点与顶点之间的距离也就是等于圆的半径。

（4）圆环是指＿＿＿＿＿＿，即带有宽度的闭合多段线。

（5）＿＿＿＿＿＿作为节点或参照几何图形的点对象对于对象捕捉和相对偏移非常有用。

2. 选择题

（1）哪个命令主要用于控制多段线、多线及填充直线等对象的填充状态？　　　　（　）

　　A. line　　　　　　B. zoom　　　　　　C. fill　　　　　　D. point

（2）可以使用什么命令快速创建出等边三角形、正方形、五边形和六边形等规则的多边图形？　　　　　　　　　　　　　　　　　　　　　　　　　　　　　　（　）

　　A. ploygon　　　　B. point　　　　　　C .rectangle　　　　D. line

（3）在 AutoCAD 中，绘制正多边形可分为哪两种绘制形式？　　　　　　　（　）

　　A. 中接正多边形与外切正多边形

　　B. 内接正多边形与外切正多边形

　　C. 外接正多边形与内切正多边形

　　D. 内接正多边形与点切正多边形

（4）以下哪个命令可以绘制射线？　　　　　　　　　　　　　　　　　（　）

　　A. line　　　　　　B. ray　　　　　　C. rectang　　　　　D. ploygon

（5）以下哪个不是绘制多段线时的选项？　　　　　　　　　　　　　　（　）

　　A. 圆弧　　　　　　B. 半宽　　　　　　C. 圆心　　　　　　D. 宽度

3. 操作题

以点（100，150）为中心，绘制一个内径为 20，外径为 40 的圆环，然后在圆环的 4 个四分点上绘制 4 个与之相同大小的圆环，外边 4 个圆环均以一个四分点与内圆环上的四分点相重叠，结果如图 4-110 所示。

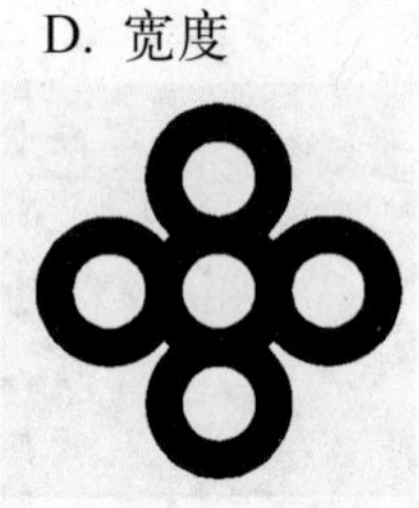

图 4-110　绘制多个圆环的结果

提示：

操作题的操作过程如下：

命令：_donut↙

指定圆环的内径 <10.0000>: 20↙

指定圆环的外径 <20.0000>: 40↙

指定圆环的中心点或 <退出>: 100,150↙。

指定圆环的中心点或 <退出>: 70,150↙。

指定圆环的中心点或 <退出>: 130,150↙。

指定圆环的中心点或 <退出>: 100,180↙。

指定圆环的中心点或 <退出>: 100,120↙。

指定圆环的中心点或 <退出>:↙

第 5 章 图形的选择、管理与编辑

教学提要

本章先介绍选择对象的多种方法与编组对象与修改编组的技巧，接着介绍删除与复制对象、变换对象、使用夹点编辑对象、以不同方法创建对象副本、修改对角的形状与大小、创建圆角与倒角及打断与合并对象等操作。

教学重点

➢ 掌握选择图形对象的方法
➢ 掌握编组对象与分解编组的方法
➢ 掌握使用夹点编辑对象的方法
➢ 掌握删除、复制、移动、缩放、旋转对象的方法
➢ 掌握镜像、偏移、修剪、延伸与拉伸对象的方法
➢ 掌握创建圆角与倒角，以及打断、合并、分解对象的方法

5.1 选择图形对象

在编辑或者修改图形时，必须先选择需要编辑的对象。AutoCAD 根据不同需求提供了多种选择方式。例如逐一单击选择、拖动出矩形区域或交叉窗口选择，或者通过选择集选择、添加或者删除对象等。

5.1.1 设置选择模式

通过【选项】对话框中的【选择集】选项卡，可以对程序的选择方式进行设置，如图 5-1 所示。下面介绍【选择集模式】选项组中的各选项。

- 先选择后执行：允许在启动命令之前选择对象，被调用的命令对先前选定的对象产生影响。例如要旋转一个对象时，可以先选择【旋转】命令，然后命令窗口就会提示【选择对象】。当选择此选项并选择要旋转的对象，然后选择【旋转】命令时，命令窗口不再提示"选择对象"，而进行相应的旋转操作。
- 用 Shift 键添加至选择集：按 Shift 键并选择对象时，可以向选择集中添加对象或从选择集中删除对象。要快速清除选择集时，可以在图形的空白区域中绘制一个选择窗口。
- 对象编组：选择此选项后，当选择编组中的任意一个对象时，就可以选择整个编组中的所有对象。使用 GROUP 命令，可以创建和命名一组选择对象。将 PICKSTYLE 系统变量设置为 1 时，也可以设置此选项。
- 关联图案填充：选择此选项，那么选择关联填充时填充边界也被一同选择。

- 隐含选择窗口中的对象：选择此选项时，在图形窗口内以拖动或者定义对角点的方式创建一个矩形区域，以选择对象。
- 允许按住并拖动对象：允许通过选择一点然后将定点设备拖动至第二点来绘制选择窗口。如果未选择此选项，可以用定点设备选择两个单独的点来绘制选择窗口。

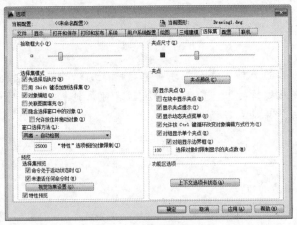

图 5-1 【选择集】选项卡

5.1.2 逐一选择对象

在一般状态下，可以选择一个对象，也可以逐一选择多个对象。在 AutoCAD 2014 中，将拾取光标放在要选择的对象上，即会亮显对象，单击便可选择到该对象。

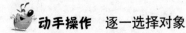 **动手操作 逐一选择对象**

1 打开光盘中的 "..\Example\Ch05\5.1.2.dwg" 练习文件，在不执行任何命令的状态下，将光标移至要选择的对象上方，当其出现加粗并呈虚线（亮显）时，单击即可将其选择，如图 5-2 所示。被选择后的对象如图 5-3 所示。

2 使用步骤 1 的方法逐一单击图形中的其他对象，即可实现加选操作，如图 5-4 所示。

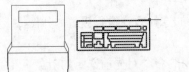
图 5-2 单击选择对象

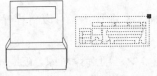
图 5-3 被选择后的对象效果

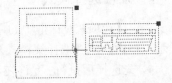
图 5-4 逐一选择对象的结果

在实际操作中，如果要选择彼此非常接近或互相重叠的对象，逐一单击的操作将会难以实现。此时可以打开选择预览，然后将光标移至对象上方使其亮显，并按住 Shift 键，再连续按空格键，这样可以在这些对象之间产生循环亮显，单击以选择当前亮显的对象。

如果要关闭选择预览，可以按住 Shift+空格快捷键，并单击以逐个在这些对象之间循环，直到选定所需对象为止，按 Esc 键可以关闭循环。如果要取消对象目前的被选取状态时，可以按住 Shift 键不放，然后单击被选中的对象，即可去除其选择状态。

5.1.3　选择多个对象

当要一次选择多个对象时，可以使用多种方法来实现，包括指定矩形选择区域、指定不规则形状区域及指定选择栏等。

1. 使用【窗口】矩形选择

【窗口】矩形选择法是指通过光标从左至右拖出矩形区域，完全处于矩形内的对象将被选择。此方法常用于选择较为拥挤的多个对象，而无需担心会选错矩形内的对象，因为只有完全处于矩形内的对象才会被选择。任何处于矩形外，或者与其边框相交的对象都不会被选择。

🐜 动手操作　使用【窗口】矩形选择对象

1　打开光盘中的 "..\Example\Ch05\5.1.3.dwg" 练习文件，打开【选项】对话框并选择【选择集】选项卡，选择【隐含选择窗口中的对象】复选框并取消选中【允许按住并拖动对象】复选框，单击【确定】按钮。

2　在图形中单击指定一个点，然后向右往对角方向拖动，直至选中指定对象后，在合适位置单击，确定矩形的第二点，即可完成【窗口】矩形选择，如图 5-5 所示。

3　在完成选择后，即会出现如图 5-6 所示的结果。在【窗口】模式状态下指定矩形区域时，背景将变成实线包围的半透明蓝色。

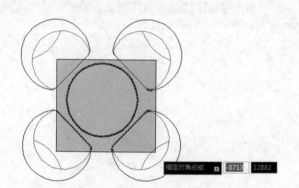

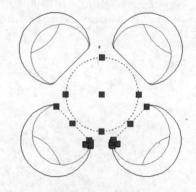

图 5-5　指定【窗口】矩形　　　　　图 5-6　使用【窗口】矩形选择的对象

💡 **TIPS▶**　在默认状态下，被选对象会自动显示夹点，如图 5-6 所示。为了易于查看被选的效果，可以打开【选项】对话框的【选择集】选项卡，在【夹点】选项组中取消选择【启用夹点】复选框，这样即可将夹点隐藏，变成如图 5-7 所示的结果。

2. 使用【交叉】矩形选择

【交叉】矩形选择法是指通过光标从右至左拖出矩形区域，以选择矩形窗口包围的或相交的对象。

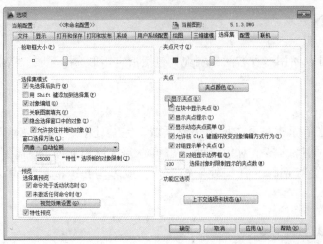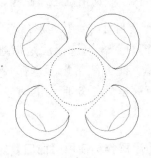

图 5-7 取消【启用夹点】后的选择效果

动手操作 使用【交叉】矩形选择

1 打开光盘中的 "..\Example\Ch05\5.1.3.dwg" 练习文件，打开【选项】对话框并选择【选择集】选项卡，选择【隐含选择窗口中的对象】复选框并取消选择【按住并拖动】复选框，单击【确定】按钮。

2 按从右至左的方式指定矩形区域的两个点，以指定【交叉】矩形区域，如图 5-8 所示。

3 在完成选择后，图形即会产生如图 5-9 所示的选择结果。在【交叉】模式状态下指定矩形区域时，背景将变成虚线包围的半透明绿色。

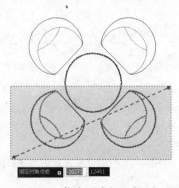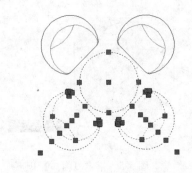

图 5-8 指定【交叉】矩形　　　　　　　图 5-9 使用【交叉】矩形选择的对象

3. 使用不规则形状区域选择

通过 WP 或者 WC 命令可以使用【窗口多边形】或者【交叉多边形】的方式来圈选对象。它们通过指定不规则的区域来选择用户所需的区域。使用窗口多边形选择可以选择完全封闭在选择区域中的对象；使用交叉多边形选择可以选择完全包含于或经过选择区域的对象。

动手操作 使用窗口多边形选择对象

1 打开光盘中的 "..\Example\Ch05\5-1-3.dwg" 练习文件，执行一个需要选择对象的命令，例如 erase（删除）命令。

2　系统提示：选择对象，此时输入"wp"（执行窗口多边形命令），然后按 Enter 键。

3　系统提示：第一圈围点，移动光标至图形中，指定几个圈围点定义一个完全包含选择对象的区域，如图 5-10 所示。

4　当选择对象后，可以按 Enter 键闭合多边形选择区域并完成选择，即可出现如图 5-11 所示的结果。

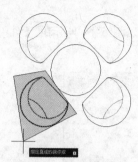
图 5-10　指定圈围区域

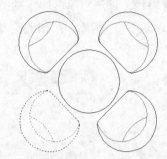
图 5-11　使用窗口多边形选择的结果

4. 使用【选择栏】模式选择

在复杂图形中，使用【选择栏】模式可以方便地选择所需的图形。选择栏的外观类似于多段线，仅选择它经过的对象。即不需通过封闭的区域才能选择对象，只要指定一条或者多条直线，最后直线所经过的对象均会被选择。

动手操作　使用【选择栏】模式选择对象

1　打开光盘中的"..\Example\Ch05\5.1.3.dwg"练习文件，指定一个需要选择对象的命令，例如 erase（删除）命令。

2　系统提示：选择对象，此时输入"F"（栏选）并按下 Enter 键。

3　系统提示：指定第一个栏选点，通过单击指定端点的方式指定两条直线路径，创建经过要选择对象的选择栏，如图 5-12 所示。

4　按 Enter 键完成选择，图形中出现如图 5-13 所示的选择结果，并在命令窗口提示选择对象的数量。

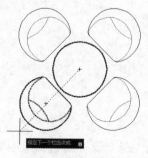
图 5-12　创建选择栏

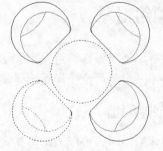
图 5-13　使用【选择栏】模式选择的结果

如果在选择多个对象的同时也将不需要选择的对象都选中了，可以在"选择对象:"提示下输入"R"（删除），然后选择不需要选中的对象即可。

如果在选择对象的状态下按 Esc 键，可以取消所有选择状态。

5.1.4 过滤选择集

当要选择具有某些共同特性的对象时，使用【快速选择】功能可以根据指定的过滤条件快速定义选择集。它主要根据对象的图层、线型、颜色及图案填充等特性和类型创建选择集。

 动手操作 使用对象选择过滤器

1 在命令窗口中输入"filter"并按下 Enter 键，打开如图 5-14 所示的【对象选择过滤器】对话框。

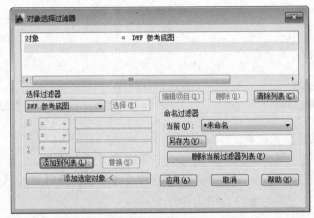

图 5-14 【对象选择过滤器】对话框

2 在【选择过滤器】选项组的下拉列表框中显示了当前用于限定选择集的过滤器，可以在其中选择一个添加到列表框中。

3 单击【添加到列表】按钮，将所选项目添加至列表框中，接着单击【应用】按钮，完成过滤器设置并退出对话框。

> **TIPS▶** 在命令窗口中输入"filter"，即加单引号可以使其成为透明命令。

5.2 编组对象

编组对象是指保存的对象集，可以根据需要同时选择和编辑这些对象，也可以分别进行。编组提供了以组为单位操作图形元素的简单方法。

5.2.1 创建编组

在创建编组时，可以为编组指定名称并添加说明。如果选择某个可选编组中的一个成员并将其包含到一个新编组中，那么该编组中的所有成员都将包含在新编组中。

 动手操作 创建编组

1 打开光盘中的"..\Example\Ch05\5.2.1.dwg"练习文件，在【默认】选项卡的【组】面板上单击【编组管理器】按钮 编组管理器 ，打开【编组管理器】对话框。

2　在【编组名】文本框中输入编组名，例如"G1"，然后在【说明】文本框中输入添加说明，例如"沙发编组"，如图 5-15 所示。

3　在【创建编组】选项组中单击【新建】按钮，此时对话框将会暂时关闭，以便用户在图形中选择需要编组的对象，如图 5-16 所示。

图 5-15　新建编组

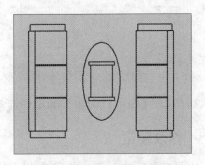

图 5-16　选择要编组的对象

如果已经有编组，则会在【编组名】列表框中列出，如果选中【包含未命名的】复选框，可以隐藏未命名的编组。另外，如果复制编组，副本将被指定默认名"Ax"，并认为是未命名。

4　在图形中单击右键即可结束选择操作，返回到【对象编组】对话框，此时在【编组名】列表框中可以显示刚才创建的编组，如图 5-17 所示。

5　单击【确定】按钮，完成创建编组操作并关闭【对象编组】对话框。

图 5-17　创建编组后的对话框

5.2.2　选择与分解编组

当图形被编组后，选择任一单独的图形后，都会将整个编组选择。如果需要在编组后的对象中选择单个对象，可以按 Ctrl+Shift+A 快捷键，命令窗口将提示"命令: <编组 关>"。此时单击选择任一个对象，即可以亮显方式显示被选中的对象，如图 5-18 所示。

如果想要解除编组成员的组合，可以通过【对象编组】对话框进行分解处理。

 动手操作　分解编组

1　打开光盘中的"..\Example\Ch05\5.2.2.dwg"练习文件，在【默认】选项卡的【组】面板上单击【编组管理器】按钮 组编组管理器，打开【编组管理器】对话框。

2　在【编组名】列表框中选择要删除的编组选项，然后在【修改编组】选项组中单击【分解】按钮，即可将编组定义删除，如图 5-19 所示。

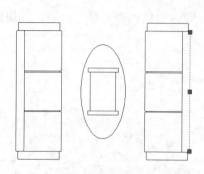

图 5-18　关闭编组状态后的选择结果

图 5-19　分解选定的编组

3　单击【确定】按钮，即可完成编组分解操作并关闭对话框。

5.2.3　修改编组

对于编组后的对象，除了分解修改之外，在【对象编组】对话框中的【修改编组】选项组中，还可以进行删除、添加、重命名、重排、说明、分解和可选择的等修改操作。下面通过重排多个编组的实例，介绍修改编组的方法。

动手操作　修改编组排序

1　打开光盘中的 "..\Example\Ch05\5.2.3. dwg" 练习文件，然后在命令窗口中输入 "_classicgroup" 命令并按下 Enter 键，打开【对象编组】对话框。

2　在【修改编组】选项组中单击【重排】按钮，打开【编组排序】对话框，如图 5-20 所示。

图 5-20　重排编组

3　在【编组名】列表框中选择要重排的编组，查看该组的当前次序，然后单击【亮显】按钮，打开如图 5-21 所示的【对象编组】对话框并显示当前正在编辑的图形。

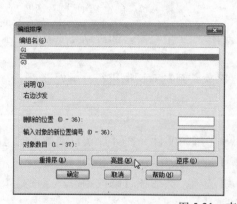

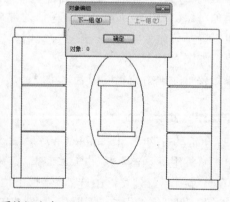

图 5-21　查看编组次序

4　单击【上一组】与【下一组】按钮查看对象的信息，完毕后单击【确定】按钮，即可关闭对话框。

5　在【对象数目】文本框中输入对象数目或者重排的编号范围，然后单击【重排序】按钮完成重排操作并关闭对话框，如图 5-22 所示。

图 5-22　重排序编组

5.3　使用夹点编辑对象

当选择一个对象后，即可进入夹点编辑模式，在 AutoCAD 中，通过夹点可以对已经选择的对象进行拉伸、移动、旋转、缩放或镜像操作。在【选项】对话框的【选择集】选项卡下，可以通过如图 5-23 所示的【夹点】选项组进行夹点颜色与启用选项的设置。可以单击【夹点颜色】按钮，设置夹点在各个状态下的颜色。

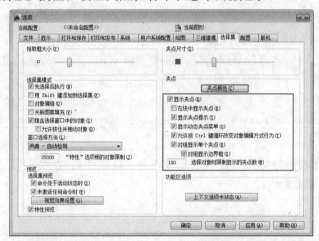

图 5-23　夹点选项设置

5.3.1　使用夹点编辑编组点模式

在选择对象的状态下进行编辑操作，称为夹点模式。夹点是一些实心的小方框，在夹点模式下指定对象时，对象关键点(如圆心、中点和端点等特征点)上将出现夹点。拖动这些夹点即可快速进行拉伸、移动、旋转、缩放或镜像对象等编辑操作。在夹点打开后，可以在输入命令之前选择要操作的对象，然后使用定点设备操作这些对象。如图 5-24 所示即是不同对象显示的夹点。

在使用夹点模式时，首先需要选择作为操作基点的夹点，即基准夹点。选定的夹点也称为热夹点。然后选择一种夹点模式，通过按 Enter 键或空格键可以循环选择这些模式。还可以使用快捷键或单击右键查看所有模式和选项。

可以使用多个夹点作为操作的基准夹点，当选择多个夹点(也称为多个热夹点选择)时，选定夹点间对象的形状将保持原样。如果要选择多个夹点，可以按住 Shift 键，然后选择适当的夹点。

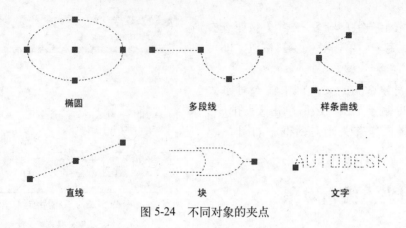

图 5-24　不同对象的夹点

下面介绍几种常用的夹点编辑模式。

- 使用夹点拉伸：可以通过将选定夹点移动到新位置来拉伸对象，但对于文字、块参照、直线中点、圆心和点对象上的夹点，对其进行操作时是移动对象而不是拉伸它。夹点拉伸是移动块参照和调整标注的好方法。
- 使用夹点移动：可以通过选定的夹点移动对象。选定的对象会产生亮显，并按指定的下一点位置，通过一定的方向和距离进行移动。
- 使用夹点旋转：可以通过拖动和指定点位置来绕基点旋转选定对象，还可以输入角度值进行准确旋转，此方法通常用于旋转块参照。
- 使用夹点缩放：可以相对于基点缩放选定对象，通过从基夹点向外拖动并指定点位置来增大对象尺寸，或通过向内拖动减小尺寸，也可以为相对缩放输入一个值，进行准确的缩放操作。
- 使用夹点创建镜像：可以沿临时镜像线为选定对象创建镜像，在操作过程中打开正交模式有助于指定垂直或水平的镜像线。

5.3.2　使用夹点创建多个副本

利用任何夹点模式修改对象时均可以创建对象的多个副本。例如使用【旋转】命令旋转并创建副本，或者通过定义"偏移捕捉"与"旋转捕捉"创建。

1. 使用【旋转】命令创建副本

使用【旋转】命令可以旋转选定对象，并将其副本放置在定点设备指定的某一位置。

动手操作　使用【旋转】命令创建副本

1　打开光盘中的"..\Example\Ch05\5.3.2a.dwg"练习文件，该文件绘图区上有一个竖放的椭圆，如图 5-25 所示。在选择该对象后单击下方夹点，将其指定为基点，接着单击右键，在弹出的快捷菜单中选择【旋转】命令，如图 5-26 所示。

2　选择【旋转】命令后，系统提示：指定旋转角度或[基点(B)/复制(C)/放弃(U)/参照(R)/退出(X)]，此时输入"C"并按 Enter 键，旋转并多重复制指定的对象，如图 5-27 所示。

3　系统提示：**旋转(多重)**指定旋转角度或 [基点(B)/复制(C)/放弃(U)/参照(R)/退出(X)]，接着输入角度为"90"，并按 Enter 键，将指定的椭圆根据基点复制并旋转 90°，如图 5-28 所示。

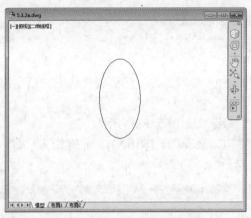

图 5-25　练习文件上的椭圆对象

图 5-26　选择【旋转】命令

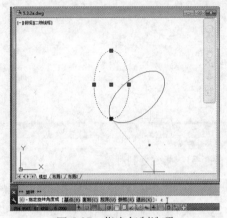

图 5-27　指定复制选项

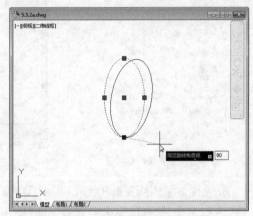

图 5-28　输入旋转角度

4 由于前面选择了多重复制选项，所以继续在命令提示下输入"180"、"270"并分别按 Enter 键，表示根据输入的旋转角度，再复制两个椭圆，最后按 Enter 键结束旋转操作，结果如图 5-29 所示。

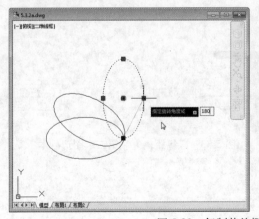

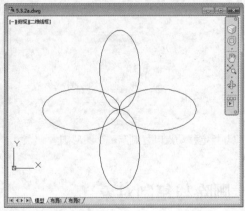

图 5-29　复制其他椭圆构成图形的结果

2. 使用【移动】命令创建副本

可以通过偏移捕捉按规定间距放置多个副本对象，偏移捕捉由对象和下一个副本对象之间的距离定义。下面介绍通过【移动】命令创建等距图形的方法。

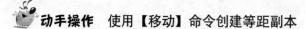**动手操作　使用【移动】命令创建等距副本**

1　打开光盘中的"..\Example\Ch05\5.3.2b.dwg"练习文件，然后将其选中并指定图形的夹点为基点。

2　单击右键并从快捷菜单中选择【移动】命令，如图 5-30 所示。

3　系统提示：指定移动点或[基点(B)/复制(C)/放弃(U)/退出(X)]，此时输入"C"并按 Enter 键，偏移并多重复制对象，如图 5-31 所示。

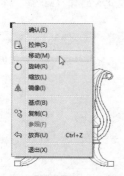

图 5-30　选择【移动】命令

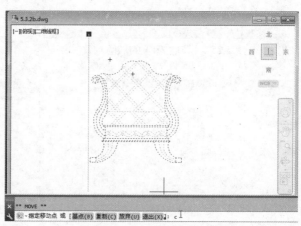

图 5-31　指定复制对象

4　系统提示：指定移动点或[基点(B)/复制(C)/放弃(U)/退出(X)]，此时启用极轴模式，然后往右水平拖动光标至合适距离后单击，确定第一条图形副本的偏移点，如图 5-32 所示。

5　按住 Ctrl 键不放，继续往左拖动光标单击创建图形副本，此时所移动的距离都是第一、二个图形之间距离的倍数，三个图形之间的距离都为 1 个单位，最后按 Esc 键结束移动操作，如图 5-33 所示。

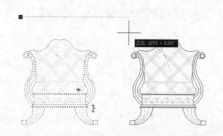

图 5-32　指定移动点以复制第一个图形副本

图 5-33　以等距离复制第二个图形副本

5.4　删除与复制对象

在绘图的过程中，经常需要删除多余图形对象和复制图形对象。下面介绍删除与复制对象的方法。

5.4.1 删除对象

在 AutoCAD 2014 中，删除对象的方法有很多种，通过菜单栏、工具栏、按快捷键或者输入命令都可执行删除操作。

执行删除命令的方法如下。

- 菜单：选择【编辑】|【删除】菜单命令。
- 键盘：选择对象后，按 Delete 键。
- 功能区：在【默认】选项卡的【修改】面板中单击【删除】按钮 ✍️。
- 命令：在命令窗口中输入 "erase"。

执行删除命令后，可以通过选择不同方法来删除对象。

- 输入 "L" 并按下 Enter 键，可以删除绘制的上一个对象。
- 输入 "P" 并按下 Enter 键，可以删除上一个选择集。
- 输入 "all"，可以从图形中删除所有对象。
- 输入 "？"，可以查看所有选择方法列表。

动手操作　删除对象

1 打开光盘中的 "..\Example\Ch05\5.4.1.dwg" 练习文件，在【修改】面板中单击【删除】按钮 ✍️，此时光标变成一个空心的方框状态。

2 系统提示：选择对象，此时选择要删除的对象，如图 5-34 所示。

3 按 Enter 键删除选择的对象，结果如图 5-35 所示。

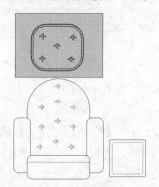

图 5-34　选择要删除的对象

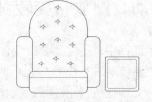

图 5-35　删除对象后的结果

当执行【删除】命令后，系统都会提示选择要删除的对象，然后按 Enter 键或空格键结束对象选择，同时删除已选择的对象。如果在【选项】对话框的【选择集】选项卡下，选择【选择模式】选项组中的【先选择后执行】复选框，就可以先选择对象，然后单击【删除】按钮将其删除。

如果意外误删对象，可以使用 undo 命令或 oops 命令将其恢复，也可以按 Ctrl+Z 键，回到上一个操作中。

5.4.2 复制对象

使用【复制】命令可以创建出与原有对象相同的图形，其与前面使用夹点创建副本的结果是一样的。通过"复制"功能可以同时创建出多个副本，在执行复制命令并选择对象后，只要指定位移的基点与位移的矢量(即相于基点的方向与大小)，就可创建出多个对象副本。在指定基点与位移点时，通常可以使用"对象捕捉"与"对象捕捉追踪"模式加以配合，以便精确、快捷地定位。

动手操作　复制对象

1　打开光盘中的"..\Example\Ch05\5.4.2.dwg"练习文件，在【默认】选项卡的【修改】面板中单击【复制】按钮 。

2　系统提示：选择对象，此时选择如图 5-36 所示的图形对象，并单击右键确定选择。

3　系统提示：指定基点或[位移(D)/模式(O)]<位移>，此时指定图形中心为基点，然后拖动鼠标选择目标位置并单击鼠标，如图 5-37 所示。

4　系统提示：指定第二个点或[退出(E)/放弃(U)]<退出>，此时直接按 Enter 键确定，即可复制选定的图形，如图 5-38 所示。

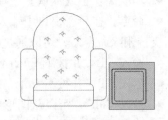

图 5-36　选择要复制的图形对象

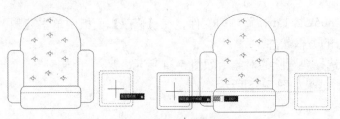

图 5-37　指定基点并复制图形

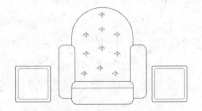

图 5-38　复制图形对象的结果

5.5　移动、缩放与旋转对象

在绘图过程中，通常需要改变图形的位置与大小。可以通过【移动】、【旋转】和【缩放】命令精确、便捷地进行位置与大小调整等变换对象操作。此外，还可以通过【修改】菜单栏或【修改】工具栏执行上述修改操作。

5.5.1　移动对象

【移动】命令可以从原对象以指定的角度和方向移动对象，可以使用坐标、栅格捕捉、对象捕捉和其他工具配合操作，提高移动对象的精度。在移动对象时，只要先指定移动的基点，再指定移动的目的点，即可完成对象的移动。

当然，还可以通过输入第一点的坐标值并按 Enter 键，然后输入第二点的坐标值，使用相对距离移动对象。使用坐标值的方法只能用相对位移，而不是指定基点位置。

动手操作　移动对象

1　打开光盘中的"..\Example\Ch05\5.5.11.dwg"练习文件，在【修改】面板中单击【移动】按钮 ，如图 5-39 所示。

2 系统提示：选择对象，此时选择要移动对象并单击右键，如图 5-40 所示。

图 5-39　单击【移动】按钮

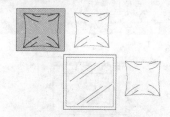

图 5-40　选择要移动的对象

3 系统提示：指定基点或[位移(D)] <位移>，此时在选定对象的中心上单击指定为基点，如图 5-41 所示。

4 系统提示：指定第二个点或<使用第一个点作为位移>，此时将对象往下方拖动，然后在合适的位置上单击，以移动选定的对象，如图 5-42 所示。

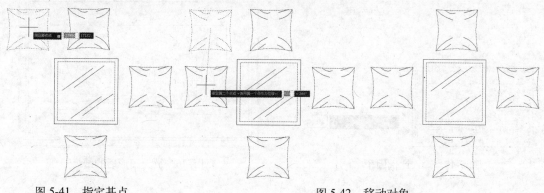

图 5-41　指定基点

图 5-42　移动对象

> 在移动对象中输入相对坐标时，无需像通常情况下那样包含@标记，因为相对坐标是假设的。另外，如果要按指定距离复制对象，可以在"正交"与"极轴追踪"模式打开的同时使用直接距离输入。

5.5.2　缩放对象

使用【缩放】命令，可以在保持对象比例的前提下，使对象变得更大或者更小。在缩放过程中，除了可以输入准确数值外，还可以使用参照距离来进行缩放操作。

1. 使用比例因子缩放对象

通过【缩放】命令，可以将对象按统一比例放大或缩小。在缩放对象时，只要指定基点和比例因子即可。当比例因子大于 1 时将放大对象；比例因子介于 0 和 1 之间时将缩小对象。另外，根据当前图形单位，还可以指定要用作比例因子的长度。

动手操作　使用比例因子缩放对象

1 打开光盘中的 "..\Example\Ch05\5.5.2a.dwg" 练习文件，在【修改】面板中单击【缩放】按钮，然后选择要缩放的对象，如图 5-43 所示。

2 系统提示：指定基点，此时可以在选定图形对象的中心处单击，作为缩放基点，如图 5-44 所示。

图 5-43　选定对象

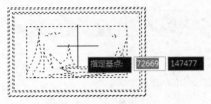

图 5-44　指定基点

3 系统提示：指定比例因子或[复制(C)/参照(R)]，此时输入比例因子为"3"，如图 5-45 所示。当按 Enter 键后即可将图形放大 3 倍，结果如图 5-46 所示。

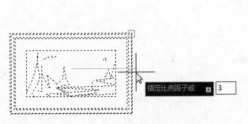

图 5-45　输入比例因子

图 5-46　放大图形后的结果

2. 使用参照距离缩放对象

在指定缩放基点后，可以选择【参照】选项进行缩放。在指定基点后，可以通过指定两个点作为参照点，然后通过拖动光标或输入数值的方法来等比例缩放对象。

动手操作　使用参照距离缩放对象

1 打开光盘中的"..\Example\Ch05\5.5.2b.dwg"练习文件，执行【缩放】命令后指定图像的中心作为基点，如图 5-47 所示。

2 系统提示：指定比例因子或[复制(C)/参照(R)]，此时输入"R"，选择【参照】选项。

3 系统提示：指定参照长度，此时捕捉最外围的矩形的中点与任意一边上的中点，指定两个参照点，如图 5-48 所示。

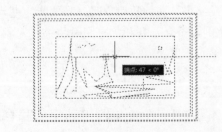

图 5-47　指定基点

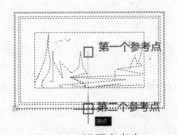

图 5-48　设置参考点

4 系统提示：指定新的长度或[点(P)]，此时往下拖动光标即可参照先前指定的参照点进行任意的缩放操作，如图 5-49 所示。另外，也可以输入数值表示要缩放的距离。

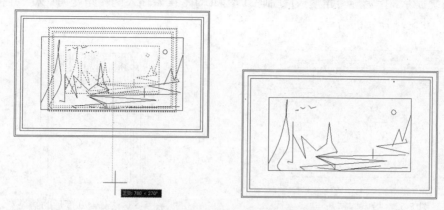

图 5-49　指定新的长度以完成缩放操作

5.5.3　旋转对象

【旋转】命令可以绕指定基点旋转图形中的对象。可以通过输入角度或者使用光标进行拖动，也可以指定参照角度的方式去旋转对象。

1. 按指定角度旋转对象

可以输入 0°～360°的旋转角度值来确定对象的旋转效果。还可以按弧度、百分度或勘测方向输入值。

　在旋转对象时必须弄清角度的正负性质。方法：执行"units"命令，打开如图 5-50 所示的【图形单位】对话框，如果选择【角度】选项组下的【顺时针】复选框，即可以顺时针旋转为正角度；如果取消选择时，则为逆时针旋转为正值。本章的所有旋转操作，都是处于逆时针为正值的状态下进行的。

动手操作　按指定角度旋转对象

1　打开光盘中的"..\Example\Ch05\5.5.3a.dwg"练习文件，在【修改】面板中单击【旋转】按钮，然后如图 5-51 所示选择旋转对象并单击右键确定对象。

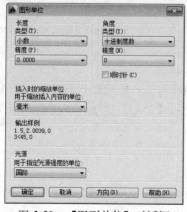

图 5-50　【图形单位】对话框

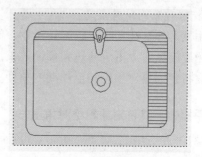

图 5-51　选择旋转对象

2 系统提示：指定基点，此时捕捉对象的圆心作为旋转基点，如图 5-52 所示。

3 系统提示：指定旋转角度或[复制(C)/参照(R)]，接着输入旋转角度为"90"并按 Enter 键，得到如图 5-53 所示的结果。

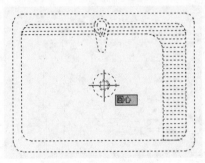

图 5-52　指定旋转基点

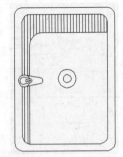

图 5-53　旋转 90 度后的结果

2. 通过拖动旋转对象

此方法可以绕基点拖动对象并指定第二点。使用"正交"、"极轴追踪"或"对象捕捉"模式等辅助功能，可以让旋转操作更加精确。

动手操作　通过拖动旋转对象

1 打开光盘中的"..\Example\Ch05\5.5.3b.dwg"练习文件，在【修改】面板中单击【旋转】按钮□，然后如图 5-54 所示选择旋转对象并单击右键确定对象。

2 系统提示：指定基点，此时捕捉如图 5-54 所示的圆心，即 1 点。

3 系统提示：指定旋转角度，或[复制(C)/参照(R)] <0>，此时启用"正交模式"，并启用"交点"捕捉，然后单击 2 点，如图 5-54 所示。

4 通过光标指定旋转角度来旋转电子符号对象，如图 5-55 所示。

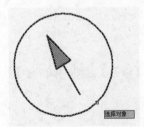

图 5-54　通过拖动旋转对象

图 5-55　旋转对象后的结果

3. 旋转对象到绝对角度

使用【参照】选项也可以旋转对象，使其与绝对角度对齐。在绘图过程中，此方法比直接输入角度旋转对象更容易达到预期效果。下面通过使用【参照】选项，先指定基点与参照边，然后将会议桌对象旋转至预期的角度。

 动手操作　旋转对象到绝对角度

1 打开光盘中的"..\Example\Ch05\5.5.3c.dwg"练习文件，执行【旋转】命令后选择要旋转的对象。

　　2 指定圆心为基点，如图 5-56 所示。

　　3 系统提示：指定旋转角度或[复制(C)/参照(R)]，此时输入 "R" 并按 Enter 键，选择【参照】选项。

　　4 系统提示：指定参照角，此时启用【端点】捕捉模式，捕捉桌面的右侧边上两个端点，以其作为参考点，如图 5-57 所示。

　　5 系统提示：指定新角度或[点(P)]，此时输入预期的旋转角度，输入 "90" 并按 Enter 键，即可得到如图 5-58 所示的旋转结果。

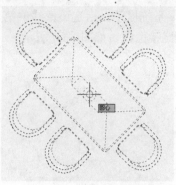

图 5-56　指定旋转基点

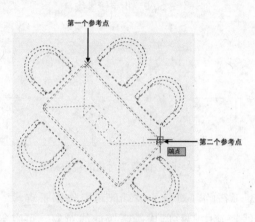

图 5-57　指定参考点

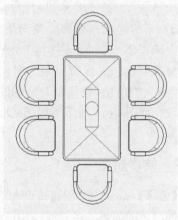

图 5-58　旋转后的结果

5.6　镜像与偏移对象

　　在绘图时，通常需要创建多个相同的副本。可以通过翻转复制，按一定距离复制，或者按一定的行距、列距、角度等参数复制。AutoCAD 提供了【镜像】、【偏移】命令，以便用户快速准确地创建对象副本，从而提高绘图效率。

5.6.1　镜像对象

　　使用【镜像】命令可以绕指定轴翻转对象创建对称的镜像图像。可以快速地绘制半个对象，并将其镜像复制，而不需要绘制整个对象，大大提高了绘图效率与准确性。

　　TIPS 在绕轴（镜像线）翻转对象创建镜像图像时，必须先指定临时镜像线，然后输入两点，最后可以选择是删除源对象还是保留源对象。另外，在指定镜像时，使用"正交"与"对象捕捉"配合操作，可以快速方便地指定镜像线。

动手操作　创建镜像对象

　　1 打开光盘中的 "..\Example\Ch05\5.6.1.dwg" 练习文件，在【修改】面板中单击【镜像】按钮 ⚠，然后选择要镜像的对象，如图 5-59 所示。

2 系统提示：指定镜像线的第一点，此时分别捕捉对象右侧的上端点与下端点，通过两点指定镜像线，如图 5-60 所示。

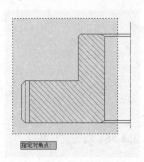

图 5-59 选择需要镜像的对象

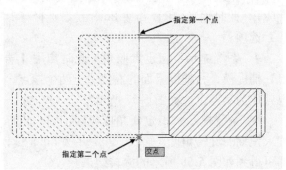

图 5-60 指定镜像线

3 系统提示：要删除源对象吗？[是(Y)/否(N)] <N>，如果直接按 Enter 键，则镜像复制对象，并保留原来的对象；如果输入"Y"，则在镜像复制对象的同时删除原对象。如图 5-61 所示为按 Enter 键的镜像结果。

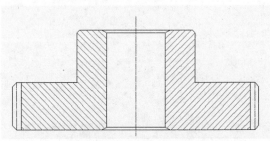

图 5-61 保留源对象的镜像结果

5.6.2 偏移对象

【偏移】命令用于创建造型与选定对象造型平行的新对象。该功能可以作用于直线、圆弧、椭圆、椭圆弧、多段线、构造线与样条曲线，其中偏移圆或圆弧等曲线对象，可以创建更大或更小的圆或圆弧。

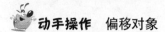
动手操作　偏移对象

1 打开光盘中的".\Example\Ch05\5.6.2.dwg"练习文件，在【修改】面板中单击【偏移】按钮。

2 系统提示：指定偏移距离或[通过(T)/删除(E)/图层(L)]，此时输入偏移的距离，例如输入"10"并按 Enter 键(也可以使用光标通过两点来确定一个距离)。

3 系统提示：选择要偏移的对象或[退出(E)/放弃(U)] <退出>，此时单击图形中的矩形，指定其为偏移的对象，如图 5-62 所示。

4 系统提示：指定要偏移的那一侧上的点或[退出(E)/多个(M)/放弃(U)] <退出>，此时在选择的对象内单击，确定偏移的方向，如图 5-63 所示。

5 按 Enter 键复制偏移的对象并退出偏移命令，得到如图 5-64 所示的结果。

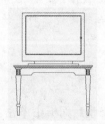 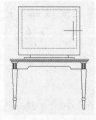 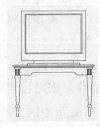

图 5-62 选择偏移对象　　图 5-63 指定偏移方向　　图 5-64 向外偏移 10 个单位后的结果

5.7　修剪、延伸与拉伸对象

AutoCAD 2014 提供了【修剪】、【延伸】和【拉伸】的功能，方便用户针对图形设计调整形状与大小。其中【修剪】与【延伸】命令可以去掉或加长某条线段；而【拉伸】命令则可以通过指定的距离同时拉长图形的某一部分对象。

5.7.1　修剪对象

【修剪】命令可以精确地将某一对象终止于另一对象上所定义的边界处。修剪的对象包括直线、圆、圆弧、多段线、椭圆、椭圆弧、构造线、样条曲线、块和图纸空间的布局视口。在编辑图形的过程中，通常会以直线作为辅助线，然后使用【修剪】命令对其进行修改，得到符合需求的新图形。在绘制墙壁线条时，可以通过【修剪】命令将一些交接处打通，一些地图上的交通路口也可以使用此方法进行修改。

动手操作　修剪对象

1　打开光盘中的 "..\Example\Ch05\5.7.1.dwg" 练习文件，先创建两组平行交叉线，然后在【修改】面板中单击【修剪】按钮，执行【修剪】命令，使用"交叉"模式选择垂直的一组平行线，如图 5-65 所示。

2　按 Enter 键，使用拾取方框在两条垂直平行线之内单击水平平行线的线段，如图 5-66 所示，将指定间区内的线段修剪掉，修剪后的结果如图 5-67 所示。最后按 Enter 键退出【修剪】命令。

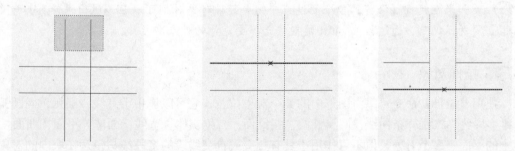

图 5-65　以"交叉"模式选择平行线　　图 5-66　修剪指定区间线段　　图 5-67　修剪线段后的结果

3　执行【修剪】命令，然后使用【窗口】模式选择两条水平平行线，如图 5-68 所示。

4　在标记点位置上单击，修剪水平平行线之间的垂直平行线，完成打通十字路口的操作，最后按 Enter 键退出【修剪】命令，如图 5-69 所示。

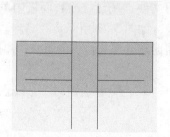

图 5-68　以【窗口】模式选择平行线

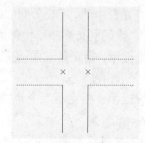

图 5-69　完成对象修剪后的结果

5.7.2 延伸对象

延伸与修剪的操作方法相同。它可以将对象精确地延伸到另一对象所定义的边界，也可以延伸到隐含边界，即两个对象延长后相交的某个边界上。

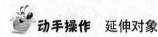 **动手操作** 延伸对象

1 打开光盘中的 "..\Example\Ch05\5.7.2.dwg" 练习文件，在【修改】面板单击【延伸】按钮，然后指定内椭圆为延伸的目的地，并按 Enter 键，如图 5-70 所示。

2 选择所有要延伸的对象，再按 Enter 键，如图 5-71 所示。

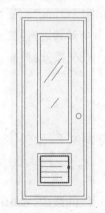
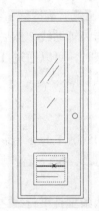
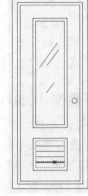

图 5-70 指定延伸目的地   图 5-71 延伸多个对象

 如果在执行【修剪】命令的过程中需要延伸对象时，可以在不退出【修剪】命令的情况下，通过按住 Shift 键直接选择要延伸的对象即可。

5.7.3 拉伸对象

使用【拉伸】命令可以将图形中的某个对象拉长，它可以作用于直线、圆弧、椭圆弧、二维多段线、二维样条曲线、圆、椭圆、三维面、二维实体、宽线、面域、平面、曲面、实体上的平面等多个对象，但不可作用于具有相交或自交线段的多段线与包含在块内的对象。

在拉伸对象时，只要先指定拉伸的基点，然后指定位移点即可。拉伸操作通常是对图形中的某些组成对象而言的，所以在选择拉伸对象时，建议使用"交叉"的选择方式。

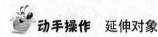 **动手操作** 拉伸对象

1 打开光盘中的 "..\Example\Ch05\5.7.3.dwg" 练习文件，在【修改】面板中单击【拉伸】按钮，然后交叉选择要拉伸的对象，并按 Enter 键，如图 5-72 所示。

2 系统提示：指定基点或[位移(D)] <位移>，此时捕捉端点作为拉伸的基点，并按 Enter 键，如图 5-73 所示。

3 系统提示：指定第二个点或<使用第一个点作为位移>，接着捕捉另一个端点作为拉伸的位移点，如图 5-74 所示。

4 按 Enter 键得到如图 5-75 所示的结果。

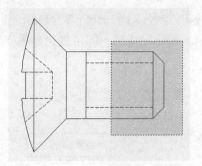

图 5-72 选择拉伸对象

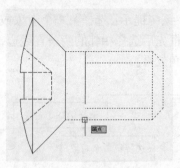

图 5-73 指定拉伸基点

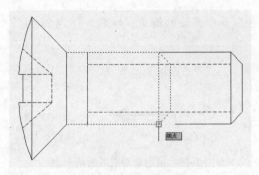

图 5-74 指定拉伸位移点

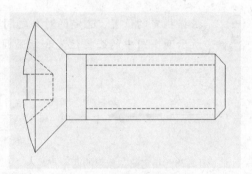

图 5-75 拉伸后的图形

5.8 创建圆角与倒角

【圆角】命令可以修改对象使其以指定半径的圆弧相接。它可以作用于直线、多段线、构造线、圆弧、圆、椭圆、椭圆弧、样条曲线等对象。

【倒角】命令能够使用直线连接相邻的两个对象，它通常用于表示角点上的倒角边，可以作用于直线、多段线、射线、构造线和三维实体等对象中。

5.8.1 创建圆角

【圆角】命令可以修改对象使其以指定半径的圆弧相接。它可以作用于直线、多段线、构造线、圆弧、圆、椭圆、椭圆弧、样条曲线等对象。在创建圆角时，内角点称为内圆角，外角点称为外圆角，这两种圆角均可使用 FILLET 命令创建。

在创建圆角时，只要先指定圆角半径，然后先后选择要构成圆角的两个对象即可。至于"圆角半径"是指连接被圆角对象的圆弧半径。

动手操作　创建圆角

1　使用直线工具通过捕捉端点的方法绘制一个矩形。

2　在【修改】面板中单击【圆角】按钮 。

3　系统提示：选择第一个对象或[放弃(U)/多段线(P)/半径(R)/修剪(T)/多个(M)]，此时输入"R"并按 Enter 键选择【半径】选项。

4　系统提示：指定圆角半径<0.0000>，此时输入"3"并按 Enter 键。

5 系统提示：选择第一个对象或[放弃(U)/多段线(P)/半径(R)/修剪(T)/多个(M)]，此时使用拾取框先后选择相邻的两条直线边，如图 5-76 所示。操作完成后，即可创建如图 5-77 所示的圆角效果。

图 5-76　指定构成圆角的对象

图 5-77　创建圆角后的结果

根据指定的位置，选定的对象之间可以存在多个可能的圆角。如图 5-78 与图 5-79 所示两个图中的选择位置和结果圆角。

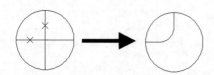

图 5-78　指定第二象限的两个点

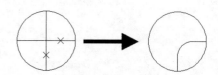

图 5-79　指定第四象限的两个点

5.8.2　创建倒角

在创建倒角时，可以使用光标在图形中分别指定第一与第二个倒角的距离，也可以通过输入数值的方式实现，最后选择组成倒角的线段。

角距离是每个对象与倒角线相接，或与其他对象相交而进行修剪或延伸的长度。如果两个倒角距离都为 0，则倒角操作将修剪或延伸这两个对象直至它们相交，但不创建倒角线，如图 5-80 所示。

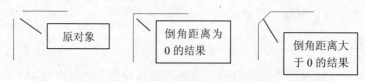

图 5-80　不同倒角距离下的倒角效果

在选择对象时可以按住 Shift 键，使用值为 0 替代当前的倒角距离。

🐜 **动手操作**　**使用距离创建倒角**

1 打开光盘中的 "..\Example\Ch05\5.8.2.dwg" 练习文件，在【修改】面板中单击【倒角】按钮□。

2 系统提示：选择第一条直线或[放弃(U)/多段线(P)/距离(D)/角度(A)/修剪(T)/方式(E)/多个(M)]，此时输入 "D" 并按 Enter 键选择【距离】选项。

3 系统提示：指定第一个倒角距离<0.0000>；指定第二个倒角距离<3.0000>，接着输入第一个倒角距离为 3、第二个倒角距离为 5，然后按 Enter 键。

　　4　系统提示：选择第一条直线或[放弃(U)/多段线(P)/距离(D)/角度(A)/修剪(T)/方式(E)/多个(M)]，此时分别选择倒角线段，如图 5-81 所示。最后创建如图 5-82 所示的倒角。

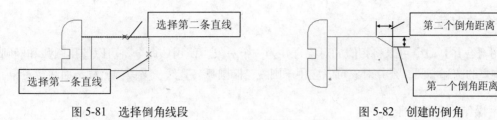

图 5-81　选择倒角线段　　　　　　　　　　图 5-82　创建的倒角

5.9　打断、合并与分解对象

　　在 AutoCAD 2014 中，可以将一个对象打断为两个对象，对象之间可以具有间隙，也可以没有间隙，还可以将多个对象合并为一个对象。

5.9.1　打断对象

　　使用【打断】命令可以在对象上创建一个间隙，即产生两个对象，对象之间具有间隙。此命令通常用于为块或文字创建空间，它可以在大多数几何对象上创建打断，但不包括块、标注、多线与面域等对象。

动手操作　打断对象

　　1　打开光盘中的 "..\Example\Ch05\5.9.1.dwg" 练习文件，在【修改】面板中单击【打断】按钮。

　　2　指定选择要打断的对象，同时指定打断的第一点，如图 5-83 所示。默认情况下，在其上选择对象的点为第一个打断点。如果要选择其他断点时，可以输入 "F"（第一个），然后指定第一个打断点。

　　3　捕捉另一头的端点，作为第二个打断点，如图 5-84 所示。最后得到如图 5-85 所示的打断结果。

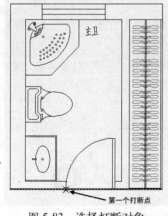 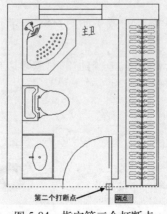 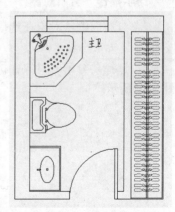

图 5-83　选择打断对象　　　图 5-84　指定第二个打断点　　　图 5-85　打断对象后的结果

如果要打断对象而不创建间隙，可以在相同的位置指定两个打断点。完成此操作的最快方法是在提示输入第二个打断点时输入@0,0，以指定上一点。

5.9.2 合并对象

使用【合并】命令可以将相似的对象合并为一个对象。使用该命令，可以使用圆弧和椭圆弧创建完整的圆和椭圆。合并对象可以应用于圆弧、椭圆弧、直线、多段线、样条曲线等对象。

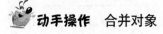 合并对象

1 绘制如图 5-86 所示的圆弧，然后在【修改】面板中单击【合并】按钮 ⁺⁺。

2 系统提示：选择源对象，此时选择圆弧。

3 系统提示：选择圆弧，以合并到源或进行[闭合(L)]，此时输入"L"并按 Enter 键，程序即可根据源对象的半径属性，创建一个完整闭合的圆形，如图 5-87 所示。

图 5-86　绘制圆弧　　　　　　　　图 5-87　将圆弧合并成圆形的结果

 如果要将相似的对象与之合并的对象作为源对象，需要合并的对象必须位于相同的平面上。另外，合并两条或多条圆弧(或椭圆弧)时，将从源对象开始沿逆时针方向合并圆弧（或椭圆弧）。

5.9.3 分解对象

如果想单独编辑矩形、块等由多个对象组合而成的图形时，可以使用【分解】命令将它们分解成多个单一元素对象，然后再进行针对性的编辑。

🐞 **动手操作　分解对象**

1 分解前的块对象在选择状态下的效果如图 5-88 所示。在【修改】面板中单击【分解】按钮 ⁰。

2 选择要分解的对象并按 Enter 键。分解后的对象可以单独选择任意一个组成对象，如图 5-89 所示。

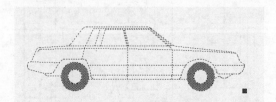

图 5-88　分解前的选择状态

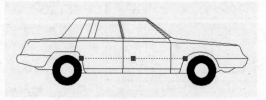

图 5-89　分解后的选择状态

5.10　课堂实训

下面通过两个编辑机械零件图范例的操作，巩固本章学习的知识。

5.10.1　编辑机械零件图 1

本例先打开光盘中的"..\Example\Ch05\5.10.1.dwg"练习文件，如图 5-90 所示，然后使用夹点编辑、圆角、延伸、旋转、移动、镜像等命令，将其编辑成如图 5-91 所示的结果。

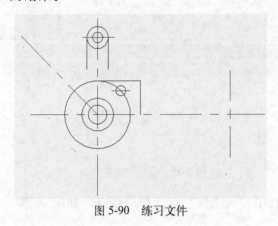
图 5-90　练习文件

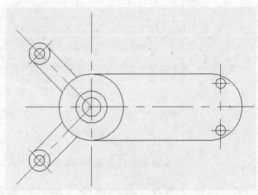
图 5-91　编辑后的结果

动手操作　编辑机械零件图 1

1　打开练习文件，单击选中直角多段线对象，然后按住 Shift 键选择右侧的两个夹点，如图 5-92 所示。

2　启动"正交"与"动态输入"，将选中的夹点往右拖动，然后输入"85"并按 Enter 键快速拉伸对象，如图 5-93 所示。

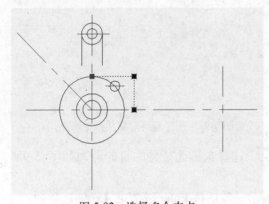
图 5-92　选择多个夹点

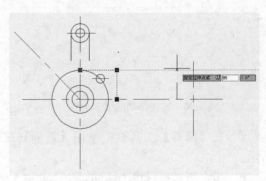
图 5-93　拉伸夹点

3　在【修改】面板中单击【圆角】按钮，然后按以下操作创建圆角：

```
命令: _fillet
当前设置: 模式 = 修剪, 半径 = 0.0000
```

选择第一个对象或 [放弃(U)/多段线(P)/半径(R)/修剪(T)/多个(M)]：r✓

指定圆角半径 <0.0000>：25✓

选择第一个对象或 [放弃(U)/多段线(P)/半径(R)/修剪(T)/多个(M)]：单击如图 5-94 所示的第
　　一点。

选择第二个对象，或按住 Shift 键选择要应用角点的对象：单击如图 5-94 所示的第二点。

4 在【修改】面板中单击【移动】按钮 ✛移动，指定大圆右上方的小圆和中心线作为目标
对象，然后捕捉圆心作为移动基点，如图 5-95 所示。

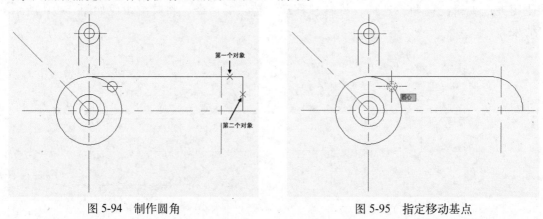

图 5-94　制作圆角　　　　　　　　　　　　图 5-95　指定移动基点

5 启用"交点"捕捉模式，指定右侧垂直中心线上的交点为移动终点，如图 5-96
所示。

6 在【修改】面板中单击【旋转】按钮 ⟳，指定大圆上方的圆环与平行线作为旋转目
标对象，然后捕捉大圆的圆心为旋转基点，如图 5-97 所示。

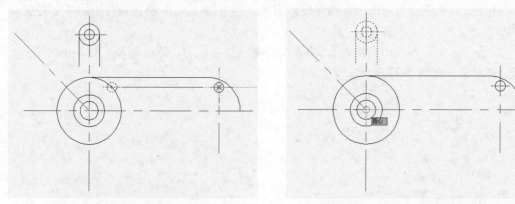

图 5-96　捕捉移动的第二个点　　　　　　　图 5-97　选择旋转对象并指定基点

7 在【修剪】工具栏中单击【延伸】按钮 ⟍，选择大圆为延伸的目的地，如图 5-98
所示。

8 指定两条平行线为延伸对象，如图 5-99 所示，最后按 Enter 键结束【延伸】命令。

9 在【修改】面板中单击【镜像】按钮 ⚏，指定要镜像的对象，如图 5-100 所示。

10 通过水平中心线上的两个点，确定镜像线，如图 5-101 所示。

11 系统提示：要删除源对象吗？[是(Y)/否(N)] <N>，直接按 Enter 键复制镜像对象，并
退出【镜像】命令。

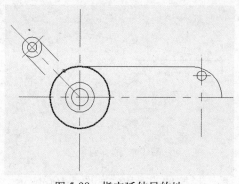

图 5-98　指定延伸目的地

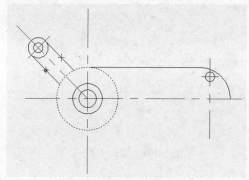

图 5-99　选择延伸对象

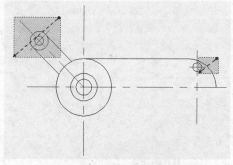

图 5-100　选择镜像的对象

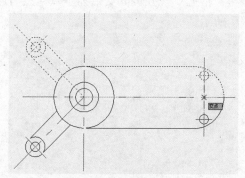

图 5-101　指定镜像线

5.10.2　编辑机械零件图 2

本例先打开光盘中的 "..\Example\Ch05\5.10.2.dwg" 练习文件。然后将文件中如图 5-102 所示的图形编辑成如图 5-103 所示的形状。在本例操作中，先使用夹点编辑、拉伸命令，使 A 点与 B 点重合，使 C 点与 D 点在同一水平线上，接着使用延伸、修剪、镜像等命令得到所需结果。

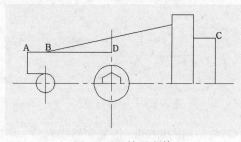

图 5-102　练习文件

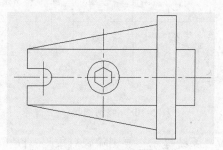

图 5-103　编辑后的结果

动手操作　编辑机械零件图 2

1　打开练习文件，单击选中倾斜的直线，然后将左侧的夹点拖至如图 5-104 所示的交点上。

2　在【修改】面板中单击【延伸】按钮，先指定延伸的终点，然后指定要延伸的对象，如图 5-105 所示。

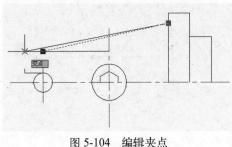

图 5-104　编辑夹点

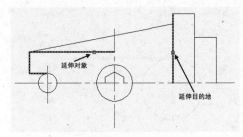

图 5-105　延伸对象

3　在【修改】面板中单击【拉伸】按钮，然后选择拉伸的对象，如图 5-106 所示。

4　指定 C 点左侧的交点为基点，然后通过 D 点追求捕捉追踪出交点作为拉伸点，如图 5-107 所示。

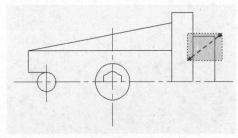

图 5-106　选择要拉伸的对象

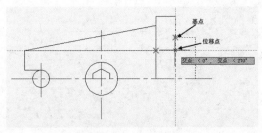

图 5-107　拉伸对象

5　在【修改】面板中单击【修剪】按钮，指定左侧的垂直中心线作为修剪的参考对象。接着指定左边圆弧为要修剪的对象，如图 5-108 所示。

6　在【修改】面板中单击【镜像】按钮，指定要镜像的对象，通过水平中心线上的两个点，确定镜像线，如图 5-109 所示。

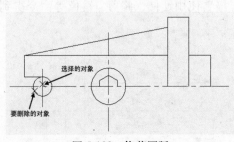

图 5-108　修剪圆弧

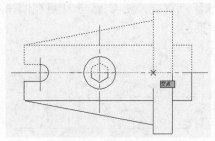

图 5-109　镜像对象

7　系统提示：要删除源对象吗？[是(Y)/否(N)] <N>，直接按 Enter 键复制镜像对象，并退出【镜像】命令。

5.11　本章小结

本章主要介绍了在 AutoCAD 2014 中选择图形、编组图形和编辑图形的各种方法，包括选择单一对象、选择多个对象、编组与分解对象、删除与复制对象、移动与缩放对象、偏移与镜像对象、修剪与拉伸对象等。

5.12 习题

1. 填充题

(1) _____选择法，是指通过光标从左至右拖出矩形区域，完全处于矩形内的对象将被选择。

(2) _____选择法，是指通过光标从右至左拖出矩形区域，以选择矩形窗口包围的或相交的对象。

(3) 使用_____可以使用对象特性或对象类型将对象包含在选择集中或从选集中删除对象。

(4) _____命令可以从原对象以指定的角度和方向移动对象。

(5) _____命令用于创建造型与选定对象造型平行的新对象。

2. 选择题

(1) 在命令行中输入以下哪个命令，可以打开【对象编组】对话框？   (　)

    A. file   B. _classicgroup   C. filter   D. wp

(2) 按下以下哪个快捷键可以关闭编组？   (　)

    A. Ctrl+Shift+A   B. Ctrl+A   C. Ctrl+Alt+A   D. Ctrl+Shift+B

(3) 使用以下哪个命令可以对图形执行缩放的操作？   (　)

    A. erase   B. group   C. filter   D. scale

(4) 选择后的夹点颜色是以下哪种？   (　)

    A. 蓝色   B. 红色   C. 绿色   D. 黄色

(5) 以下哪个命令可以将图形中的某个对象拉长？   (　)

    A. 拉伸   B. 延伸   C. 扩展   D. 缩放

3. 操作题

先绘制两个同心圆，然后通过绘制辅助线、缩放、偏移、镜像、修剪等编辑操作，制作一个转轴零件的截面，结果如图 5-110 所示。

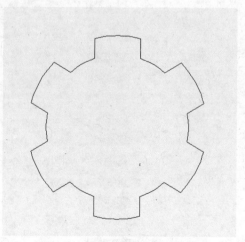

图 5-110　制作转轴零件图的结果

提示：

（1）打开光盘中的 "..\Example\Ch05\5.12.dwg" 练习文件，然后绘制如图 5-111 所示的同心圆环图形，其中圆心坐标为（10，10），大圆半径为 7，小圆半径为 5。

（2）使用【缩放】命令，将外圆的比例因子设置为 "0.9"，缩小外圆形。

（3）使用【构造线】命令，绘制一条通过圆心的垂直构造线，作为绘图的辅助线。

（4）使用【移动】命令配合极轴追踪，将其向左偏移 2 个单位。

（5）使用【镜像】命令配合捕捉象限点的方法，通过水平翻转的方式创建镜像构造线，如图 5-111 所示。

（6）使用 "交叉" 模式选择所有对象，然后使用【修剪】命令，依照如图 5-112 所示的顺序修剪多余的线段对象。

（7）执行【阵列】命令并选择【环形阵列】模式，然后选择阵列对象，接着指定阵列中心点(即圆心)为（10，10），并输入【项目总数】为 "6"，选择【复制时旋转项目】复选框并单击【确定】按钮，完成阵列对象。

（8）再次使用【修剪】命令，将多余圆弧线修剪掉。

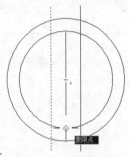

图 5-111　镜像对象

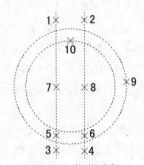

图 5-112　修剪对象

第 6 章　编辑对象特性与填充

教学提要

本章主要介绍 AutoCAD 中编辑对象特性与填充，包括对象特性的修改与复制、图层的使用、设置与修改对象颜色、设置与修改对象线宽和填充图案与渐变色等。

教学重点

➢ 掌握显示、修改与复制对象特性的方法
➢ 掌握利用图层来管理对象和修改对象特性的方法
➢ 掌握设置与修改对象颜色的方法
➢ 掌握设置与修改对象线宽的方法
➢ 掌握设置与修改对象线型的方法
➢ 掌握为图形填充图案和渐变色的方法

6.1　对象特性的修改与复制

在 AutoCAD 中，绘制的每个对象都具有自己的特性。有些特性是基本特性，适用于多数对象，例如图层、颜色、线型和打印样式。

6.1.1　显示与修改对象特性

在 AutoCAD 中，每个对象都有自己的特性，可以显示与修改这些特性，以改变对象的显示效果以及大小、位置等。

1. 通过图层特性管理器显示与修改特性

在【默认】选项卡的【图层】面板中单击【图层特性】按钮，并通过【图层特性管理器】对话框修改对象特性，如图 6-1 所示。

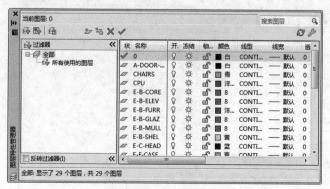

图 6-1　通过图层特性管理器显示对象特性

2. 通过【特性】面板显示与修改对象特性

【特性】面板用于列出选定对象或对象集的特性设置。可以修改任何运行通过指定新值的对象的特性。

- 如果当前没有选择到对象，【特性】面板只会显示当前图层和布局的基本特性、附着在图层上的打印样式表名称，以及视图特性和 UCS 的相关信息。
- 如果当前选择一个对象，【特性】面板只会显示当前对象的特性。
- 如果当前选择多个对象，【特性】面板将显示选择集中所有对象的公共特性。

在 AutoCAD 中，可以通过以下方法打开【特性】选项板。

- 选项卡：通过【默认】选项卡的【特性】面板中查看和修改对象的特性，也可以直接打开【特性】面板，如图 6-2 所示。
- 快捷键：按下 Ctrl+1 快捷键。
- 定点设置：双击大多数对象。
- 命令：在命令窗口输入 "properties"。

打开【特性】面板后，可以通过【颜色控制】、【线型】、【线宽比例】和【打印样式】等项目修改当前对象的特性。

当系统变量处于默认设置时，可以通过双击大部分对象来打开【特性】选项板。但对于块和属性、图案填充、渐变填充、文字、多线以及外部参照，双击这些对象将显示专用于该对象的对话框，而不能打开【特性】选项板。

图 6-2　打开【特性】面板

3. 通过 "list" 命令查看对象信息

在命令窗口中输入 "list" 命令，系统将提示：选择对象，在选择对象后，系统即可在命令窗口显示找到的对象，接着依次显示选定对象的信息。同时，系统将弹出 AutoCAD 文本窗口，显示对象的详细信息，如图 6-3 所示。

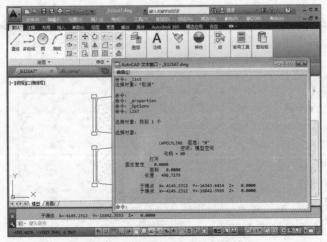

图 6-3　通过命令查看对象特性

6.1.2 将选定对象的特性复制到其他对象

AutoCAD 提供了一个【特性匹配】功能，可以将一个对象的某些或所有特性复制到其他对象上。可以复制的特性类型包括颜色、图层、线型、线型比例、线宽、打印样式和三维厚度等。

 动手操作 将选定对象的特性复制到其他对象

1 打开光盘中的 "..\Example\Ch06\6.1.2.dwg" 练习文件，选择【修改】|【特性匹配】菜单命令（matchprop）。

2 系统提示：选择源对象，此时在绘图区上选择要复制其特性的对象，如图 6-4 所示。

3 系统提示：选择目标对象或[设置(S)]，在绘图区上选择一个或多个要应用已复制的特性的对象，最后按 Enter 键即可，如图 6-5 所示。

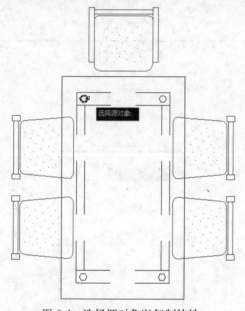
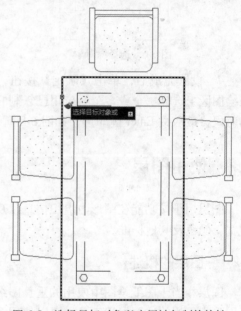

图 6-4 选择源对象以复制特性　　　　图 6-5 选择目标对象以应用被复制的特性

6.1.3 设置要复制的特性

在默认状态下，对象所有可应用的特性可以被复制并应用到目标对象上，如果不想某些特性应用到目标对象，可以在应用特性前进行设置，以禁止复制某些特性。

 动手操作 设置要复制特性

1 打开光盘中的 "..\Example\Ch06\6.1.3.dwg" 练习文件，选择【修改】|【特性匹配】菜单命令（matchprop）。

2 系统提示：选择源对象，此时在绘图区上选择要复制其特性的对象，如图 6-6 所示。

3 系统提示：选择目标对象或[设置(S)]，此时输入 "S"，然后按 Enter 键即可打开【特性设置】对话框，如图 6-7 所示。

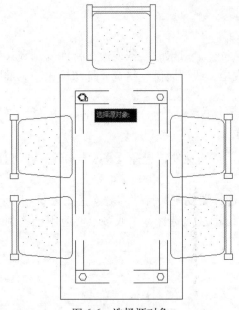

图 6-6　选择源对象

图 6-7　设置特性

　　4　设置完成后，单击【确定】按钮，然后在绘图区上选择一个或多个要应用已复制的特性的对象，最后按 Enter 键即可，如图 6-8 所示。

6.2　使用图层

　　图层用于按功能在图形中组织信息以及执行线宽、颜色及其他标准。

6.2.1　图层的概述

　　图层相当于图纸绘图中使用的重叠图纸，它是图形中使用的主要组织工具，可以使用图层将信息按功能编组，以及执行线型、颜色及其他标准。只需分别在不同的图层上绘制不同的对象，然后将这些图层重叠起来，就可以达到制作复杂图形的目的。

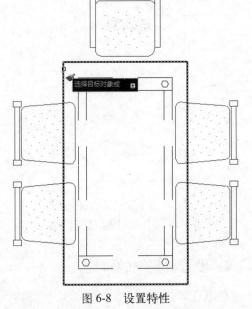

图 6-8　设置特性

　　图层的作用主要是组合与控制不同的对象，可以通过创建图层，然后将类型相似的对象指定给同一个图层使其相关联。例如，可以将构造线、文字、标注和标题栏置于不同的图层上。此后，就可以轻易控制以下的处理。

- 图层上的对象是否在任何视口中都可见。
- 是否打印对象，以及如何打印对象。
- 为图层上的所有对象指定颜色。
- 为图层上的所有对象指定默认线型和线宽。
- 图层上的对象是否可以修改。

　　另外，图层中有一个"0"图层，这个图层可以称为基层，如图 6-9 所示。基层在每个图形中都必须有，而且不能删除或重命名。"0"图层有以下两个用途。

- 确保每个图形至少包括一个图层，即基层。
- 提供与块中的控制颜色相关的特殊图层。

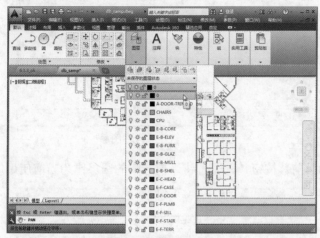

图 6-9　图形上的图层

6.2.2　创建与删除图层

　　在 AutoCAD 中，可以为具有相同或相似概念或特性的对象创建和命名图层，并为这些图层指定通用的特性。通过将对象分类放到各自的图层中，可以快速有效地管理和控制对象，例如控制对象的显示、修改对象颜色等。

1. 创建图层

　　在一个图形中，创建的图层数是无限的，并且可以在每个图层中创建无限个对象。另外，图层最长可以使用 255 个字符的字母数字命名，在大多数情况下，选择的图层名由企业、行业或客户标准规定。

动手操作　创建和命名图层

1　选择【默认】选项卡，在【图层】面板中单击【图层特性】按钮。

2　打开【图层特性管理器】选项板后，单击【新建图层】按钮，如图 6-10 所示。

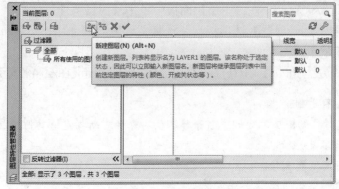

图 6-10　新建图层

3 此时选项板右边窗格中新建了一个图层，在亮显的图层名上输入新图层名，如图 6-11
所示。

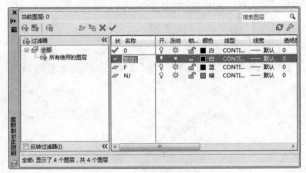

图 6-11　新建并命名图层

4 单击【置为当前】按钮，即可将当前选中的图层作为当前使用，如图 6-12 所示。

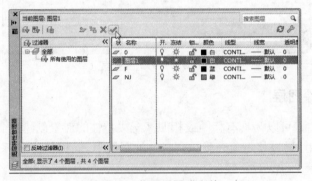

图 6-12　将图层置于当前

图层名最多可以包含 255 个字符，包括字母、数字和特殊字符，例如美元符号($)、
连字符(-)和下划线(_)。另外，图层名不能包含空格。

2. 删除图层
如果某些图层没有用了，则可以将它删除。

动手操作　删除图层

1 选择【默认】选项卡，在【图层】面板中单击【图层特性】按钮。

2 打开【图层特性管理器】选项板后，选择需要删除的图层，然后单击【删除图层】
按钮，如图 6-13 所示。

3 单击选项板左上角的【关闭】按钮，直接保存并关闭【图层特性管理器】选项板。

以下图层不能删除。
● 已指定对象的图层不能删除（除非那些对象被重新指定给其他图层或者被删除）。
● "0"图层不能删除。
● 当前图层不能删除。
● 依赖外部参照的图层不能删除。

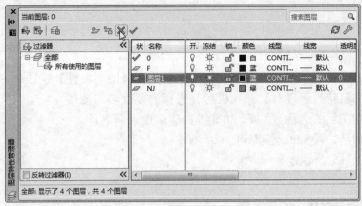

图 6-13 删除选定的图层

3. 清理所有不使用的图层

 动手操作 清理不使用图层

1 在命令窗口中输入 "purge" 命令并按 Enter 键。

2 打开【清理】对话框后，可以选择查看能清理的项目和不能清理的项目。如果想要清理未参照的图层，则可以直接选择【图层】项目；如果想要清理特定的图层，则可以打开【图层】项目列表，选择需要清理的图层。

3 在选择清除的图层后，可以单击【清理】按钮删除当前选定的图层，也可以单击【全部清理】按钮，删除所有可清理的图层，如图 6-14 所示。清理完成后，单击【关闭】按钮即可。

图 6-14 清理所有不使用的图层

6.2.3 修改与设置图层特性

在 AutoCAD 中，因为图形中的所有内容都与图层关联，所以在规划和创建图形的过程中，可能会需要更改图层上的放置内容，或查看组合图层的方式。例如，将对象从一个图层重新指定到其他图层、修改图层名，以及修改图层的所有特性，包括颜色、线型、线宽等。

1. 将对象从一个图层重新指定到其他图层

如果要改变图层组织，或将对象绘制在错误的图层上，就可以通过重新为对象指定图层来改变对象和图层之间的关系。不过需要注意：除非已明确设置了对象的颜色、线型或其他特性，否则重新指定给不同图层的对象将采用该图层的特性。

 动手操作 将对象从一个图层重新指定到其他图层

1 在绘图区中选择需要重新指定图层的对象。

2 在【图层】面板打开【图层】下拉列表框。

3 选择需要重新指定的目标图层即可。

2. 修改图层名

动手操作　修改图层名称

1　选择【常用】选项卡，在【图层】面板中单击【图层特性】按钮。
2　打开【图层特性管理器】选项板后，选择需要改名的图层。
3　单击选定图层的名称或按 F2 功能键，然后输入新名称。
4　修改名称后，按 Enter 键即可。

3. 重命名多个图层名

动手操作　重命名多个图层名称

1　在命令窗口中输入"rename"并按下 Enter 键。
2　弹出如图 6-15 所示的【重命名】对话框后，选择【图层】为命名对象。

图 6-15　【重命名】对话框

3　在【旧名称】文本框中使用通配符输入旧名称。
4　在【重命名为】文本框中使用通配符输入新名称。
5　此时可单击【重命名为】按钮以应用修改，完成后单击【确定】按钮即可。

4. 修改图层特性

通过【图层特性管理器】选项板可以查看和修改对象的特性。

动手操作　修改图层特性

1　在【图层】面板中单击【图层特性】按钮。
2　打开【图层特性管理器】选项板后，选择需要修改特性的图层，如图 6-16 所示。

图 6-16　图层特性

3 选择图层后，即可进行以下特性的修改。

- 状态：指示项目的类型，包括图层过滤器、正在使用的图层、空图层或当前图层。
- 名称：显示图层或过滤器的名称，按 F2 键输入新名称。
- 开：打开和关闭选定图层。当图层打开时，它可见并且可以打印。当图层关闭时，它不可见并且不能打印。
- 冻结：冻结所有视口中选定的图层，将不会显示、打印、消隐、渲染或重生成冻结图层上的对象。
- 锁定：锁定和解锁选定图层，但无法修改锁定图层上的对象。
- 颜色：更改与选定图层关联的颜色，单击颜色名可以打开【选择颜色】对话框。
- 线型：更改与选定图层关联的线型，单击线型名称可以打开【选择线型】对话框。
- 线宽：更改与选定图层关联的线宽，单击线宽名称可以打开【线宽】对话框。
- 打印样式：更改与选定图层关联的打印样式。
- 打印：控制是否打印选定图层。
- 新视口冻结：在新布局视口中冻结选定图层。
- 说明：描述图层或图层过滤器。

4 设置完成后，单击【应用】按钮可以应用这些设置，或单击【确定】按钮应用设置并关闭对话框。

6.2.4 图层的开关、冻结和锁定

在 AutoCAD 中，可以使用图层控制对象的可见性，或者锁定图层以防止对象被修改。在绘图过程中，当需要在一个无遮挡的视图中处理一些特定图层或图层组的细节时，关闭或冻结图层是非常有用的。因为对图层进行关闭或冻结，就可以隐藏该图层上的对象，方便用户进行编辑工作。

关于图层的开关、冻结和锁定的作用说明如下。

- 关闭图层后，该图层上的图形将不能被显示或打印。
- 冻结图层后，不能在被冻结的图层上显示、打印或重生成对象。
- 打开图层时，将重画该图层上的对象。
- 解冻已冻结的图层时，将重生成图形并显示该图层上的对象。
- 关闭而不冻结图层，可以避免每次解冻图层时重生成图形。
- 锁定图层后，可以防止意外选定和修改该图层上的对象。

动手操作　开/关、冻结/解冻、锁定/解除锁定图层

1 在【图层】面板中打开【图层】下拉列表框。

2 分别单击左边的 ♀ ☼ ⬠ ▪ 按钮，如图 6-17 所示。

图 6-17　通过【图层】下拉列表框控制图层

6.2.5 过滤与排序图层列表

"图层过滤器"可以限制【图层特性管理器】选项板和【图层】下拉列表框中显示的图层名。在多图层的图形编辑中，利用图层过滤器，可以有效地过滤暂不需要处理的图层，只显示需要处理的图层。另外，在管理图层时，还可以依据图层名或图层特性对图层进行排序。

1. 过滤图层

在 AutoCAD 中，系统提供了两种图层过滤器。

- 图层特性过滤器：包括名称或其他特性相同的图层。例如定义一个过滤器，其中包括图层颜色为蓝色且名称包括字符 cheer 的所有图层。
- 图层组过滤器：包括在定义时放入过滤器的图层，而不考虑其名称或特性。即使修改了指定到该过滤器中的图层的特性，这些图层仍属于该过滤器。

在【图层特性管理器】选项板中，可以在左侧的树状图中查看默认的过滤器和当前图形中创建的过滤器。显示 图标的代表是"特性过滤器"，而显示 图标的代表是"组过滤器"，如图 6-18 所示。

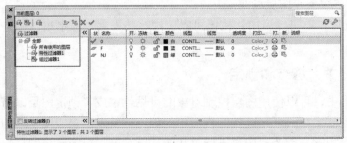

图 6-18 【图层特性管理器】选项板显示的过滤器

动手操作　创建图层特性过滤器

1　在【图层】面板中单击【图层特性】按钮，打开【图层特性管理器】选项板。

2　在对话框中单击【新建特性过滤器】按钮，打开【图层过滤器特性】对话框。

3　输入过滤器的名称，然后在【过滤器定义】列表框中定义过滤条件。这里设置以"蓝色"作为过滤条件，所以在【颜色】项下指定蓝色，如图 6-19 所示。

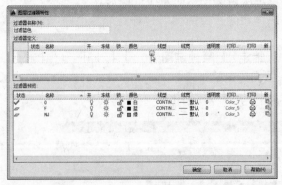

图 6-19 新建过滤器

4　在定义过滤器后，单击【确定】按钮即可。【图层特性管理器】选项板就只显示过滤后的图层，如图 6-20 所示。

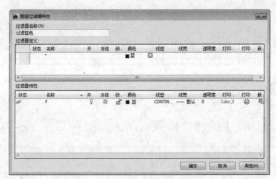

图 6-20 定义过滤器后的结果

在【图层过滤器特性】对话框中，可以定义以下特性。

- 图层名、颜色、线宽、线宽和打印样式。
- 图层是否正在被使用。
- 打开还是关闭图层。
- 在当前视口或所有视口中冻结图层还是解冻图层。
- 锁定图层还是解锁图层。
- 是否设置打印图层。

动手操作 创建图层组过滤器

1 在【图层】面板中单击【图层特性】按钮，打开【图层特性管理器】选项板。

2 在对话框上单击【新组过滤器】按钮，此时对话框左侧列表中生成一个组过滤器，直接输入名称即可。

3 创建组过滤器后，可以选择【所有使用的图层】项目，然后将需要加入组过滤器的图层拖到改组过滤器上，如图 6-21 所示。

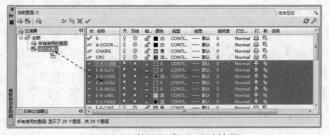

图 6-21 将图层加入组过滤器

4 将图层加入到组过滤器后，选择该组过滤器，即可查看被加入的图层，如图 6-22 所示。

图 6-22 查看过滤组的图层

2. 排序图层

AutoCAD 中，在创建了图层后，就可以使用名称，或图层的其他特性对其进行排序。

 动手操作　排序图层

1　打开【图层特性管理器】选项板。

2　单击列标题就会按该列中的特性排列图层，如图 6-23 所示。

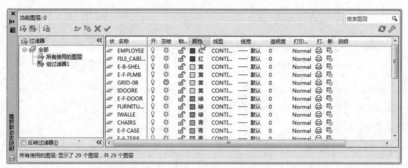

图 6-23　按照颜色排序图层

6.3　设置与修改对象颜色

在绘图中，可以给不同对象使用不同颜色，以便直观地将对象编组。可以在绘图之前设置当前颜色，将其用于绘图中所有对象的创建上，也可以通过改变对象的颜色来重新对对象的颜色进行设置。

6.3.1　设置对象的颜色

所有对象都是使用当前颜色创建的，可以在绘图时设置当前颜色，定义对象的颜色特性。

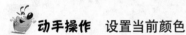 **动手操作　设置当前颜色**

1　打开光盘中的 "..\Example\Ch06\6.3.1.dwg" 练习文件，拖动鼠标选择文件上的图形对象，如图 6-24 所示。

2　选择【默认】选项卡，在【特性】面板中打开【对象颜色】下拉列表框并选择一种预设颜色，此时即可为选中的对象填充选择的颜色，如图 6-25 所示。

图 6-24　选择设置颜色的对象

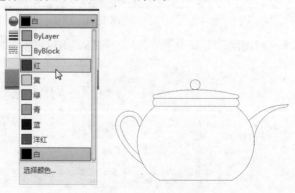

图 6-25　选择一种颜色

3 如果预设颜色不能满足需求时，可以打开【对象颜色】下拉列表框，再选择【选择
颜色】选项，打开【选择颜色】对话框并默认显示【索引颜色】选项卡，只要在【AutoCAD
颜色索引】列表中单击选择一种颜色块，最后单击【确定】按钮，如图 6-26 所示。

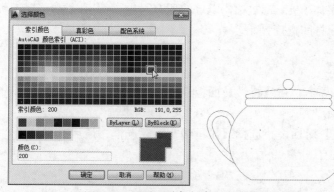

图 6-26　通过【选择颜色】对话框设置颜色

【索引颜色】选项卡中的选项说明如下。

- AutoCAD 颜色索引：在此颜色列表框上可以选择新的颜色。
- ByLayer (L)：单击此按钮，可以使绘制的新对象使用随层(即当前图层)的颜色。
- ByBlock (K)：单击此按钮，使用当前的颜色绘制新对象(直到将对象编组到块中)。将
  块插入到图形中时，块中的对象将采用当前的颜色设置。
- 颜色：在此文本框中键入颜色名或颜色编号来定义所选颜色。

6.3.2　修改对象的颜色

在 AutoCAD 中，可以通过将对象重新指定到其他图层、修改对象所在图层的颜色，或
者为对象明确指定颜色来修改对象的颜色。

修改对象颜色的 3 种方法如下。

- 将对象重新指定给具有不同颜色的其他图层。如果将对象的颜色设置为 ByLayer，并
  将该对象重新指定给其他图层，则该对象将采用新图层的颜色。
- 修改指定给该对象所在图层的颜色。如果对象的颜色设置为 ByLayer，即随层，则该
  对象采用其图层的颜色。如果更改了指定给图层的颜色，则该图层上被指定为
  ByLayer 颜色的所有对象都将自动更新。
- 给对象指定一种颜色以替代图层的颜色，即明确指定每个对象的颜色，例如通过【特
  性】选项板修改对象颜色设置。

6.4　设置与修改对象线宽

线宽是指定给图形对象以及某些类型的文字的宽度值。使用线宽，可以使用粗线和
细线清楚地表现截面的剖切方式、标高的深度、尺寸线和刻度线，以及细节上的不同。
例如，通过为不同的图层指定不同的线宽，可以轻松区分新建构造、现有构造和被破坏
的构造。

6.4.1　显示线宽

在 AutoCAD 中，必须启用【显示线宽】特性才可以显示对象线宽。另外，除了 TrueType 字体、光栅图像、点和实体填充(二维实体)以外的所有对象，都可以显示线宽，并且在图纸空间布局中，线宽以实际打印宽度显示。

动手操作　显示线宽

1　选择【默认】选项卡，在【特性】面板中打开【线宽】下拉列表框，选择【线宽设置】选项，如图 6-27 所示。

2　打开【线宽设置】对话框，选择【显示线宽】复选框，最后单击【确定】按钮，如图 6-28 所示。

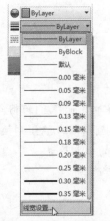

图 6-27　选择【线宽设置】选项

图 6-28　选择【显示线宽】复选框

在命令行中输入"lwdisplay"并按 Enter 键，接着输入变量为 1 可以打开线宽显示，输入变量为 0 可以关闭线宽显示。

6.4.2　修改对象的线宽

修改对象线宽与修改对象颜色和线型的方法基本相同，同样有 3 种，即通过将对象重新指定给另一图层、修改对象所在图层的线宽，以及明确为对象指定线宽，效果如图 6-29 所示。

这 3 种方法详细说明如下。

(1) 将对象重新指定给具有不同线宽的另一个图层。如果将对象的线宽设置为 ByLayer，并将该对象重新指定给了其他图层，则该对象将从新图层获得线宽。

(2) 修改指定给该对象所在图层的线宽。如果对象的线宽设置为 ByLayer，则该对象将采用其所在图层的线宽。如果更改了指定给图层的线宽，则该图层上被指定为 ByLayer 线宽的所有对象都将自动更新。

(3) 为对象指定一个线宽以替代图层的线宽，即明确指定每一个对象的线宽。如果要使用其他线宽来替代对象的由图层决定的线宽，请将现有对象的线宽从 ByLayer 改为特定线宽。

图 6-29　修改线宽的效果

6.5　设置与修改对象线型

　　线型是由沿图线显示的线、点和间隔(空格)组成的图样，而复杂线型则是由符号与点、横线、空格组合的图案。在绘制对象时，将对象设置为不同的线型，可以方便对象间的相互区分，而且使图形易于观看。

　　在 AutoCAD 中，线型名及其定义描述了一定的点划序列、横线和空格的相对长度，以及任何包含文字或图形的特性。在使用线型时，可以通过加载线型来增加线型的选择，也可以设置线型比例控制横线和空格的大小，或创建自定义线型。

6.5.1　加载线型

　　在进行绘图前，可以加载不同的线型，以便需要时使用。不过在加载线型到图形前，必须确定线型可以显示在图形中加载，或者存储在 LIN（线型定义）文件的线型列表中。线型定义文件包括 acad.lin 和 acadiso.lin 两种。其中 acad.lin 线型定义文件用于英制测量系统的绘图；而 acadiso.lin 线型定义文件则用于公制测量系统的绘图。无论使用哪种线型定义文件都包含若干个复杂线型。

动手操作　加载线型

　　1　选择【默认】选项卡，在【特性】面板中打开【线型】下拉列表框，选择【其他】选项，如图 6-30 所示。

　　2　在弹出【线型管理器】对话框后，单击【加载】按钮，如图 6-31 所示。

图 6-30　选择【其他】选项

图 6-31　加载线型

3 在弹出【加载或重载线型】对话框后，可以单击【文件】按钮，并通过【选择线型文件】对话框选择 acad.lin 或 acadiso.lin 线型定义文件，如图 6-32 所示。

4 返回到【加载或重载线型】对话框中，选择需要加载的线型，然后单击【确定】按钮，如图 6-33 所示。

图 6-32　选择线型文件

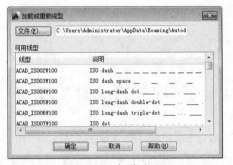

图 6-33　加载线型

5 加载的线型将显示在【线型管理器】对话框上，单击【确定】按钮，如图 6-34 所示。

6 当选择对象并打开【线型】下拉列表框，即可选择加载的线型作为当前线型，如图 6-35 所示。

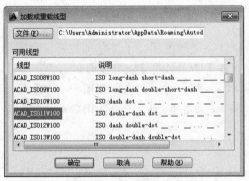

图 6-34　显示加载的线型

图 6-35　设置当前线型

6.5.2　修改对象的线型

改变对象线型与改变对象颜色基本相似，也可以使用 3 种方法来实现，即将对象重新指定给不同线型的其他图层、修改指定给该对象所在图层的线型，以及给对象指定一个线型以替代当前的线型，效果如图 6-36 所示。

这 3 种方法详细说明如下。

（1）将对象重新指定给具有不同线型的其他图层。如果将对象的线型设置为 ByLayer，并将该对象重新指定给了其他图层，则该对象将采用新图层的线型。

（2）修改指定给该对象所在图层的线型。如果对象的线型设置为 ByLayer，则该对象将采用其图层的线型。如果更改了指定给图层的线型，则该图层上被指定为 ByLayer 线型的所有对象都将自动更新。

（3）给对象指定一个线型以替代当前的线型，即明确指定每个对象的线型。例如通过【特性】选项板修改对象线型设置。如果要使用其他线型来替代对象的由图层决定的线型，需要将现有对象线型从 ByLayer 更改成特定的线型。

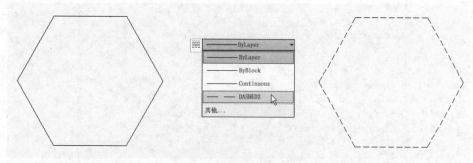

图 6-36　修改线型的效果

6.5.3　控制线型比例

在使用线型时，除了使用不同类型的线型外，还可以通过全局修改或单个修改每个对象的线型比例，以不同的比例使用同一个线型。

默认情况下，AutoCAD 使用全局的和单独的线型比例值为 1.0。比例越小，每个绘图单位中生成的重复图案就越多。例如，当设置线型比例为 0.5 时，每一个图形单位在线型定义中显示重复两次的同一图案。

1. 修改选定对象的线型比例

动手操作　修改选定对象的线型比例

1　选择需要修改线型比例的对象。

2　按 Ctrl+1 快捷键，打开【特性】选项板。

3　在【常规】选项组的【线型比例】文本框中输入数值即可，如图 6-37 所示。

2. 全局修改线型比例

在设置线型比例时，可以更改选定对象的线型比例，也可以为新对象设置线型比例，更加可以全局修改线型比例。通过全局修改线型比例，可以实现全局修改新建和现有对象的线型比例。

动手操作　全局修改线型比例

1　在【特性】面板中打开【线型】下拉列表框，选择【其他】选项。

2　打开【线型管理器】对话框后，单击【显示细节】按钮。

3　当展开细节对话框后，在【全局比例因子】文本框中输入数值，最后单击【确定】按钮即可，如图 6-38 所示。

图 6-37　修改选定对象的线型比例

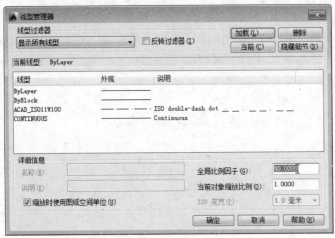

图 6-38　全局修改线型比例

6.6　填充图案和渐变色

通过【图案填充和渐变色】对话框，除了可以选择程序预设的类型填充至图形外，还允许用户自定义填充图案和渐变色。此外，还可以为那些处于填充边界内的封闭对象或者文本对象进行填充处理。

6.6.1　设置填充选项

AutoCAD 2014 提供了预定义、用户定义、自定义 3 种填充类型。另外，还提供了实体填充及 50 多种行业标准填充图案，并且提供了符合 ISO(国际标准化组织)标准的 14 种填充图案，以及可用于区分对象的部件或表示对象的材质。当选择 ISO 图案时，可以指定笔宽，以决定图案中的线宽。选择填充类型与图案，可以定义要应用填充图案的外观。

动手操作　设置填充选项

1　选择【默认】选项卡，在【绘图】面板中单击【图案填充】按钮▨，打开【图案填充创建】选项卡。

2　系统提示：拾取内部点或[选择对象(S)/放弃(U)/设置(T)]，此时在命令窗口中输入"T"，打开【图案填充和渐变色】对话框。

3　选择【图案填充】选项卡，然后打开【类型】下拉列表框，从【预定义】、【用户定义】和【自定义】三种类型中选择一种填充类型，如图 6-39 所示。

4　在选择填充类型后，可以在【图案】下拉列表框中选择可用的预定义图案，当选择图案后，可以在【样例】选项左侧预览填充的图案效果，如图 6-40 所示。

【用户定义】的图案基于图形中的当前线型；【自定义】的图案是在任何自定义 PAT 文件中定义的图案，这些文件已添加到搜索路径中，可以控制任何图案的角度和比例；而【预定义】的图案则存储在产品附带的 acad.pat 或 acadiso.pat 文件中。

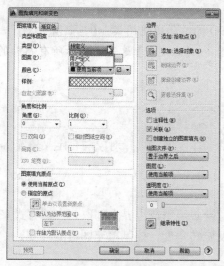

图 6-39　选择类型

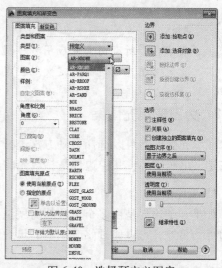

图 6-40　选择预定义图案

5 单击【图案】选项右侧的 按钮，打开如图 6-41 所示的【填充图案选项板】对话框，在此可通过 ANSI、ISO、【其他预定义】、【自定义】4 个选项卡选择填充图案。

6 当要使用用户定义的填充图案时，可以从【类型】下拉列表框中选择【用户定义】选项，如图 6-42 所示。

7 在【角度和比例】选项组中，通过【角度】与【间距】选项，自定义调整图案的角度与图案中直线间的距离。当选择【双向】复选框时，将同时使用与第一组直线垂直的另外一组平行线，如图 6-43 所示。

8 完成设置后，单击【确定】按钮，关闭对话框即可。

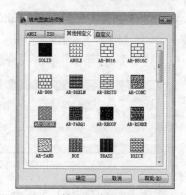

图 6-41　【填充图案选项板】对话框

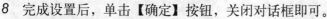

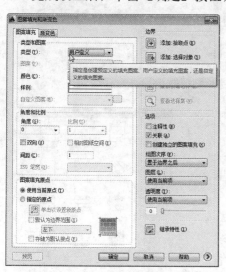

图 6-42　选择【用户定义】类型

图 6-43　用户定义图案

ANSI 和 ISO 选项卡包含了所有 ANSI 和 ISO 标准的填充图案。【其他预定义】选项卡包含所有由其他应用程序提供的填充图案。【自定义】选项卡显示所有添加的自定义填充图案文件定义的图案样式。

6.6.2 为图形填充图案

在填充图案时可以选择多种方式进行填充，包括选择区域、选择对象与自定义填充等方式来定义填充边界，其中边界是指填充的范围。

1. 填充区域

如果一个边界是由多个重叠的对象组合而成时，就必须用在边界内部取一点的方式来定义边界。另外，可以通过修改图案的尺寸或比，以及旋转角度，控制填充图案的外观。

动手操作　填充区域

1 打开光盘中的 "..\Example\Ch06\6.6.2a.dwg" 练习文件，选择【默认】选项卡，在【绘图】面板中单击【图案填充】按钮，打开【图案填充创建】选项卡。

2 在【边界】选项组中单击【拾取点】按钮，如图 6-44 所示。

图 6-44　单击【拾取点】按钮

3 在选项卡中的【特性】面板中选择图案填充类型为【图案】、图案填充颜色为【红色】，如图 6-45 所示。

图 6-45　设置图案填充类型和颜色

4 在【图案】面板中打开【图案】列表框，选择一种预设的图案，如图 6-46 所示。

5 系统提示：拾取内部点或[选择对象(S)/放弃(U)/设置(T)]，此时在需要填充的区域中单击，指定填充的内部点，如图 6-47 所示。

6 按 Enter 键，可以看到拾取的内部点一片红色，并没有出现图案。这是因为图案填充过密导致的，继续打开【图案填充创建】选项卡，先选择填充的图案，然后设置较大的【填充图案比例】，如图 6-48 所示。

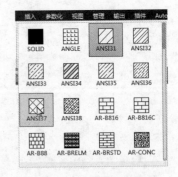

图 6-46　选择预设的图案

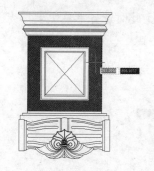

图 6-47　拾取内部点

图 6-48　设置填充图案比例

使用"拾取点"单击的区域必须构成完全封闭的区域。

2. 通过选择边界对象填充

除了通过拾取内部点的方式为图形填充图案外，还可以通过选择边界对象的方式填充图案。这种方式是根据形成封闭区域的选定对象确定填充图案的边界。例如，如果要填充三角形内部，可以选择三角形的三条边，由此三条边形成的封闭区域即被填充。

动手操作　通过选择边界对象填充

1　打开光盘中的"..\Example\Ch06\6.6.2b.dwg"练习文件，选择【默认】选项卡，在【绘图】面板中单击【图案填充】按钮，打开【图案填充创建】选项卡。

2　在选项卡中的【特性】面板中选择图案填充类型为【图案】、图案填充颜色为【蓝色】，如图 6-49 所示。

3　在【图案】面板中打开【图案】列表框，选择一种预设的图案，如图 6-50 所示。

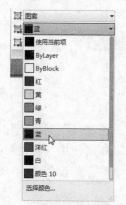

图 6-49　选择图案填充的颜色

图 6-50　选择要填充的图案

4　在【边界】选项组中单击【选择】按钮，如图 6-51 所示。

图 6-51　单击【选择】按钮

5 系统提示：选择对象或[拾取内部点或(K)/放弃(U)/设置(T)]，此时选择形成需要填充区域的对象并按 Enter 键，如图 6-52 所示。

图 6-52 选择边界对象

6 选择图案对象，然后设置较大的【填充图案比例】，如图 6-53 所示。

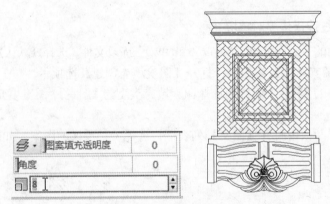

图 6-53 设置填充图案比例

6.6.3 控制孤岛中的填充

孤岛是指那些处于填充边界内的封闭对象或者文本对象。通过【图案填充和渐变色】对话框中的【孤岛】选项组可以控制孤岛的填充方式。可以确定如何使用"普通"、"外部"和"忽略" 3 种填充样式填充孤岛，如图 6-54 所示。

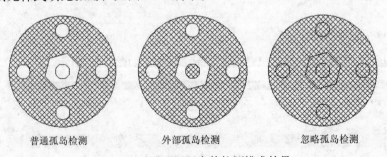

普通孤岛检测   外部孤岛检测   忽略孤岛检测

图 6-54 3 种不同孤岛的检测模式结果

"普通"、"外部"和"忽略"3 种填充孤岛方式的说明如下。

● 普通："普通"填充样式(默认)将从外部边界向内填充。如果填充过程中遇到内部边界，填充将关闭，直到遇到另一个边界为止。如果使用"普通"填充样式进行填充，将不填充孤岛，但是孤岛中的孤岛将被填充。

● 外部："外部"填充样式也是从外部边界向内填充并在下一个边界处停止。

● 忽略："忽略"样式就是从最外层边界向内填充，忽略所有内部的孤岛，外层边界内的所有对象都被填充。

在"孤岛检测"中的控制项用于确定如何处理孤岛以及位于外层边界内的其他对象。如果使用"拾取点"的方式确定填充边界，将自动识别这些孤岛。

动手操作　使用边界控制孤岛填充

1　在【绘图】面板中单击【图案填充】按钮，打开【图案填充创建】选项卡，单击【选项】面板标题右侧的【图案填充设置】按钮，如图6-55 所示。

2　打开【图案填充和渐变色】对话框后，单击【边界】选项组右下角的【更多选项】按钮，打开【孤岛】选项组。在【孤岛】选项组下选择【外部】单选按钮，再单击【确定】按钮，如图 6-56 所示。

6-55　单击【图案填充设置】按钮

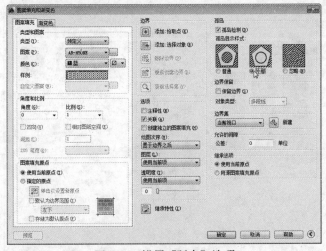

图 6-56　设置【孤岛】选项

3　在【图案填充创建】选项卡中设置图案填充类型、颜色、填充图案比例和图案，然后单击【拾取点】按钮，如图 6-57 所示。

图 6-57　设置填充的属性

4　系统提示：拾取内部点或[选择对象(S)/放弃(U)/设置(T)]，此时在需要填充的区域中单击，指定填充的内部点并按下 Enter 键，如图 6-58 所示。

图 6-58　填充图案

6.6.4　填充渐变色

　　使用【图案填充和渐变色】对话框中的【渐变色】选项卡，可以为图形对象填充单色或者双色，当选择【单色】单选按钮时，能够以目前设置的颜色配合白色，通过预设的渐变样式显示于【渐变色】选项卡内。如果选择【双色】单选按钮，则允许设置两种颜色来更改预设样式的颜色属性。此外，还可以将渐变颜色的方向设置为居中，或自定义其他角度，如图 6-59 所示。

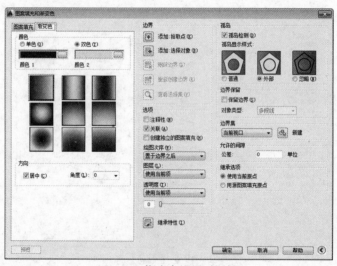

图 6-59　渐变色设置对话框

动手操作　填充渐变颜色

　　1　选择【默认】选项卡，在【绘图】面板中单击【渐变色】按钮，打开【图案填充创建】选项卡，此时在选项卡中设置渐变的颜色，然后选择一种渐变图案，如图 6-60 所示。

图 6-60　设置渐变色的属性

2 单击【拾取点】按钮▣，此时系统提示：拾取内部点或[选择对象(S)/放弃(U)/设置(T)]，在需要填充的区域中单击，指定填充的内部点并按下 Enter 键，如图 6-61 所示。

图 6-61 拾取内部点以填充色

6.7 课堂实训

本章主要介绍了在 AutoCAD 中控制对象特性还有填充图案与渐变色的方法。下面通过修改机械图的特性和为机械图填充图案两个范例，巩固本章学习的知识。

6.7.1 修改机械图的特性

本例通过【默认】选项卡的【特性】面板，对如图 6-62 所示的零件边缘实线加宽处理，然后分别修改中心线的颜色和线型，最终结果如图 6-63 所示。

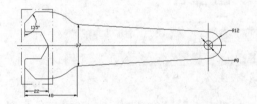

图 6-62 未更改图形特性的机械图

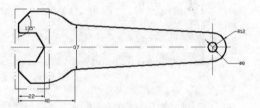

图 6-63 更改图形特性后的机械图

动手操作 修改机械图特性

1 打开光盘中的 "..\Example\Ch06\6.7.1.dwg" 练习文件，选择【默认】选项卡，在【特性】面板中打开【线宽】下拉列表框，选择【线宽设置】选项，如图 6-64 所示。

2 打开【线宽设置】对话框，选择【显示线宽】复选框，单击【确定】按钮，如图 6-65 所示。

图 6-64 选择【线宽设置】选项

图 6-65 选择【显示线宽】复选框

3　使用鼠标连续单击机械图外围的线条，选择机械图形，然后打开【线宽】下拉列表框并选择一种线宽，如图 6-66 所示。

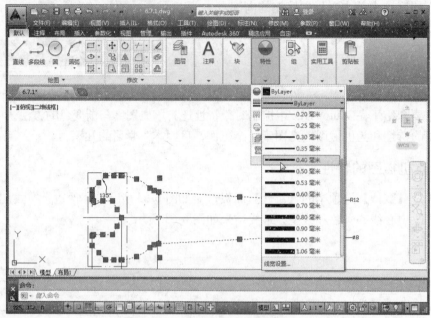

图 6-66　设置选定线条的线宽

4　选择机械图中央的水平中心线，然后更改线条的颜色为【红色】、线型为虚线，如图 6-67 所示。

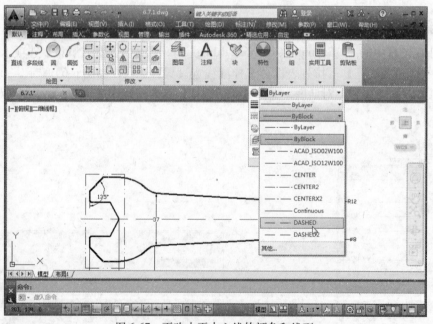

图 6-67　更改水平中心线的颜色和线型

5　选择机械图右侧的垂直中心线，然后更改线条的颜色为【红色】、线型为【CENTER2】虚线，如图 6-68 所示。

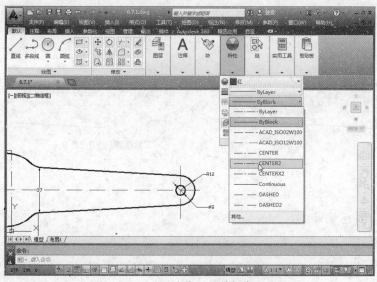

图 6-68　更改垂直中心线的颜色和线型

6.7.2　为机械图填充图案

本例将使用上一小节的图形作为练习文件，要求为机械图填充图案，结果如图 6-69 所示。

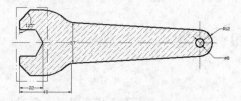

图 6-69　机械图填充图案的结果

动手操作　为机械图填充图案

1　打开光盘中的 "..\Example\Ch06\6.7.2.dwg" 练习文件，选择【默认】选项卡，在【绘图】面板中单击【图案填充】按钮，打开【图案填充创建】选项卡。

2　在选项卡中的【特性】面板中选择图案填充类型为【图案】、图案填充颜色为【洋红】，如图 6-70 所示。

3　在【图案】面板中打开【图案】列表框，选择一种预设的图案，如图 6-71 所示。

图 6-70　设置填充类型和颜色

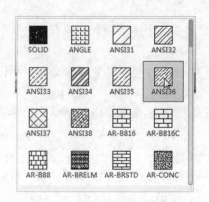

图 6-71　选择一种预设的图案

4　在【边界】选项组中单击【拾取点】按钮。

5 系统提示：拾取内部点或[选择对象(S)/放弃(U)/设置(T)]，此时在需要填充的区域中单击，指定填充的内部点并按下 Enter 键，如图 6-72 所示。

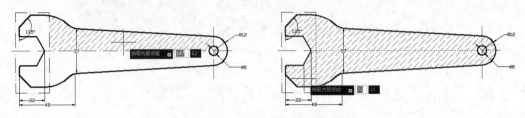

图 6-72 为机械图填充图案

6.8 本章小结

本章重点介绍了设置与修改对象特性的方法，以及图层应用和填充图案与渐变色的方法。通过学习这些知识，可以针对绘图设计的要求，为图形对象设置不同的颜色、线宽、线型等特性，并通过图层来管理和修改对象，以及为对象填充图案或者渐变颜色效果。

6.9 习题

1. 填充题

(1) _____面板用于列出选定对象或对象集的特性设置，可以修改任何运行通过指定新值的对象的_____。

(2) 在默认的情况下，选择到对象后即可打开_____选项板，通过它可以查看和修改对象的所有特性设置。

(3) AutoCAD 提供了一个_____的功能，可以将一个对象的某些或所有特性复制到其他对象上。

(4) _____用于按功能在图形中组织信息以及执行线宽、颜色及其他标准。

(5) 线宽是指定给图形对象以及某些类型的文字的_____。

2. 选择题

(1) 在每个图形中都必须有一个什么图层，而且不能删除或重命名？ （ ）
   A. 0   B. 1   C. 固定   D. 动态

(2) 在命令行中输入哪个命令，可以查看选择对象的信息？ （ ）
   A. lister   B. list   C. info   D. pro

(3) 图层名最多可以包括多少个字符，且可包括字母、数字和特殊字符？ （ ）
   A. 10   B. 100
   C. 200   D. 255

(4) 按下以下哪个快捷键，可以打开【特性】选项板？ （ ）
   A. Ctrl+F   B. Ctrl+1
   C. Ctrl+Shift+1   D. Ctrl+Alt+1

（5）执行以下哪个命令可以执行【特性匹配】功能？　　　　　　　　　（　）

A. ortho

B. pline

C. matchprop

D. PolarSnap

3. 操作题

将练习文件中洗衣机图形的线条更改为【洋红】
色，然后为图形填充红色的图案，结果如图 6-73
所示。

图 6-73　编辑洗衣机图形特性的结果

提示：

（1）打开光盘中的 "..\Example\Ch06\6.9.dwg" 练习文件，拖动鼠标选择洗衣机图形的所
有线条。

（2）更改线条的颜色为【红色】。

（3）选择【默认】选项卡，在【绘图】面板中单击【图案填充】按钮，打开【图案填
充创建】选项卡。

（4）在选项卡中的【特性】面板中选择图案填充类型为【图案】、图案填充颜色为【红色】。

（5）在【图案】面板中打开【图案】列表框，选择图案。

（6）在【边界】选项组中单击【拾取点】按钮。

（7）系统提示：拾取内部点或[选择对象(S)/放弃(U)/设置(T)]，此时请在需要填充的区域
中单击，指定填充的内部点并按下 Enter 键。

第 7 章　文字注释与表格

教学提要

本章主要介绍 AutoCAD 中的文字注释和表格，包括应用单行文字、应用多行文字、创建与设置注释性对象、创建文字样式和创建表格等。

教学重点

➢ 掌握创建单行文字和设置单行文字样式的方法
➢ 掌握创建多行文字和设置文字格式以及创建堆叠文字的方法
➢ 掌握创建与设置注释性对象和设置注释性文字比例的方法
➢ 掌握创建文字样式的方法
➢ 掌握创建与编辑表格，以及在表格中输入文字的方法

7.1　应用单行文字

在使用 AutoCAD 设计作品的过程中需要使用文字表达时，可以使用创建单行文字的方法实现。在输入文字时，除了可以设置字高与旋转角度外，还可以设置文字的对齐方式与样式。

7.1.1　关于文字样式

图形中的所有文字都具有与之相关联的文字样式，在输入文字时，程序将使用当前文字样式。

当前文字样式用于设置字体、字号、倾斜角度、方向和其他文字特征。如果要使用其他文字样式来创建文字，可以将其他文字样式置于当前。如表 7-1 所示是用于 STANDARD 文字样式的设置。

表 7-1　文字样式

文字样式设置		
设　　置	默　　认	说　　明
样式名	STANDARD	名称最长为 255 个字符
字体名	txt.shx	与字体相关联的文件（字符样式）
大字体	无	用于非 ASCII 字符集（例如日语汉字）的特殊形定义文件
高度	0	字符高度
宽度因子	1	扩展或压缩字符
倾斜角度	0	倾斜字符
反向	否	反向文字
颠倒	否	颠倒文字
垂直	否	垂直或水平文字

7.1.2　创建单行文字

使用【单行文字】命令（TEXT 命令）可以创建一行或多行文字，可以通过按 Enter 键的方式来进行换行。创建的每行文字都是独立的对象，允许重新定位、调整格式或者进行其他修改。

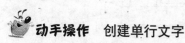 **动手操作　创建单行文字**

1　打开光盘中的 "..\Example\Ch07\7.1.2.dwg" 练习文件，在【默认】选项卡的【注释】面板中打开【文字】下拉列表，再选择【单行文字】选项A，此时光标变成一个十字符号，如图 7-1 所示。

图 7-1　选择【单行文字】选项

2　如果没有设置文字样式时，系统提示：输入样式名或[?]<标注 1>，可以输入样式名称，例如本例输入【H1】，如图 7-2 所示。

 如果用户不知道有哪些文字样式，可以在命令窗口中输入"?"，然后在提示下输入"*"，即可列出所有的文字样式。另外，用户也可以打开【默认】选项卡的【注释】面板列表框，从【文字样式】下拉列表中选择样式，如图 7-3 所示。

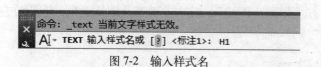

图 7-2　输入样式名

图 7-3　通过列表框选择文字样式

3　系统提示：指定文字的起点或[对正(J)/样式(S)]，单击指定第一个字符的插入点，如图 7-4 所示。

4　系统提示：指定字高，输入 "10" 并按 Enter 键，设置字高为 10，如图 7-5 所示。

5　系统提示：指定文字的旋转角度<0>，可以输入角度值或配合极轴追踪确定旋转角度。本例使用默认的 0°并按 Enter 键，如图 7-6 所示。

6　此时可以输入文字内容，此时按下 Enter 键换第二行，如图 7-7 所示。如果在每一行结尾按 Enter 键，可以根据相同属性输入更多文字。

7　按 Enter 键两次，确定输入的内容并退出【单行文字】命令。

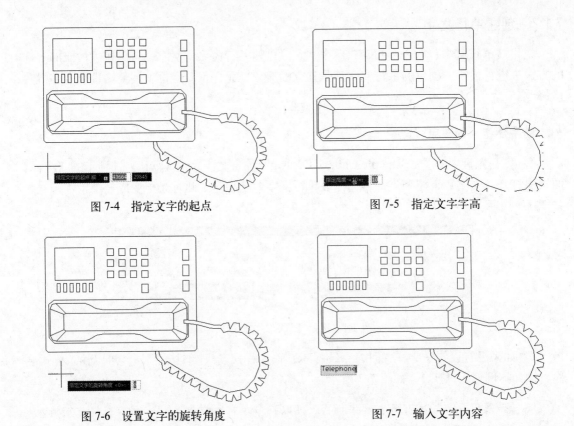

图 7-4　指定文字的起点　　　　　　　图 7-5　指定文字字高

图 7-6　设置文字的旋转角度　　　　　图 7-7　输入文字内容

 如果在此命令中指定了另一个点，光标将移到该点上，可以继续输入。每次按下 Enter 键或指定点时，都会创建新的文字对象。另外，输入指定高度与旋转角度时必须注意，指定合适的文字大小与方向，可以轻松地阅读和编辑文字。

7.1.3　对齐单行文字

在创建单行文字时，除了指定文字样式外，还可以设置对齐方式。对齐决定字符的哪一部分与插入点对齐，AutoCAD 的对齐方式如图 7-8 所示。其中左对齐是默认选项，因此要左对齐文字时，不必在【对正】提示下输入选项。

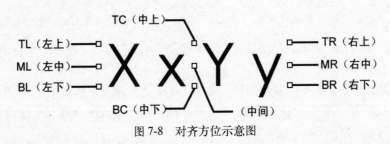

图 7-8　对齐方位示意图

在为图形添加注释文字时，设置文字的对齐方式非常重要，在如图 7-9 所示的参考图中，可以看出不同的对齐效果对设计来说都是很重要的。

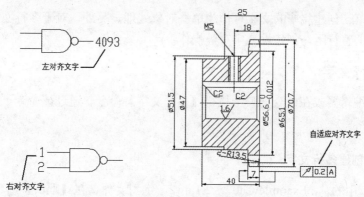

图 7-9 为注释设置合适的文字对齐方式

动手操作 对齐单行文字

1 打开光盘中的 ".. \Example\Ch07\7.1.3.dwg" 练习文件，在【默认】选项卡的【注释】面板中打开【文字】下拉列表，再选择【单行文字】选项 A，接着在命令窗口输入 "text" 并按 Enter 键。

2 在命令提示行下输入 "J" 并按 Enter 键，选择【对正】选项。

3 系统提示：输入选项[左(L)/居中(C)/右(R)/对齐(A)/中间(M)/布满(F)/左上(TL)/中上(TC)/右上(TR)/左中(ML)/正中(MC)/右中(MR)/左下(BL)/中下(BC)/右下(BR)]，此时输入 "M" 并按 Enter 键，选择【中间】选项，如图 7-10 所示。

4 系统提示：指定文字的中间点，在图形中单击指定中心点，然后使用 7.1.2 节中的方法依次指定高度与旋转角度。

5 在文字点处输入 "Telephone" 文字内容，然后按 Enter 键，光标将自动在下一行的中间位置闪动。

6 输入 "2014 Classics" 文字内容并结束命令，得到如图 7-11 所示的中间对齐的结果。

7 按 Enter 键两次，确定输入的内容并退出【单行文字】命令。

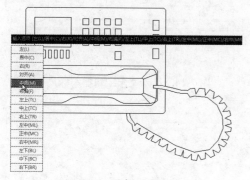

图 7-10 选择对齐方式

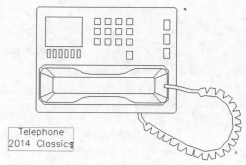

图 7-11 输入文字内容

7.2 应用多行文字

如果添加的文本较多时，可以使用【多行文字】命令来完成，它允许创建的对象包含一个或多个文字段落，创建完毕的文字可作为单一对象处理。另外，对于多行文字还可以进行字符格式设置、调整行距与创建堆叠字符等操作。

7.2.1 创建多行文字

可以在文字编辑器或在命令窗口上执行【多行文字】命令，通过该命令可以创建一个或多个多行文字段落。

动手操作 创建多行文字

1 打开光盘中的 "..\Example\Ch07\7.2.1.dwg" 练习文件，在【默认】选项卡的【注释】面板中打开【文字】下拉列表，再选择【多行文字】选项，如图 7-12 所示。

图 7-12 选择【多行文字】选项

2 系统提示：指定第一角点，在绘图区中通过指定两角点的方式，拖动出一个矩形区域，指定边框的对角点以定义多行文字对象的宽度，如图 7-13 所示。

3 显示【文字编辑器】选项卡并在绘图区中出现标尺，如图 7-14 所示。此时在【文字编辑器】选项卡中设置样式和文字高度，如图 7-15 所示、

4 根据图纸需要，在文本区中输入文字内容。可以使用按 Enter 键的方法进行换行输入，如图 7-16 所示。

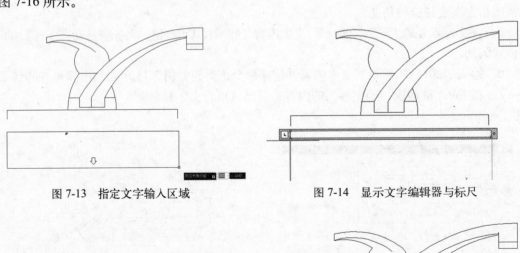

图 7-13 指定文字输入区域　　　　图 7-14 显示文字编辑器与标尺

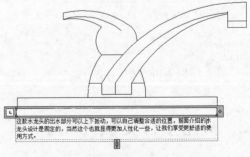

图 7-15 设置文字样式和文字高度　　　　图 7-16 输入文字内容

5 为了使项目条列更加清晰，在输入多行文字后，可以设置文字的缩进格式。首先将光标定位至文字前，然后移动光标至标尺上的下方缩进滑块并将其向后拖动两格，如图 7-17 所示。

6 在【文字编辑器】选项卡中单击【关闭文字编辑器】按钮，保存输入并退出编辑器，结果如图 7-18 所示。

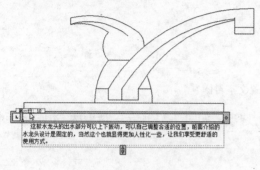

图 7-17　设置文字缩进

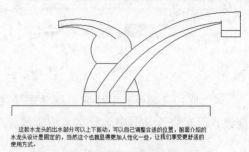

图 7-18　关闭文字编辑器的结果

7.2.2　设置多行文字格式

在创建多行文字后，其功能区中会增加一个【文字编辑器】选项卡，当中包括多种设置文字属性的功能按钮，用于编辑文字。

动手操作　设置多行文字属性

1 打开光盘中的 "..\Example\Ch07\7.2.2.dwg" 练习文件，在多行文字上双击，打开多行文字编辑器，然后在文本的首行上单击三次鼠标左键，选择该段落，如图 7-19 所示。

2 在【文字编辑器】选项卡的【格式】面板中，打开【字体】下拉列表框，然后选择【黑体】字体，在【样式】面板的【文字高度】文本框中输入 "10"，调整文字的高度，结果如图 7-20 所示。

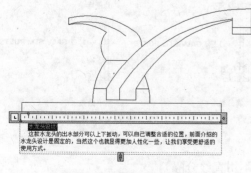

图 7-19　选择文字段落

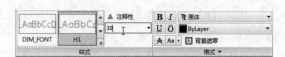

图 7-20　设置文字字体和高度

3 选择第二行中的 "上下振动" 文字，并在【文字编辑器】选项卡的【格式】面板中单击【斜体】按钮，将文字内容倾斜显示，使其更加明显。接着单击【下划线】按钮，为文字显示下划线，如图 7-21 所示。

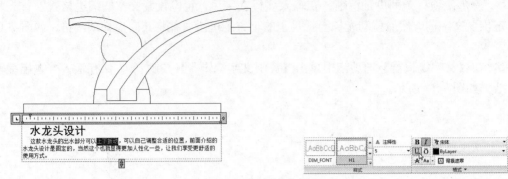

图 7-21 设置文字斜体

4 打开【颜色】下拉列表框并选择【红】选项，如图 7-22 所示。最后按 Ctrl+Enter 快捷键，保存修改并退出多行文字编辑器。

图 7-22 设置文字的颜色

7.2.3 创建堆叠字符

堆叠文字是指应用于多行文字对象和多重引线中的字符的分数和公差格式，如图 7-23 所示。堆叠文字功能目前还不支持中文字符，所以必须使用特殊字符才可以指示选定文字的堆叠位置。

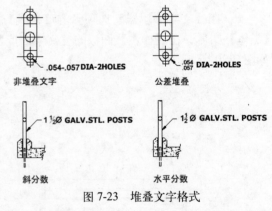

图 7-23 堆叠文字格式

使用特殊字符可以指示如何堆叠选定的文字。

斜杠（/）：以垂直方式堆叠文字，由水平线分隔。

井号（#）：以对角形式堆叠文字，由对角线分隔。

插入符（^）：创建公差堆叠（垂直堆叠，且不用直线分隔）。

动手操作 创建堆叠字符

1 在【默认】选项卡的【注释】面板中打开【文字】下拉列表，再选择【多行文字】选项。

2　系统提示：指定第一角点，此时在绘图区中通过指定两角点的方式，拖动出一个矩形区域，指定边框的对角点以定义多行文字对象的宽度。

3　输入由堆叠字符分隔的数字，然后输入非数字字符或按空格键，比如输入"1/2"后再按下空格键，此时将显示【自动堆叠特性】对话框，如图 7-24 所示。

4　在【自动堆叠特性】对话框中选择【转换为水平分数形式】单选按钮，即可建立堆叠字符，单击【确定】按钮。

5　按 Ctrl+Enter 快捷键，保存修改后退出编辑器，得到如图 7-25 所示的结果。

图 7-24　启用自动堆叠　　　　　　　　　　图 7-25　堆叠后的字符结果

7.3　创建与设置注释性对象

注释性是指用于对图形加以注释的对象的特性，该特性使用户可以自动完成注释缩放过程。在大多数应用中，可以将注释性对象定义为图纸高度，并在布局视口和模型空间中，按照由这些空间的注释比例设置确定的尺寸显示。

7.3.1　创建注释性文字对象

创建注释性文字对象的方法有很多种，许多用于创建文字、多行文字、标注、引线等对象的对话框或者面板，都有【注释性】复选框或按钮，可以从中指定对象是注释性的。

动手操作　创建注释性文字对象

1　打开光盘中的 "..\Example\Ch07\7.3.1.dwg" 练习文件，双击文字对象进入文字编辑器，然后在【样式】面板中单击【注释性】按钮 ，如图 7-26 所示。

2　按 Ctrl+Enter 快捷键保存并退出，将鼠标悬停在图形中的注释性对象上时，在十字光标的右上方会显示一个专用的三角图标 ，如图 7-27 所示。

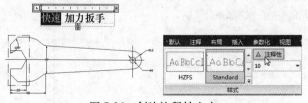

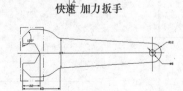

图 7-26　创建注释性文字　　　　　　　图 7-27　图标表明多行文字为注释性对象

7.3.2　设置注释比例和可见性

在启动文字对象的注释性后，可以通过状态栏快速设置注释性对象的比例，还可以通过状态栏设置注释的可见性。

动手操作 设置注释比例和可见性

1 打开光盘中的 "..\Example\Ch07\7.3.2.dwg" 练习文件，在状态栏中单击激活 按钮，表示当注释比例更改时，自动将比例添加至注释对象中。

2 状态栏中单击【注释比例】按钮 ，在打开的列表中选择【1：2】选项，表示将原对象放大一倍显示，如图 7-28 所示。

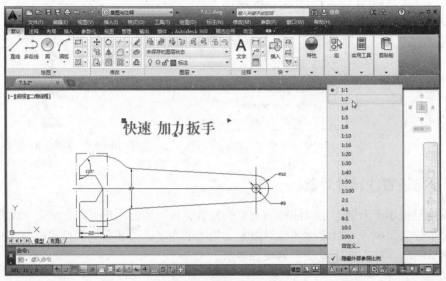

图 7-28 设置注释比例

3 如果想要显示特性注释比例的内容，可以单击状态栏的【注释可见性】按钮。例如先设置注释比例为 1：4，然后单击【注释可见性】按钮 ，显示该比例的注释文字。文件上注释比例为 1：2 的注释文字因为不符合要求，则会被隐藏，如图 7-29 所示。

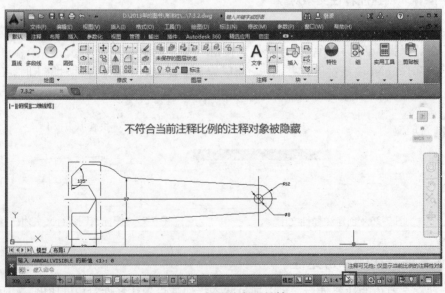

图 7-29 设置注释可见性

7.4 创建文字样式

在 AutoCAD 中，所有文字都有与之相关联的文字样式，例如，在创建文字标注时，通常会使用当前文字样式，可以根据需要自定样式的"字体"、"大小"及"效果"等参数。

7.4.1 新建文字样式

图形中的所有文字都具有与之相关联的文字样式。在输入文字时，程序使用当前的文字样式，该样式设置了字体、字号、倾斜角度、方向和其他文字特征。如果要使用其他文字样式来创建文字，可以将其他文字样式置于当前。

动手操作 新建文字样式

1 在【默认】选项卡的【注释】面板中打开【文字】下拉列表，再选择【管理文字样式】选项，打开如图 7-30 所示的【文字样式】对话框。

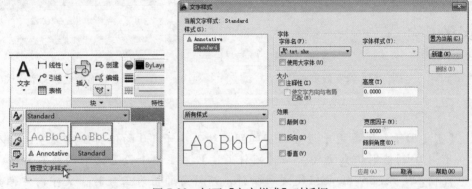

图 7-30 打开【文字样式】对话框

2 单击【新建】按钮打开【新建文字样式】对话框，在样式名文本框中输入新样式的名称，接着单击【确定】按钮，如图 7-31 所示。

3 在【文字样式】对话框中设置有关的【字体】属性，例如选择字体名、字体样式、高度等，如图 7-32 所示。

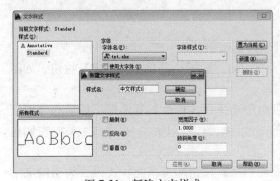

图 7-31 新建文字样式

图 7-32 设置文字字体属性

文字样式名称最长可达 255 个字符。名称中可以包含字母、数字和特殊字符，如美元符号（$）、下划线（_）和连字符（-）。如果不输入文字样式名，将自动把文字样式命名为 Stylen，其中 n 是从 1 开始的数字。

4 在【效果】选项组中修改字体的特性，例如宽度因子、倾斜角度以及是否颠倒显示、反向或垂直对齐。本例设置宽度比例为 1.5000、倾斜角度为 30，如图 7-33 所示。

5 单击【应用】按钮确定设置，最后单击【关闭】按钮关闭对话框，完成新建文字样式。

6 在【注释】面板中打开【文字样式】下拉列表，即可查看新样式与预设样式，如图 7-34 所示。

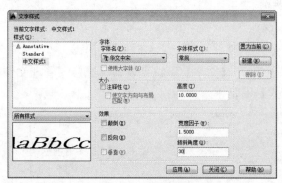
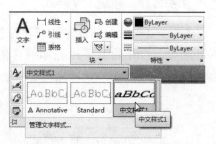

图 7-33　设置效果　　　　　　　　　图 7-34　查看新建的文字样式

【宽度因子】主要用于设置字符间距。输入小于 1.0 的值将压缩文字，输入大于 1.0 的值则扩大文字；而【倾斜角度】主要用于设置文字的倾斜角度，允许输入一个 –85~85 的值使文字倾斜，倾斜角的值为正数时，文字向右倾斜。反之向左倾斜。

7.4.2　创建注释性样式

如果要让文字样式具有注释性文字的特性时，可以在新增过程中为其添加注释性。

 动手操作　创建注释性样式

1 打开【文字样式】对话框，然后单击【新建】按钮。

2 在【新建】对话框中输入新样式名称为"注释性样式"，并单击【确定】按钮，如图 7-35 所示。

3 在【文字样式】对话框的【大小】选项组中选择【注释性】复选框，然后在【图纸文字高度】文本框中输入文字将在图纸上显示的高度，如图 7-36 所示，在样式名称的左侧也出现了三角图标 ⚠ 。

4 单击【应用】按钮，此时如果单击【置为当前】按钮即可将此样式设置为当前文字样式，最后单击【关闭】按钮。

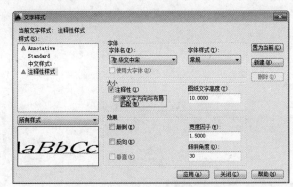

图 7-35 指定样式名称　　　　　图 7-36 设置注释性样式属性

7.5 创建表格

表格主要通过行和列以一种简洁清晰的形式提供信息。在绘图时，通常会将各信息以表格的形式列明。

7.5.1 创建与修改表格样式

表格的外观由表格样式控制，可以使用默认表格样式，也可以创建自己的表格样式。在创建新的表格样式时，可以指定一个起始表格。起始表格是图形中用作设置新表格样式格式的样例的表格。另外，在选定表格后，可以指定要从此表格复制到表格样式的结构和内容。

AutoCAD 2014 提供了用于表格和表格单元中边界及边距的其他格式选项和显示选项。也可以从图形中的现有表格快速创建表格样式。

动手操作　创建或修改表格样式

1 切换到【注释】选项卡，在【表格】面板中单击【表格样式】按钮，打开如图 7-37 所示的【表格样式】对话框。

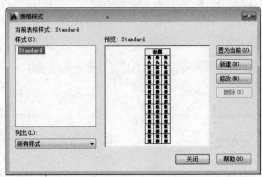

图 7-37 打开【表格样式】对话框

2 单击【新建】按钮，打开【创建新的表格样式】对话框，在【新样式名】文本框中输入样式名称，例如"表格 A"，然后在【基础样式】下拉列表框中选择一个表格样式为新的表格样式，如图 7-38 所示。

3 单击【继续】按钮，打开【新建表格样式：表格 A】对话框，如图 7-39 所示。

图 7-38　新建表格样式　　　　　　图 7-39　打开【新建表格样式】对话框

4 在【起始表格】、【常规】选项组和【单元样式】区域中对整个表格进行设置。

5 在【起始表格】选项组中单击 🖿 按钮，可以使用户在图形中指定一个表格用作样例来设置此表格样式的格式。在选择表格后，可以指定要从该表格复制到表格样式的结构和内容；而单击【删除表格】按钮🖿，可以将表格从当前指定的表格样式中删除。

6 在【基本】选项组中的【表格方向】下拉列表框中，可以通过选择【向下】或【向上】来设置表格方向。

向下：标题行和列标题行位于表格的顶部。

向上：标题行和列标题行位于表格的底部。

7 在【单元样式】区域中可以通过"标题"、"表头"与"数据"三大部分定义新的单元样式或修改现有单元样式。程序允许创建任意数量的单元样式来对表格进行细节上的设置。

8 在设置数据单元、单元文字和单元边界的外观时，可以通过【常规】、【文字】和【边框】选项卡来完成。

9 完成其他选项卡的表格样式定义操作后，单击【确定】按钮退出对话框，如图 7-40 所示。

10 返回到【表格样式】对话框中即可预览新建的表格样式。单击【置为当前】按钮并单击【关闭】按钮，即可马上使用该样式。如果单击【修改】或者【删除】按钮，则可以重新修改或者删除目前的表格样式，如图 7-41 所示。

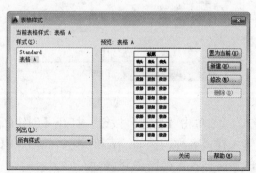

图 7-40　设置表格样式　　　　　　图 7-41　返回【表格样式】对话框并关闭

7.5.2 创建表格

表格是在行和列中包含数据的对象，在创建表格对象时，首先创建一个空表格，然后就可以在表格的单元中添加内容了。

动手操作 创建表格

1 创建一个空白文件，然后在【注释】选项卡的【表格】面板中单击【表格】按钮，打开如图 7-42 所示的【插入表格】对话框。

2 在【表格样式】选项组的下拉列表框中选择一个表格样式，或者单击 按钮重新创建一个新的表格样式，接着在【插入选项】选项组中选择【从空表格开始】单选按钮，指定从头开始创建表格。

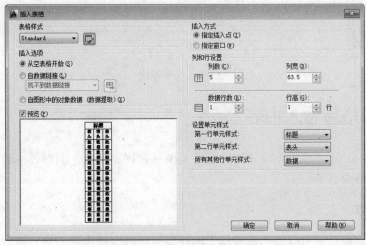

图 7-42 【插入表格】对话框

3 在【插入方式】选项组中指定表格位置，其中包括以下两种插入方式。

指定插入点：指定表格左上角的位置。可以使用定点设备，也可以在命令窗口中输入坐标值。如果表格样式将表格的方向设置为由下而上读取，则插入点位于表格的左下角。

指定窗口：指定表格的大小和位置。可以使用定点设备，也可以在命令窗口中输入坐标值。选定此选项时，行数、列数、列宽和行高取决于窗口的大小以及列和行设置。

4 选择【指定窗口】插入方式，在【列和行设置】选项组中只能各选择一种设置行列的方式，详细属性如下。

设置列数和列宽：如果使用窗口插入方法，可以选择列数或列宽，但是不能同时选择两者。

设置行数和行高：如果使用窗口插入方法，行数由指定的窗口尺寸和行高决定。

5 指定【列数】为 4、【数据行数】为 11，完成插入设置。

6 在【设置单元样式】选项组中设置第一、第二行与所有其他行单元样式。本例保持默认设置不变。

7 单击【确定】按钮，系统提示指定两个角点来确定插入表格，此时指定表格位置，如图 7-43 所示。释放鼠标左键后，得到如图 7-44 所示的结果。

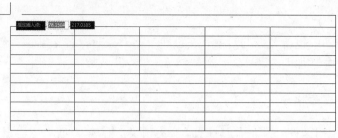

图 7-43　指定表格的位置

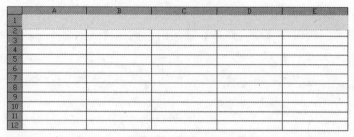

图 7-44　创建的表格

7.6　编辑表格与输入内容

在创建表格后，还需要根据设计的需要适当调整表格，例如，调整表格的行高列宽、移动表格、输入表格内容等。

7.6.1　编辑表格

在表格创建完成后，可以单击该表格上的任意网格线以选中该表格，然后使用【特性】选项板或夹点来编辑该表格。在编辑表格的高度或宽度时，行或列将按比例变化。在编辑列的宽度时，表格将加宽或变窄以适应列宽的变化。

动手操作　编辑表格

1　打开光盘中的 "..\Example\Ch07\7.6.1.dwg" 练习文件，然后单击表格的任一边框，选择整个表格。

2　单击左上角的夹点并按住鼠标左键拖动，移动整个表格的位置，如图 7-45 所示。

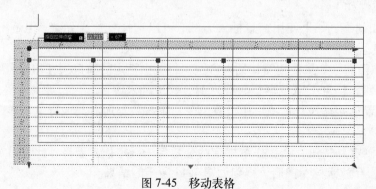

图 7-45　移动表格

3 单击右上角的夹点并按住鼠标左键向左边或者右边拖动，可以编辑表格宽度并按比例编辑所有列宽，如图 7-46 所示。

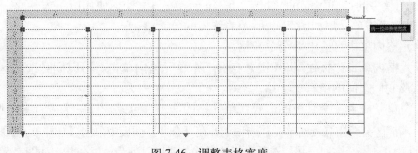

图 7-46　调整表格宽度

4 单击左下角的夹点并按住鼠标左键向上方或者下方拖动，可以编辑表格高度并按比例编辑所有行高，如图 7-48 所示。

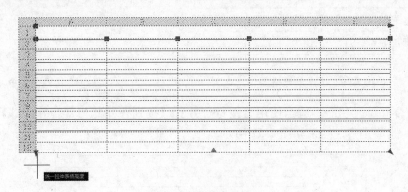

图 7-47　调整表格高度

5 单击右下角的夹点并按住鼠标左键向左上角或者右下角拖动，可以编辑表高和表宽并按比例编辑行和列，如图 7-48 所示。最后按 Esc 键取消选择，结束表格的编辑。

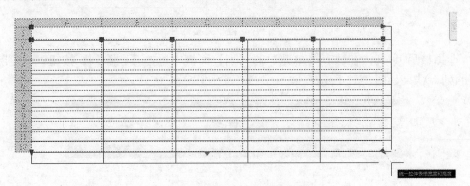

图 7-48　同时调整表格高度和宽度

7.6.2　编辑单元格

单元格是由行、列的边线构架成的独立方块，用于在表格中填写内容。当选中单元格后，再拖动单元格上的夹点可以使单元格及其列或行更宽或更小。另外，还可以通过多个编辑命令进行删除、合并单元格与插入、删除行和列等操作。

动手操作 编辑单元格

1 打开光盘中的 ".\Example\Ch07\7.6.2.dwg" 练习文件，使用以下方法之一选择一个或多个要编辑的表格单元。如图 7-49 所示为选择的单元格。

- 在单元格内单击可适中一个单元格。
- 在单元格内单击。按住 Shift 键并在另一个单元格内单击，可以同时选中这两个单元格以及它们之间的所有单元格。
- 以"窗口"或者"交叉"的方式在单元格内拖动，可以选择一个或者多个单元格。

2 此时功能区会新增【表格单元】选项卡，在【合并】面板中单击【合并单元】按钮，在打开的下拉列表中选择【按列合并】选项，将选择的单元格以列为单位合并，如图 7-50 所示。

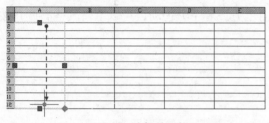

图 7-49 选择单元格

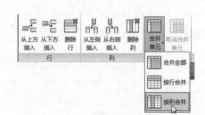

图 7-50 按列合并单元格

3 使用合并单元功能，适当使用【按行合并】、【按列合并】与【合并全部】功能，合并表格中的其他单元格，结果如图 7-51 所示。

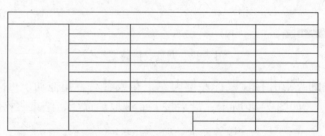

图 7-51 合并其他单元格的结果

4 选择最后 1 列，在【表格单元】的【列】面板中单击【删除列】按钮，删除表格中选中的列，结果如图 7-52 所示。

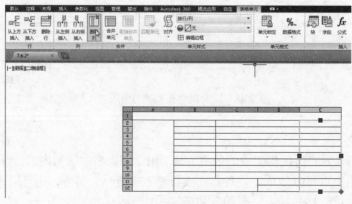

图 7-52 删除选定的列

5 选择要编辑的单元格并单击右边的夹点，将其往左拖动，调整单元格的宽度，如图 7-53 所示。

6 选中整个表格的单元，然后在【单元样式】面板中单击【编辑边框】按钮 ⊞ 编辑边框，打开【单元边框特性】对话框。

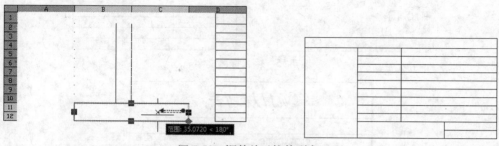

图 7-53 调整单元格的列宽

7 选择【双线】复选框，然后指定【间距】为 1.2，再单击【外边框】按钮 ▣，预览效果满意后单击【确定】按钮，把设置的双线应用至表格外边框上，如图 7-54 所示。

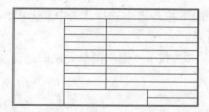

图 7-54 设置双线表格外边框

7.6.3 在表格输入文字

在编辑好表格后，可以在表格内输入文字内容，这样就可以通过表格来定位文字，并起到规范文字内容的目的。对于输入的文字，可以配合键盘上的方向键来切换单元格，还可以通过【文字编辑器】选项卡对其进行相关的属性设置。

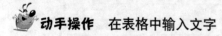 **动手操作** 在表格中输入文字

1 打开光盘中的 "..\Example\Ch07\7.6.3.dwg" 练习文件，单击表格最顶端的单元格，输入表格标题并自动进入文字编辑器。

2 选择文字内容，在【样式】面板中套用一种文字样式，或者在【格式】面板中设置字体为【宋体】、字高为 10，并添加【粗体】和【斜体】效果，如图 7-55 所示。

3 按键盘上的向下方向键，切换至下一行的首个单元格继续输入，为表格添加其他文字内容，其中字体为【宋体】、字高为 4.5，结果如图 7-56 所示。

图 7-55　输入标题文字

图 7-56　输入其他文字

4 选择标题以外的所有单元格，在【单元样式】面板中单击【对齐】按钮 ，在打开的下拉列表中选择【正中】选项，将选择的单元格内容以正中方式对齐，结果如图 7-57 所示。

5 按 Esc 键取消单元格的选择状态。

图 7-57　设置全部单元格的对齐方式

7.7　课堂实训

下面通过制作家居设计图标题和使用自动填满功能制作资料表两个范例，巩固本章所学知识。

7.7.1 制作家居设计图标题

先打开光盘中的练习文件，然后通过【文字样式】对话框，创建名称为"Ex1"的新样式，接着使用新样式创建出单行文字，结果如图 7-58 所示。

 动手操作 制作家居设计图标题

1 打开光盘中的"..\Example\Ch07\7.7.1.dwg"练习文件，在【默认】选项卡的【注释】面板中打开【文字】下拉列表，再选择【管理文字样式】选项，打开【文字样式】对话框。

2 单击【新建】按钮打开【新建文字样式】对话框，在样式名文本框中输入新样式的名称，接着单击【确定】按钮，如图 7-59 所示。

3 在【文字样式】对话框的【字体】选项组中设置【字体名】为"楷体"，【字体样式】为【常规】。

4 在【大小】选项组中选择【注释性】复选框，再设置【图纸文字高度】为 10。

5 在【效果】选项组中设置【宽度因子】为 1，【倾斜角度】为 20。

6 设置效果满意后单击【置为当前】按钮，再分别单击【应用】与【关闭】按钮，如图 7-60 所示。

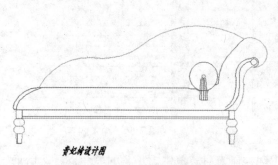

图 7-58 制作家居设计图标题的结果

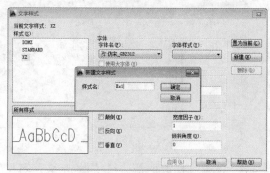

图 7-59 新建文字样式

7 使用"text"命令在绘图区中输入"贵妃椅设计图"文字内容，并自动套用"Ex1"文字样式，如图 7-61 所示。

8 按 Enter 键两次，确定输入的内容并退出【单行文字】命令。

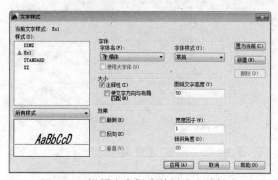

图 7-60 设置文字样式并置为当前样式

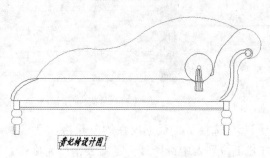

图 7-61 输入文字内容

7.7.2 使用自动填满功能制作资料表

在 AutoCAD 中，除了可以通过方向键切换单元格进行快速输入外，还提供了通过序列自动复制、递增与填满功能，以及在行、列和各个单元中设置新的数字和货币格式。下面以创建一个资料表为例，使用自动填满功能快速制作表格，结果如图 7-62 所示。

编号	记录日期
1	2013/05/01
2	2013/05/02
3	2013/05/03
4	2013/05/04
5	2013/05/05
6	2013/05/06
7	2013/05/07
8	2013/05/08
9	2013/05/09
10	2013/05/10
11	2013/05/11

图 7-62　制作资料表的结果

动手操作　使用自动填满功能制作资料表

1　创建一个【无样板-公制】的新文件。

2　在【注释】选项卡的【表格】面板中单击【表格】按钮，打开【插入表格】对话框，设置如图 7-63 所示的表格属性，单击【确定】按钮。

3　在绘图区单击插入表格，在表格中输入第 1 行和第 2 行的内容，如图 7-64 所示。

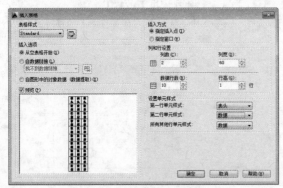

图 7-63　【插入表格】对话框

图 7-64　输入内容

4　单击选择数据是"1"的单元格，当其出现控制点时，单击右下角的菱角点，然后垂直往下移动鼠标至第 12 行底部捕捉交点并单击，如图 7-65 所示。

5　此时可以自动以叠加的方式填满"编号"的一整列，如图 7-66 所示。

图 7-65　自动填满内容　　　　　　图 7-66　自动填满内容后的结果

6　选择日期数据所在的单元格，在【单元格式】面板中单击【数据格式】按钮，在打开下拉列表中选择【自定义表格单元格式】命令，如图 7-67 所示。

7　在打开的【表格单元格式】对话框中选择【日期】数据类型，然后在【样例】列表框中选择合适的样例，接着单击【确定】按钮，如图 7-68 所示。

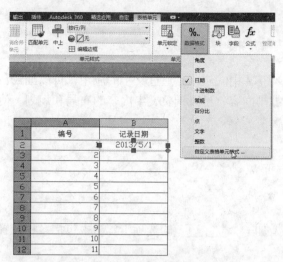

图 7-67　打开【表格单元格式】对话框

图 7-68　自定义日期格式

8　使用步骤 4 和步骤 5 的方法，对"记录日期"一列单元格进行自动填满处理，按顺序填入日期内容，如图 7-69 所示。

图 7-69　自动填满记录日期数据

编号	记录日期
1	2013/05/01
2	2013/05/02
3	2013/05/03
4	2013/05/04
5	2013/05/05
6	2013/05/06
7	2013/05/07
8	2013/05/08
9	2013/05/09
10	2013/05/10
11	2013/05/11

9　将内容中上对齐，再按 Esc 键，如图 7-70 所示。

图 7-70　设置数据对齐方式

编号	记录日期
1	2013/05/01
2	2013/05/02
3	2013/05/03
4	2013/05/04
5	2013/05/05
6	2013/05/06
7	2013/05/07
8	2013/05/08
9	2013/05/09
10	2013/05/10
11	2013/05/11

7.8 本章小结

本章重点介绍了文字与表格在 AutoCAD 2014 中的应用。通过文字的应用，可以细致、明确地针对图形进行标注与解释；使用表格编排内容，可以调整文字内容的布局和规划，使绘图效果更加清楚、完整。

7.9 习题

一、填充题

(1) 在创建多行文字时，将在功能区中增加一个________的选项卡，当中包括多种设置文字属性的功能按钮，用于编辑文字。

(2) ___________是指应用于多行文字对象和多重引线中的字符的分数和公差格式。

(3) 堆叠文字功能目前还不支持___________，所以必须使用特殊字符才可以指示选定文字的堆叠位置。

(4) 注释性属于通常用于对图形加以注释的对象的特性，该特性可以自动完成________过程。

(5) 表格主要通过________和________以一种简洁清晰的形式提供信息。

二、选择题

(1) 执行【单行文字】命令后，在命令行中不能进行哪种设置？ (　　)

A．字宽　　B．旋转角度　　C．字高　　D．颜色

(2) 由对角线分隔堆叠选定文字的特殊符号是哪个？ (　　)

A．/　　B．#　　C．^　　D．$

(3) 文字样式名称最长可达多个个字符？ (　　)

A．25 个　　B．100 个　　C．255 个　　D．无限个

(4) 在基本【表格方向】设置中，可以通过哪两种选项设置表格方向？ (　　)

A．向下或向上　　B．向左或向右

C．向前或向后　　D．向高或向低

(5) 完成多行文字的输入后，按哪个快捷键可以保存修改并退出编辑器？ (　　)

A．Ctrl+Enter　　B．Alt+Enter

C．Shift+Enter　　D．Ctrl+Alt+Enter

三、操作题

通过插入、编辑表格等功能，制作一个图纸的标签，结果如图 7-71 所示。

<table>
<tr><td colspan="4" rowspan="2">市政万基湾段施工图</td><td>比例</td><td></td></tr>
<tr><td>图号</td><td></td></tr>
<tr><td>制图</td><td>(姓名)</td><td>(日期)</td><td colspan="3" rowspan="2">城市园林设计院</td></tr>
<tr><td>审核</td><td>(姓名)</td><td>(日期)</td></tr>
</table>

图 7-71　编辑洗衣机图形特性的结果

提示：

(1) 创建一个公制新文件，在【注释】选项卡的【表格】面板中单击【表格】按钮，打开【插入表格】对话框，在【设置单元样式】选项组中设置三个项目均为【数据】，接着设置列数为 8，数据行数为 2，单击【确定】按钮，创建一个 8 列 4 行（加第一、二单元行）。

(2) 在绘图区的合适位置单击，插入表格。拖选 B2：C4 单元格，然后在【表格单元】选项卡的【合并】面板中，单击【合并单元】按钮，在打开的下拉列表中选择【按行合并】选项。

(3) 拖选 E3：H4 单元格，在【合并】面板中，单击【合并单元】按钮，在打开的下拉列表中选择【合并全部】选项。

(4) 使用上述提示的方法，合并表格中的其他单元。

(5) 单击表格左下角的夹点，并按往鼠标左键向下拖动，调整表高并按比例编辑所有行。

(6) 在单元内输入文字内容，并设置字体与字高。

(7) 在行与列标之间单击，选中整个表格的单元。然后在【单元样式】面板中单击【对齐】按钮，在打开的下拉列表中选择【正中】选项。

(8) 保持选择整个表格内容，在【单元样式】面板中单击【单元边框】按钮，打开【单元边框特性】对话框，设置【线宽】为 1mm，再单击【外边框】按钮，预览效果满意后单击【确定】按钮。

(9) 最后按 Esc 键取消选择表格即可。

第 8 章　尺寸标注与参数化约束

教学提要

本章主要介绍 AutoCAD 中的尺寸标注和参数化约束，包括尺寸标注基础知识、创建与设置标注样式、创建尺寸标注、创建多重引线标注、编辑尺寸标注以及参数化约束等。

教学重点

➢ 了解尺寸标注的概念和应用的基本知识
➢ 掌握创建与设置标注样式的方法
➢ 掌握创建各种尺寸标注以及多中引线标注的方法
➢ 掌握应用几何约束的方法
➢ 掌握应用标注约束的方法

8.1　尺寸标注基础知识

在 AutoCAD 中，尺寸标注是通过测量指定的两点或者已绘制的图形，将测量得到的尺寸标注在指定的位置处。

8.1.1　尺寸标注的部件

在机械制图或工程绘图的设计领域中，一个完整的标注具有以下几种独特的元素：标注文字、尺寸线、尺寸箭头和延伸线等，如图 8-1 所示。

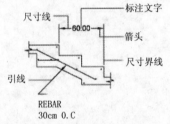

图 8-1　尺寸标注的组成部件

1. 标注文字

用于指示实际测量值的字符串。标注文字可以包含前缀、后缀和公差。

尺寸公差是表示测量的距离可以变动的数目的值。可以控制是否显示尺寸公差，还可以从多种尺寸公差样式中进行选择。

2. 尺寸线

用于指示尺寸方向和范围的线条。尺寸线以延伸线为界，代表量度的范围。对于线性尺寸，尺寸线通常是与被标注实体平行，两端带有箭头的直线；对于半径和直径尺寸而言，尺寸线为过圆心带箭头的径向直线，如图 8-1 所示；对于角度尺寸而言，尺寸线为带箭头的弧线。另外，尺寸线不能用任何线型代替。

3．尺寸箭头

尺寸箭头也称为终止符号，用于显示在尺寸线的两端。可以为箭头或标记指定不同的尺寸和形状。

4．延伸线

用于界定量度范围的直线，一般应与被标注实体和尺寸线垂直。如果在某些特殊情况下垂直标注有困难，也允许倾斜标注。

延伸线一般应该与被标注的实体离开一定距离，以便清楚辨认图形的轮廓与延伸线。有些制图标准定制此距离为 2mm。另外，也应具备一定的超出距离（即超出箭头距离），有些标准也是制定为 2mm。

8.1.2 尺寸标注的种类

AutoCAD 2014 提供了 10 多种标注工具用于表示图形对象的准确尺寸，通过【标注】工具栏与【标注】菜单栏，可以快速使用相关的标注命令，进行角度、直径、半径、线性、对齐、连续、圆心及基线等标注操作，如图 8-2 所示。

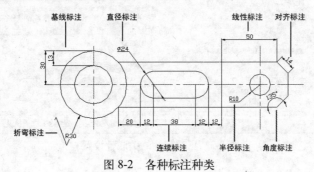

图 8-2　各种标注种类

8.1.3 标注的关联性

标注可以是关联的、无关联的或分解的。关联标注根据所测量的几何对象的变化而进行调整。标注关联性可以定义几何对象，以及为其提供距离和角度的标注间的关系。几何对象和标注之间有以下 3 种关联性。

- **关联标注（DIMASSOC 系统变量为 2）**：当与其关联的几何对象被修改时，关联标注将自动调整其位置、方向和测量值。布局中的标注可以与模型空间中的对象相关联。
- **非关联标注（DIMASSOC 系统变量为 1）**：与其测量的几何图形一起选定和修改。无关联标注在其测量的几何对象被修改时不发生改变。
- **已分解的标注（DIMASSOC 系统变量为 0）**：包含单个对象而不是单个标注对象的集合。

💡 **TIPS▸** 虽然关联标注支持大多数希望标注的对象类型，但是它们不支持"图案填充"、"多线对象"、"二维实体"、"非零厚度的对象"等类型。

 动手操作　更改标注关联性默认设置

1　单击 🔺 按钮打开菜单，然后在右下方单击【选项】按钮，打开【选项】对话框。

2 选择【用户系统配置】选项卡，在【关联标注】选项组中选择或者取消选择【使新标注可关联】复选框，如图 8-3 所示。

3 如果单击【应用】按钮，可以将当前选项设置记录到系统注册表中。如果单击【确定】按钮，也可以将当前选项设置记录到系统注册表中，然后关闭【选项】对话框。

4 完成上述操作后，图形中所有后来创建的标注将使用新设置。与大多数其他选项设置不同，标注关联性保存在图形文件中而不是系统注册表中。

5 如果想确定标注是否关联，可以先选择某标注对象，然后按 Ctrl+1 快捷键打开【特性】选项板，或者在命令窗口中输入 "list" 并按 Enter 键，即可显示标注的特性。

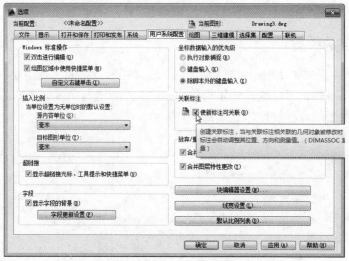

图 8-3　更改标注的关联性设置

8.2　创建与设置标注样式

标注样式是标注设置的命名集合，可以用来控制标注的外观，如箭头样式、文字位置和尺寸公差等。可以创建标注样式，以快速指定标注的格式，并确保标注符合行业或项目标准。通过如图 8-4 所示的【标注样式管理器】对话框，可以进行创建、修改、替代与比较样式等操作。

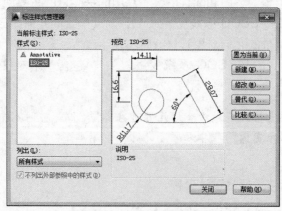

图 8-4　标注样式管理器

8.2.1 标注样式管理器

在进行标注前，通常需要先定义一种合适的样式，避免一些无谓的困难，如因为箭头、比例过小而显示不清等问题。在创建标注样式时可以通过【标注样式管理器】对话框查看当前样式效果、创建新的标注样式、选择目前可用的标注样式、设置标注样式替代值、修改现有的样式属性、比较标注样式及重命名与删除样式等。

在 AutoCAD 中，可以通过以下的方法打开【标注样式管理器】对话框。
- **菜单**：在菜单栏中选择【格式】｜【标注样式】命令。
- **命令**：在命令窗口中输入"dimstyle"，并按下 Enter 键。

下面对【标注样式管理器】对话框中的各个组成部分与按钮进行详细介绍。

1. 当前标注样式
用于显示当前标注样式的名称，其中当前样式将应用于所创建的标注。

2. 样式
列出图形中的标注样式，当前样式会被亮显。在选取的样式上单击右键即可显示快捷菜单及选项，可以用于设置当前标注样式、重命名样式和删除样式，如图 8-5 所示。但不能删除当前样式或当前图形使用的样式。另外，在选择样式后单击【置为当前】按钮，也可以将其设置成当前使用。

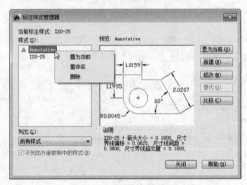

图 8-5 样式快捷菜单

3. 列出
在【样式】列表中控制样式显示。如果要查看图形中所有的标注样式，可以选择【所有样式】；如果只希望查看图形中标注当前使用的标注样式，可以选择【正在使用的样式】选项。

4. 不列出外部参照中的样式
如果选择此选项，将不在【样式】列表中显示外部参照图形的标注样式。

5. 预览
显示【样式】列表中选定样式的图示。

6. 说明
说明【样式】列表中与当前样式相关的选定样式。如果说明超出给定的空间，可以单击窗格并使用箭头键向下滚动，以查看其余没有显示的内容。

7. 置为当前
将在【样式】列表中选定的标注样式设置为当前标注样式，而当前样式将应用于标注。

8. 新建
单击【新建】按钮可以打开如图 8-6 所示的【创建新标注样式】对话框，在此可以命名新标注样式、设置新标注样式的基础样式和指示要应用新样式的标注类型。

9. 修改
单击此按钮可以打开【修改标注样式】对话框，在其中可以修改标注样式。

10. 替代

单击此按钮可以打开【替代当前样式】对话框，在其中可以设置标注样式的临时替代。

11. 比较

单击此按钮可以打开如图 8-7 所示的【比较标注样式】对话框，在其中可以比较两个标注样式或列出一个标注样式的所有特性。

图 8-6 【创建新标注样式】对话框

图 8-7 【比较标注样式】对话框

8.2.2 创建标注样式

在 AutoCAD 2014 中，可以创建标注样式，以快速指定标注的格式，并确保标注符合行业或项目标准。

动手操作 创建标注样式

1 在菜单栏中选择【格式】│【标注样式】命令。

2 打开【标注样式管理器】对话框后，在【样式】列表中选择一种当前标注样式，使新建的样式基于此样式，然后单击【新建】按钮，如图 8-8 所示。

3 在打开【创建新标注样式】对话框后，先输入新样式的名称，然后可以重新选择基础样式。选择【注释性】复选框可以启用标注对象的注释性，通过【用于】下拉列表可以指定新样式的应用范围，设置完毕后单击【继续】按钮，如图 8-9 所示。

4 在打开【新建标注样式】对话框后，可以看到多个设置选项卡。选择【线】选项卡，在此可以设置尺寸线、延伸线、箭头和圆心标记的格式和特性，如图 8-10 所示。

5 切换至【符号和箭头】选项卡，在其中可以设置箭头、圆心标记、打断标注、弧长符号、半径折弯标注与线性折弯标注的格式和位置，如图 8-11 所示。

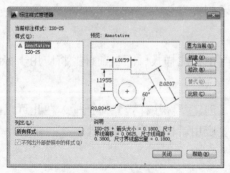

图 8-8 新建标注样式

图 8-9 设置样式名和基础样式

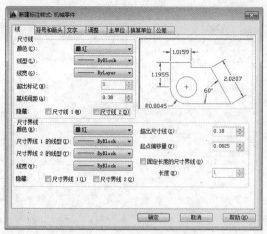

图 8-10 设置【线】选项

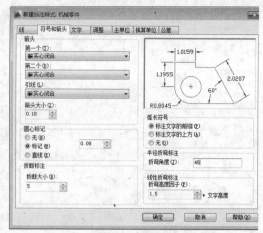

图 8-11 设置【符号和箭头】选项

6 切换至【文字】选项卡，在其中可以设置标注文字的格式、放置和对齐等属性，如图 8-12 所示。

7 切换至【调整】选项卡，在其中可以控制标注文字、箭头、引线和尺寸线的放置，如图 8-13 所示。

图 8-12 设置【文字】选项

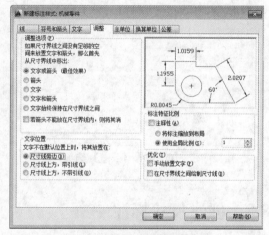

图 8-13 设置【调整】选项

8 切换至【主单位】选项卡，在其中可以设置主标注单位的格式和精度，并设置标注文字的前缀和后缀，如图 8-14 所示。

9 切换至【换算单位】选项卡，在其中可以指定标注测量值中换算单位的显示并设置其格式和精度。选择【显示换算单位】复选框后，才能向标注文字添加换算测量单位，如图 8-15 所示。

10 切换至【公差】选项卡，在其中可以控制标注文字中公差的格式及显示，如图 8-16 所示。尺寸公差是表示测量的距离可以变动的数目的值。可以控制是否显示尺寸公差，也可以从多种尺寸公差样式中进行选择。

11 设置完毕后单击【确定】按钮，返回【标注样式管理器】对话框。此时在【样式】列表中会新增前面创建的新样式，预览效果满意后单击对话框右侧的【置为当前】按钮，即可将其设置为当前使用的标注样式，如图 8-17 所示。

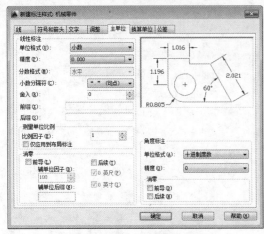

图 8-14　设置【主单位】选项

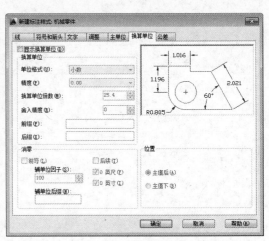

图 8-15　设置【换算单位】选项

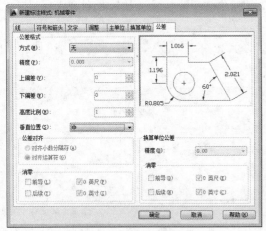

图 8-16　设置【公差】选项

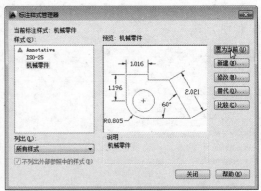

图 8-17　将样式设置为当前使用的标注样式

8.3　创建尺寸标注

为了更好地标注图形的长宽、弧度、半径、角度等信息，在绘制图形后，可以针对设计的需要创建对应的尺寸标注。

8.3.1　创建线性标注

线性标注可以水平、垂直或对齐放置。使用对齐标注时，尺寸线将平行于两延伸线原点之间的直线。

动手操作　创建线性标注

1　打开光盘中的 "..\Example\Ch08\8.3.1.dwg" 练习文件，选择【注释】选项卡，在【标注】面板中单击【线性】按钮 。

2　系统提示：指定第一条尺寸界线原点或<选择对象>，此时捕捉如图 8-18 所示的起点。

3 系统提示：指定第二条尺寸界线原点，捕捉如图 8-19 所示的终点，即可看到产生的标注文字。

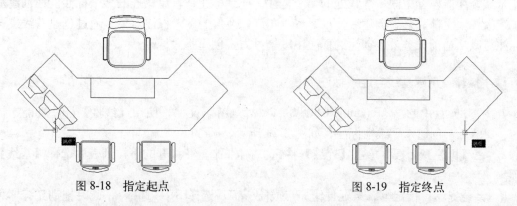

图 8-18 指定起点 图 8-19 指定终点

4 系统提示：[多行文字(M)/文字(T)/角度(A)/水平(H)/垂直(V)/旋转(R)]，此时往下拖出标注，再单击即可创建标注，如图 8-20 所示。

5 使用上述方法，捕捉如图 8-21 所示的两点，创建水平线性标注。

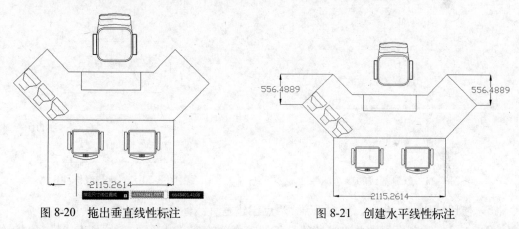

图 8-20 拖出垂直线性标注 图 8-21 创建水平线性标注

6 在【标注】面板中单击【标注】按钮，在打开的下拉列表中选择【对齐】选项，然后捕捉如图 8-22 所示的两点，创建对齐标注。

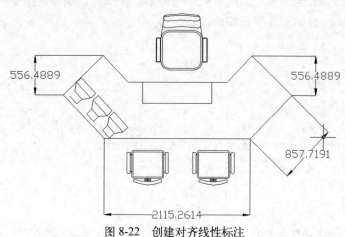

图 8-22 创建对齐线性标注

8.3.2 创建基线与连续标注

基线标注能够标记同一基线处的多个标注。连续标注是首尾相连的多个标注。在创建基线或连续标注之前，必须创建线性、对齐或角度标注作为参考标注对象。通过创建基线或连续标注可以从当前任务最近创建的标注中以增量方式创建基线标注。

动手操作 创建基线与连续标注

1 打开光盘中的 ".. \Example\Ch08\8.3.2.dwg" 练习文件，使用【线性】标注功能，捕捉 A、B 两点，创建水平线性标注，如图 8-23 所示。

2 在【标注】面板中单击【连续】按钮右侧的，在打开的下拉列表中选择【基线】选项。

3 系统提示：指定第二条延伸线原点或[放弃(U)/选择(S)] <选择>，此时拖动光标即可牵引出基线标注，接着依序捕捉 C、D 两点，创建基线标注，如图 8-24 所示。

4 按两次 Enter 键结束基线标注命令。

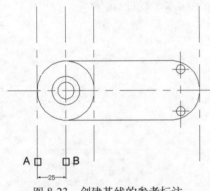

图 8-23　创建基线的参考标注

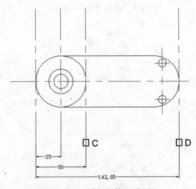

图 8-24　创建基线标注

5 使用【线性】命令，捕捉 E、F 两点创建垂直线性标注，如图 8-25 所示。

6 在【标注】面板中单击【基线】按钮右侧的，在打开的下拉列表中选择【连续】选项，执行【连续】命令。

7 拖动光标牵引出连续标注，接着依序捕捉 G、H 两点，创建连续标注，如图 8-26 所示。最后按两次 Enter 键结束连续标注命令。

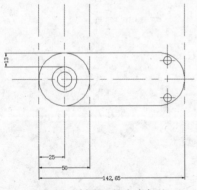

图 8-25　创建连续参考标注

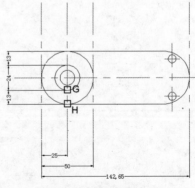

图 8-26　创建连续标注

8.3.3　创建半径标注

使用【半径】命令，可以创建圆与圆弧的半径标注。

 动手操作　创建半径标注

1　打开光盘中的 "..\Example\Ch08\8.3.3.dwg" 练习文件，在【标注】面板中单击【标注】按钮，在打开的下拉列表中选择【半径】选项，执行【半径】命令。

2　系统提示：选择圆弧或圆，此时将光标移至需要标注的圆弧上，当其产生亮显时单击选择对象，如图 8-27 所示。

3　系统提示：指定尺寸线位置或[多行文字(M)/文字(T)/角度(A)]，此时在合适位置上单击，确定标注文字的位置，结果如图 8-28 所示。

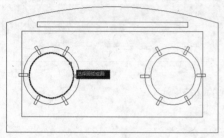
图 8-27　选择圆

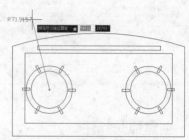
图 8-28　创建的半径标注

8.3.4　创建直径标注

使用【直径】命令，可以创建圆与圆弧的直径标注。

 动手操作　创建直径标注

1　打开光盘中的 "..\Example\Ch08\8.3.4.dwg" 练习文件，在【标注】面板中单击【标注】按钮，在打开的下拉列表中选择【直径】选项，执行【直径】命令。

2　系统提示：选择圆弧或圆，此时将光标移至需要标注的圆弧上，当其产生亮显时单击选择对象，如图 8-29 所示。

3　系统提示：指定尺寸线位置或 [多行文字(M)/文字(T)/角度(A)]，此时在合适位置上单击，确定标注文字的位置，如图 8-30 所示。

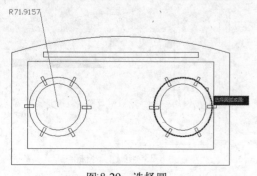
图 8-29　选择圆

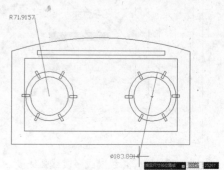
图 8-30　确定标注文字的位置

如果在创建标注前打开【标注样式管理器】对话框，再单击【修改】按钮打开【修改标注样式】对话框，选择【调整】选项卡，接着选择【尺寸线上方，带引线】单选按钮，可以创建带引线的直径标注，如图 8-31 所示。

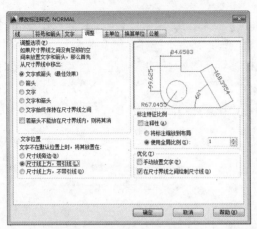
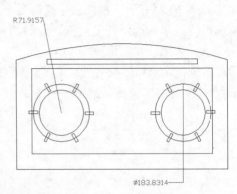

图 8-31　创建带引线的直径标注

8.3.5　创建弧长标注

弧长标注用于测量圆弧或多段圆弧线段上的距离。弧长标注的典型用法包括测量围绕凸轮的距离或表示电缆的长度。为区别它们是弧长标注还是角度标注，在默认情况下，弧长标注将显示一个圆弧符号。在【修改标注样式】对话框下的【符号和箭头】选项卡中，可以更改弧长标注的位置样式。

动手操作　创建弧长标注

1　打开光盘中的 "..\Example\Ch08\8.3.5.dwg" 练习文件，在【标注】面板中单击【标注】按钮，在打开的下拉列表中选择【弧长】选项，执行【弧长】命令。

2　系统提示：选择弧线段或多段线弧线段，此时选择要标注的圆弧，如图 8-32 所示。

3　系统提示：指定弧长标注位置或[多行文字(M)/文字(T)/角度(A)/部分(P)/]，此时往右下方拖出标注文字并单击指定位置，创建弧长标注，如图 8-33 所示。

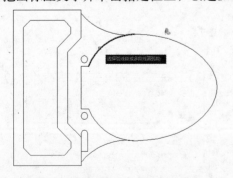
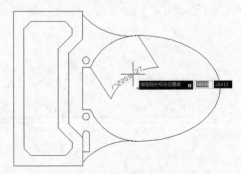

图 8-32　选择弧线段或多段线弧线段　　　　图 8-33　创建弧长标注

4　使用相同的方法，创建其他弧长标注，结果如图 8-34 所示。

在指定圆弧对象后，往右方大幅度拖动光标，可以产生如图 8-35 所示的弧长标注结果。

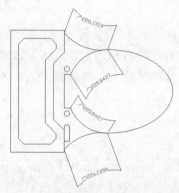

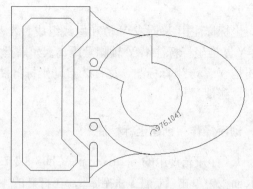

图 8-34 创建其他弧长标注的结果　　　　图 8-35 往另一方向拖动弧长标注的结果

8.3.6 创建角度标注

角度标注可以测量两条直线或 3 个点之间的角度。如果要测量圆的两条半径之间的角度，可以选择此圆，然后指定角度端点。如果要测量其他对象，需要选择对象然后指定标注位置。另外，还可以通过指定角度顶点和端点标注角度。在创建标注时，可以在指定尺寸线位置之前修改文字内容和对齐方式。

动手操作　创建角度标注

1 打开光盘中的 "..\Example\Ch08\8.3.6.dwg" 练习文件，在【标注】面板中单击【标注】按钮，在打开的下拉列表中选择【角度】选项，执行【角度】命令。

2 系统提示：选择圆弧、圆、直线或<指定顶点>，此时选择要标注的圆弧，如图 8-36 所示。

3 系统提示：指定标注弧线位置或[多行文字(M)/文字(T)/角度(A)/象限点(Q)]，此时往左方拖出标注文字并单击指定位置，如图 8-37 所示。创建角度标注后的结果如图 8-38 所示。

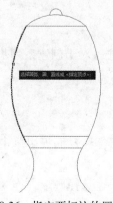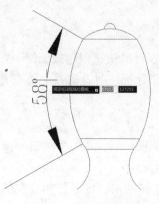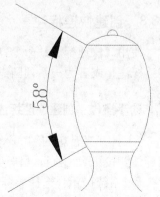

图 8-36 指定要标注的圆弧　　　图 8-37 指定标注的位置　　　图 8-38 创建角度标注的结果

8.3.7 创建坐标标注

坐标标注可以测量原点（称为基准）到标注特征的垂直或者水平距离，例如部件上的某个点在 X 轴或者 Y 轴上的坐标值。这种标注保持特征点与基准点的精确偏移量，从而避免增大误差。

坐标标注由 X 值或 Y 值和引线组成。X 基准坐标标注沿 X 轴测量特征点与基准点的距离。Y 基准坐标标注沿 Y 轴测量距离。如果指定一个点，程序将自动确定它是 X 基准坐标标注还是 Y 基准坐标标注，这称为自动坐标标注。如果 Y 值距离较大，那么标注测量 X 值。否则，测量 Y 值。

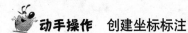 **动手操作** 创建坐标标注

1 打开光盘中的 "..\Example\Ch08\8.3.7.dwg" 练习文件，启用【正交】模式，在【标注】面板中单击【标注】按钮，在打开的下拉列表中选择【坐标】选项，执行【坐标】命令。

2 系统提示：指定点坐标，此时捕捉点，然后往左拖动光标，引出坐标标注，如图 8-39 所示。

3 系统提示：指定点坐标，指定引线端点或 [X 基准(X)/Y 基准(Y)/多行文字(M)/文字(T)/角度 (A)]，此时往上拖动鼠标，然后在合适的位置上单击创建坐标标注，如图 8-40 所示。

4 使用上述方法，分别为图形的其他点创建其他的垂直坐标标注，如图 8-41 所示。

图 8-39 引出坐标标注

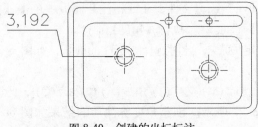

图 8-40 创建的坐标标注

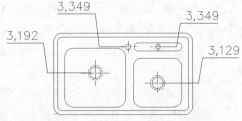

图 8-41 创建其他坐标标注的结果

8.3.8 创建快速标注

使用【快速标注】命令（qdim）可以快速创建或编辑一系列标注。对于创建系列基线、连续标注，或者为一系列圆或圆弧创建标注时，此命令特别有用。

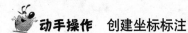 **动手操作** 创建快速标注

1 打开光盘中的 "..\Example\Ch08\8.3.8.dwg" 练习文件，在【标注】面板中单击【快速标注】按钮，执行【快速标注】命令。

2 系统提示：选择要标注的几何图形，此时使用交叉的方式快速选择圆形，作为快速标注的对象，如图 8-42 所示。

3　系统提示：选择要标注的几何图形：指定对角点：找到 4 个，此时直接按 Enter 键。

4　系统提示：指定尺寸线位置或[连续(C)/并列(S)/基线(B)/坐标(O)/半径(R)/直径(D)/基准点(P)/编辑(E)/设置(T)] <连续>，此时可以选择任意一项标注形式，默认状态下为"连续标注"。本例中输入 O 并按 Enter 键，以选择【坐标】选项。

5　在合适位置单击指定标注的位置，如图 8-43 所示。

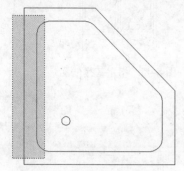

图 8-42　选择快速标注对象

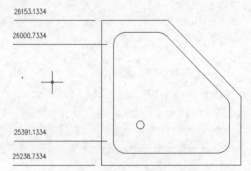

图 8-43　创建快速标注的结果

8.4　创建多重引线标注

多重引线功能除了可以提供多种创建方式外，还可以对已经添加的引线进行添加引线与对齐、合并等操作。

8.4.1　创建多重引线标注

通过【多重引线】命令可以轻易地将多条引线附着到同一注解，也可以均匀隔开并快速对齐多个注解。多重引线是具有多个选项的引线对象，创建时先放置引线对象的头部、尾部或内容均可。

动手操作　创建多重引线标注

1　打开光盘中的"..\Example\Ch08\8.4.1.dwg"练习文件，在【注释】选项卡的【引线】面板中单击【多重引线】按钮。

2　系统提示：指定引线箭头的位置或[引线基线优先(L)/内容优先(C)/选项(O)] <选项>，由于默认状态下为指定引线箭头位置优先，此时捕捉端点，指定引线箭头的位置，如图 8-44 所示。

3　系统提示：指定引线基线的位置，如图 8-45 所示单击指定基线的位置。

4　由于这里选择了 Standard 多重引线样式，所以引线内容默认为"多行文字"。在文本框中输入引线内容，这里输入 A，如图 8-46 所示，然后按 Ctrl+Enter 快捷键，确定内容。

5　单击【多重引线】按钮，系统提示：指定引线箭头的位置或[引线基线优先(L)/内容优先(C)/选项(O)] <选项>，输入 L 并按 Enter 键，指定基线优先。先指定基点位置，再指定箭头位置，接着输入内容为"B"，再按 Ctrl+Enter 快捷键，如图 8-47 所示。

图 8-44 指定箭头位置

图 8-45 指定基线位置

图 8-46 输入多重引线内容

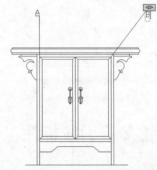

图 8-47 以基点优先方式创建多重引线

6 单击【多重引线】按钮 ，系统提示：指定引线基线的位置或[引线箭头优先(H)/内容优先(C)/选项(O)]<引线箭头优先>，输入 C 并按 Enter 键，指定内容优先，接着在图形中拖动出一个文本框并输入内容为 C，如图 8-48 所示。

7 按 Ctrl+Enter 快捷键指定多重引线的箭头位置，如图 8-49 所示。

图 8-48 以内容优先方式创建多重引线

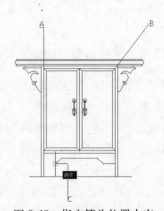

图 8-49 指定箭头位置内容

8.4.2 添加与对齐多重引线

通过【引线】面板可以将多条引线附着到同一注解，也可以沿指定的线对齐若干多重引线对象。水平基线将沿指定的不可见的线放置。箭头将保留在原来放置的位置。也可以快速对齐多个注解。另外，还可以使指定的引线平行对齐。

动手操作 添加与对齐多重引线

1 打开光盘中的 "..\Example\Ch08\8.4.2.dwg" 练习文件，在【引线】面板中单击
【添加引线】按钮 ，系统提示：选择多重引线，此时单击选择多重引线，如图 8-50
所示。

2 从基线处引出一箭头，如图 8-51 所示捕捉端点，作为第二个引线的箭头位置。

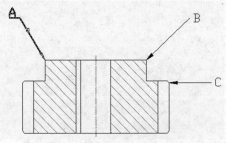
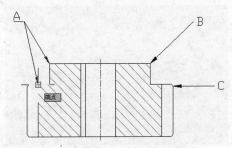

图 8-50 选择要添加引线的标注   图 8-51 指定第二个引线的箭头位置

3 使用上一步骤的方法捕捉第三个引线箭头位置，如图 8-52 所示，最后按 Enter 键结
束添加引线。

4 在【引线】面板中单击【对齐】按钮 ，系统提示：选择多重引线，拖选 "B" 与 "C"
两个引线注释，如图 8-53 所示，按 Enter 键。

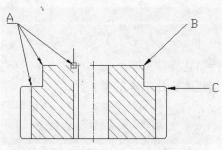
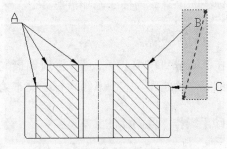

图 8-52 指定第三个引线的箭头位置   图 8-53 选择要对齐的多重引线

5 系统提示：选择要对齐到的多重引线或 [选项(O)]。此时再次选择 B 注释，以其作为
对齐的参照对象，如图 8-54 所示。

6 系统提示：指定方向。下面先启用【对象捕捉追踪】，捕捉 B、C 注释两基点之间的
交点，如图 8-55 所示。

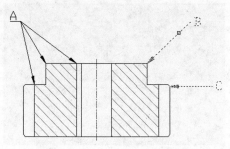
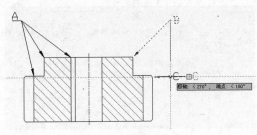

图 8-54 选择对齐的参照对象   图 8-55 指定对齐点

7 重复步骤 4 的操作，当系统提示"选择要对齐到的多重引线或[选项(O)]"的时候输入 O 并按 Enter 键。

8 系统提示：输入选项 [分布(D)/使引线线段平行(P)/指定间距(S)/使用当前间距(U)] <使段平行>，输入 P 并按 Enter 键，选择【使引线线段平行】选项。

9 系统提示：选择要对齐到的多重引线或 [选项(O)]，此时单击选择 B 注释，如图 8-56 所示。使注释 C 依照注释 B 进行平行对齐，结果如图 8-57 所示。

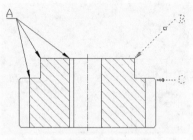 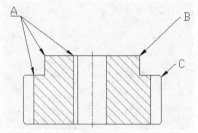

图 8-56 选择要对齐到的多重引线   图 8-57 平行对齐多重引线后的结果

8.5 编辑尺寸标注

在为图形创建尺寸标注后，可以根据设计需要修改标注。例如，修改标注的文本格式、调整标注的位置、为标注添加折弯等。

8.5.1 修改标注

在 AutoCAD 2014 中，可以针对图形的标注进行新建标注文本、旋转标注文本、倾斜标注文本等修改处理。本例以倾斜标注文本为例，介绍修改标注文本的操作。

动手操作 倾斜标注文本

1 打开光盘中的"..\Example\Ch08\8.5.1.dwg"练习文件，在【注释】选项卡的【标注】面板中单击【倾斜】按钮 🔲。

2 选择需要倾斜的标注对象并按下 Enter 键。

3 系统提示：输入倾斜角度(按 Enter 表示无)，此时只需输入 15 并按 Enter 键即可，如图 8-58 所示。

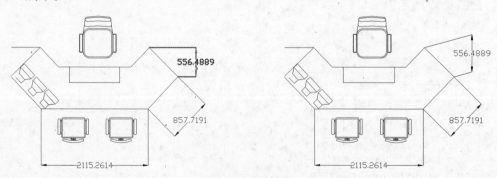

图 8-58 倾斜标注

8.5.2　修改标注文本格式

在完成标注操作后，可以通过 ddedit 命令打开文本编辑器，修改原标注文本的文字格式，以符合实际需求。

动手操作　编辑标注文本格式

1　打开光盘中的 "..\Example\Ch08\8.5.2.dwg" 练习文件，在命令窗口中输入 ddedit 并按 Enter 键。

2　系统提示：选择注释对象或[放弃(U)]，此时选择要编辑的标注文本，进入多行文字的文本编辑器中，可以在此编辑任何文本内容及进行各种格式设置，如图 8-59 所示。

3　选择全部文字内容，然后更改字体为"黑体"、颜色为红色，如图 8-60 所示。

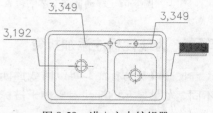

图 8-59　进入文本编辑器

4　使用相同的方法，修改其他三个标注文本的格式，最后按 Ctrl+Enter 键，保存修改并退出编辑器，如图 8-61 所示。

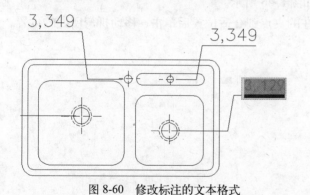

图 8-60　修改标注的文本格式

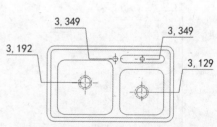

图 8-61　修改其他标注文本格式的结果

8.5.3　调整尺寸标注位置

在实际绘图中，有些标注会遮住图形的重要部分。例如，标注文字覆盖到零件的边上去，这时可以调整标注的位置，以便显示的效果更好。

动手操作　调整尺寸标注位置

1　打开光盘中的 "..\Example\Ch08\8.5.3.dwg" 练习文件，单击标注进入【夹点】模式。

2　单击指定文本处的夹点为移动基点，将其拖至图形外边，如图 8-62 所示。

3　按 Esc 键退出【夹点】模式后，得到如图 8-63 所示的结果。

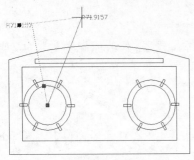

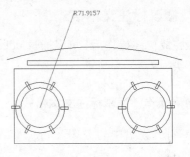

图 8-62　移动标注文本的位置　　　　　图 8-63　调整尺寸标注位置的结果

8.5.4　为线性标注添加折弯

使用【折弯标注】可以向线性标注添加折弯线，以表示实际测量值与延伸线之间的长度不同。如果显示的标注对象小于被标注对象的实际长度，则通常使用折弯尺寸线表示。

动手操作　为线性标注添加折弯

1　打开光盘中的 "..\Example\Ch08\8.5.4.dwg" 练习文件，在【标注】面板中单击【折弯标注】按钮 。

2　系统提示：选择要添加折弯的标注或 [删除(R)]，此时选择要创建折弯的线性标注，如图 8-64 所示。

3　系统提示：指定折弯位置（或按下 Enter 键），此时在线性标注的左侧单击指定位置，如图 8-65 所示。创建折弯标注后的结果如图 8-66 所示。

4　单击标注，然后往下拖动折弯所在的夹点到合适位置后单击，移动折弯所处的位置，如图 8-67 所示。

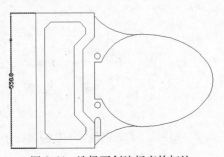

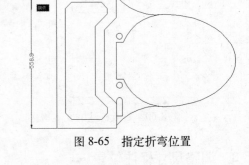

图 8-64　选择要创建折弯的标注　　　　　图 8-65　指定折弯位置

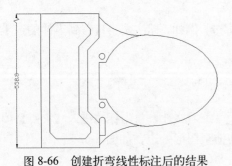

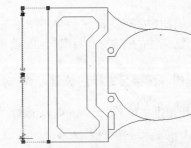

图 8-66　创建折弯线性标注后的结果　　　　图 8-67　调整折弯位置后的结果

8.6 参数化约束

参数化约束也称为参数化图形，这是一项用于具有约束的设计的技术，而约束则是应用至二维几何图形的关联和限制。

8.6.1 参数化约束概述

参数化约束有两种常用的约束类型：

● 几何约束：控制对象相对于彼此的关系。

● 标注约束：控制对象的距离、长度、角度和半径值。

通常在工程的设计阶段使用约束，对一个对象所做的更改可能会影响其他对象。例如，如果一条直线被约束为与圆弧相切，更改该圆弧的位置时将自动保留切线，这称为几何约束。

约束距离、直径和角度的方式则称为标注约束。例如，圆的直径目前被约束为 0.60，由于这两个圆被约束为大小相等，因此对右侧圆的直径进行修改将同时影响这两个圆。此类功能可以在保留指定关系和距离的情况下尝试各种创意，高效率地对设计进行修改。如图 8-68所示为几何约束和标注约束的应用。

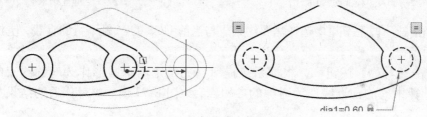

图 8-68 几何约束和标注约束

在工程的设计阶段，通过约束可以在试验各种设计或进行更改时强制执行要求。对对象所做的更改可能会自动调整其他对象，并将更改限制为距离和角度值。通过约束可以实现以下目的：

● 通过约束图形中的几何图形保持设计规范和要求。

● 立即将多个几何约束应用于对象。

● 在标注约束中包括公式和方程式。

● 通过修改变量值可快速进行设计修改。

 如果将光标移至应用了约束的对象上时，将始终显示蓝色光标图标，如图 8-69所示。

8.6.2 应用几何约束

下面主要介绍创建与编辑几何约束，使用约束栏控制约束状态，以及创建自动约束的方法。

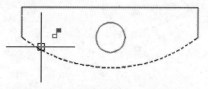

图 8-69 约束对象上显示蓝色光标

1. 创建几何约束

几何约束可以确定对象之间或对象上的点之间的关系。在创建几何约束后，它们可以限制可能会违反约束的所有更改。例如，在约束两个圆形相等后，使用夹点编辑某一个圆形的大小时，另外一个将会自动适应其大小变化。

动手操作 创建几何约束

1 打开光盘中的 "..\Example\Ch08\8.6.2a.dwg" 练习文件，在【参数化】选项卡的【几何】面板中单击【固定】按钮🔒，系统提示：选择点或 [对象(O)] <对象>，此时选择如图 8-70 所示的垂直线。这样可以使其固定在相对于世界坐标系的特定位置和方向上。

2 在【几何】面板中单击【垂直】按钮✓，然后根据系统提示，依序选择两条需要约束成互相垂直状态的直线，如图 8-71 所示。

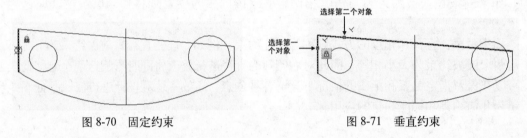

图 8-70 固定约束　　　　　　　　　图 8-71 垂直约束

3 单击【竖直】按钮🔳，选择需要约束成与当前 UCS 的 Y 轴平行的直线，使其变垂直，如图 8-72 所示。

4 单击【对称】按钮🔲，根据系统提示，先指定两个圆形作为对称约束的目的对象，然后选择中间的垂直线作为对称的参照点，如图 8-73 所示。对称后的结果如图 8-74 所示。

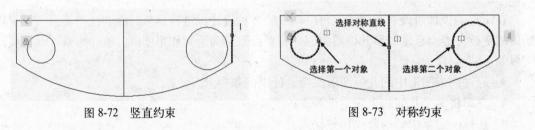

图 8-72 竖直约束　　　　　　　　　图 8-73 对称约束

5 选择右侧的圆形对象，然后使用夹点改变其大小，此时左侧的圆形因为被执行了对称约束，所以大小与位置均根据其进行变化，如图 8-75 所示。

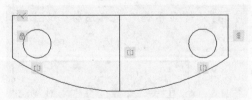

图 8-74 对称约束后的结果

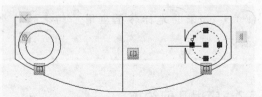

图 8-75 编辑对称约束对象的结果

2. 使用约束栏

约束栏可以显示一个或多个与图形中的对象关联的几何约束。

动手操作　使用约束栏

1　打开光盘中的"..\Example\Ch08\8.6.2b.dwg"练习文件，将鼠标悬停在某个对象上，此时可以亮显与对象关联的所有约束图标，如图 8-76 所示。

2　将鼠标悬停在约束图标上，能够以虚线亮显与该约束关联的所有对象，如图 8-77 所示。

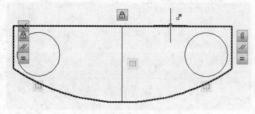
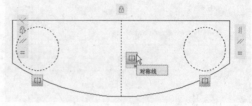

图 8-76　亮显约束图标　　　　　　　图 8-77　亮显约束对象

3　单击约束图标右下方的"×"符号，可以隐藏约束栏。

4　通过【几何】面板中的【显示】、【全部显示】和【全部隐藏】按钮，也可以控制约束栏的显示状态。

5　在约束栏上单击右键，再选择【约束栏设置】命令，即可打开【约束设置】对话框并自动切换至【几何】选项卡，在此可以为特定约束启用或禁用约束栏的显示，如图 8-78 所示。

3. 应用自动约束

可以将几何约束自动应用于选定对象或图形中的所有对象。通过此功能，可以将几何约束快速应用于可能满足约束条件的对象。

使用【约束设置】对话框可以指定以下各项：

● 应用的约束类型。
● 约束的应用顺序。
● 应计算的公差。

动手操作　自动约束对象

1　打开光盘中的"..\Example\Ch08\8.6.2c.dwg"练习文件，在【几何】面板中单击【自动约束】按钮。

2　系统提示：选择对象或 [设置(S)]，输入"S"并按 Enter 键。

3　打开【约束设置】对话框的【自动约束】选项卡，通过单击【上移】或者【下移】按钮可以设置约束的优选级。在【应用】列中单击"✔"符号，可以指定约束类型的应用状态，如图 8-79 所示。

4　单击【确定】确定，系统提示：选择对象。此时拖选要自动约束的对象，然后按 Enter 键，如图 8-80 所示。使用自动约束后的结果如图 8-81 所示。

5 如果需要删除约束，可以在【参数化】选项卡的【管理】面板中单击【删除约束】按钮，删除选择对象上的所有约束。

图 8-78 约束栏设置

图 8-79 设置自动约束选项

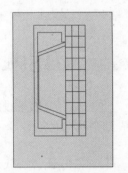

图 8-80 选择自动约束对象

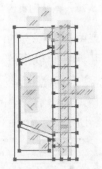

图 8-81 使用自动约束后的结果

8.6.3 应用标注约束

标注约束控制设计的大小和比例。它们可以约束以下内容：

● 对象之间或对象上的点之间的距离。
● 对象之间或对象上的点之间的角度。
● 圆弧和圆的大小。

标注约束包括"动态约束"与"注释性约束"，两种形式用途不同。可以将所有动态约束或注释性约束转换为参照约束。

1. 创建动态标注约束

默认情况下，标注约束是动态的，它们对于常规参数化图形和设计任务来说非常理想。将标注约束应用于对象时，会自动创建一个约束变量，以保留约束值。默认情况下，这些名称为指定的名称，例如 d1 或 dia1，可以在参数管理器中对其进行重命名。

动态约束具有以下特征：

● 缩小或放大时大小不变。
● 可以轻松打开或关闭。
● 以固定的标注样式显示。

- 提供有限的夹点功能。
- 打印时不显示。

动手操作 创建标注约束

1 打开光盘中的 "..\Example\Ch08\8.6.3a.dwg" 练习文件，在【参数化】选项卡的【标注】面板中单击【水平】按钮 ，捕捉如图 8-82 所示的两个约束点，指定水平约束标注的范围。

2 在标注对象上方单击指定尺寸线的位置，如图 8-83 所示。

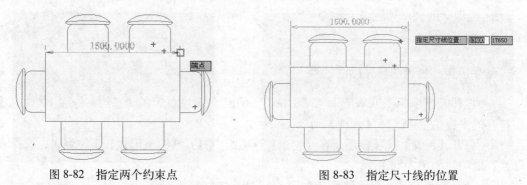

图 8-82　指定两个约束点　　　　　　　图 8-83　指定尺寸线的位置

3 在【标注】面板中单击【竖直】按钮 。然后捕捉如图 8-84 所示的两个约束点，指定竖直约束标注的范围。

4 在标注对象右方单击指定尺寸线的位置，如图 8-85 所示。

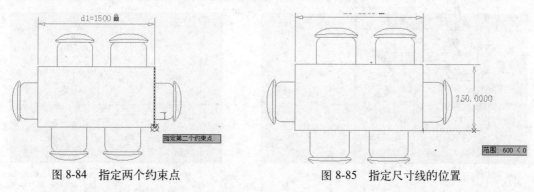

图 8-84　指定两个约束点　　　　　　　图 8-85　指定尺寸线的位置

5 在【标注】面板中单击【角度】按钮 ，然后选择第一条线和第二条线，如图 8-86 所示。

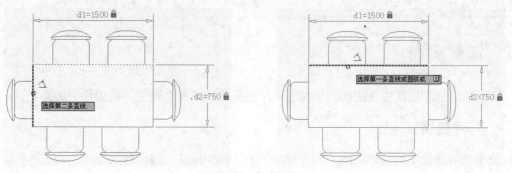

图 8-86　指定圆弧

6 拖动标注在圆形的内侧单击确定尺寸线的位置，如图 8-87 所示。

2. 创建注释性标注约束

通过【特性】选项板，可以将动态约束更改为注释性约束。如果希望标注约束具有以下特征，使用注释性约束将非常有用：

- 以当前的标注样式显示。
- 缩小或放大时大小发生变化。
- 提供全部夹点功能。
- 打印时显示。

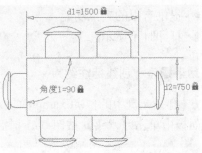

图 8-87　指定尺寸线位置后的结果

动手操作　创建注释性标注约束

1　打开光盘中的"..\Example\Ch08\8.6.3b.dwg"练习文件，在动态约束标注上单击右键，在打开的快捷菜单中选择【特性】命令。

2　打开【特性】选项板后，在【约束】选项组中打开【约束形式】下拉列表，选择【注释性】选项，如图 8-88 所示。

3　此时原来的动态标注将变成如图 8-89 所示的注释性标注。

图 8-88　变更约束形式

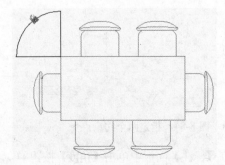

图 8-89　将动态约束变成注释性约束的结果

8.7　课堂实训

下面通过标注机械零件图和为平面图应用参数化约束两个范例，巩固学习的知识。

8.7.1　标注机械零件图

使用练习文件中已经创建的"零件样式"为其添加标注，然后修改标注样式主单位的小数分隔符，最后使用夹点调整标注数值的位置，结果如图 8-90 所示。

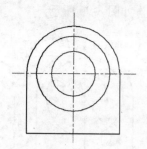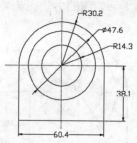

图 8-90 原图与标注后的结果

动手操作 标注机械零件图

1 打开光盘中的 "..\Example\Ch08\8.7.1.dwg" 练习文件，然后在【注释】选项卡的【标注】面板中打开【标注样式】下拉列表，再选择练习文件已经创建的【零件样式】，如图 8-91 所示。

2 在【标注】面板中单击【线性】按钮，然后捕捉 A、B 两点，指定两条延伸线原点，接着往下方拖动尺寸线并单击确定数值的位置，如图 8-92 所示。

图 8-91 选择标注样式

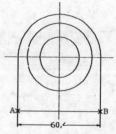

图 8-92 创建水平标注

3 按 Enter 键再次执行【线性】标注命令，捕捉 A、B 两点，标注出竖直尺寸线，如图 8-93 所示。

4 在【标注】面板中单击【标注】按钮，在打开的下拉列表中选择【直径】选项，执行【直径】命令。此时单击 A 点所在的圆形，再拖动引线，标注圆形直径，如图 8-94 所示。

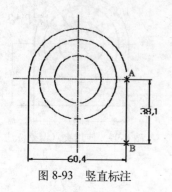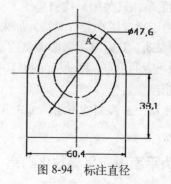

图 8-93 竖直标注

图 8-94 标注直径

5 在【标注】面板中单击【标注】按钮，在打开的下拉列表中选择【半径】选项，执行【半径】命令。此时单击 A 点所在的圆形，再拖动引线，标注圆形半径，如图 8-95 所示。

6 使用上一步骤的方法，为外侧的圆弧标注出半径，如图 8-96 所示。

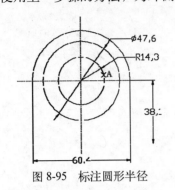

图 8-95 标注圆形半径

图 8-96 标注圆弧半径

7 在【标注】面板中单击【创建和修改标注样式】按钮，打开【标注样式管理器】对话框，然后选择【零件样式】样式，单击【修改】按钮，如图 8-97 所示。

8 在打开【修改标注样式】对话框后，先切换至【主单位】选项卡，在【线性标注】选项组中打开【小数分隔符】下拉列表，选择【"。"（句点)】选项，最后单击【确定】按钮，如图 8-98 所示。

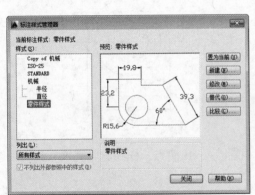

图 8-97 打开【标注样式管理器】对话框

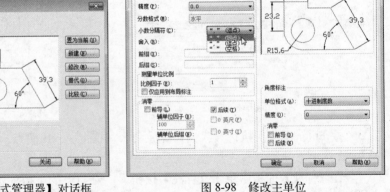

图 8-98 修改主单位

9 返回【标注样式管理器】对话框，预览效果满意后单击【关闭】按钮。

10 由于更改了小数分隔符，原来的标注位置会略有变动。此时单击需要调整位置的标注，然后拖动合适的夹点，移动标注数值的位置，如图 8-99 所示。

11 使用上一步骤的方法，编辑其他需要调整的标注。

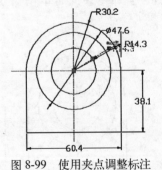

图 8-99 使用夹点调整标注

8.7.2 为平面图应用参数化约束

通过约束将如图 8-100 所示的楼房平面图修改成如图 8-101 所示的结果。本例要求左侧阳台处于中间位置，然后将两个圆弧开窗台设置成一样大小。

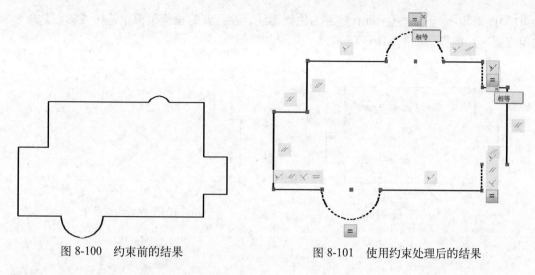

图 8-100 约束前的结果   图 8-101 使用约束处理后的结果

动手操作 为平面图应用参数化约束

1 打开光盘中的 "..\Example\Ch08\8.7.1.dwg" 练习文件，然后选择【参数化】选项卡，在【几何】面板中单击【自动约束】按钮 。系统提示：选择对象或 [设置(S)]，输入 "S" 并按 Enter 键。

2 打开【约束设置】对话框后，先关闭【同心】和【相切】两项应用，然后将其移至最底下，单击【确定】按钮，如图 8-102 所示。

3 系统提示：选择对象或 [设置(S)]，此时拖选整个图形对象，如图 8-103 所示。

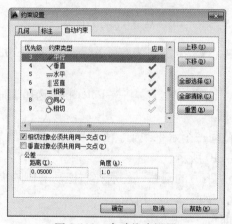

图 8-102 自动约束设置

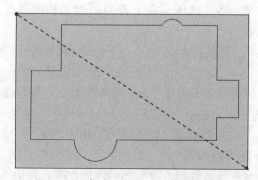

图 8-103 指定要执行自动约束的对象

4 在【几何】面板中单击【相等】按钮 ，然后依序选择右侧阳台两端的直线，如图 8-104 所示。

5 进行相等约束处理后，将鼠标悬停在约束图标上，能够以虚线亮显与该约束关联的所有对象，如图 8-105 所示。

6 使用步骤 4 的方法对两个圆弧窗台进行相等约束处理，此时两个圆弧只是半径相同，但弧长并不相等，如图 8-106 所示。

7 在【几何】面板中单击【重合】按钮 ，系统提示：选择第一个点或 [对象(O)/自动

约束(A)] <对象>。下面按住 Shift 键并右击绘图区，在打开的快捷菜单中选择【圆心】命令，启用【圆心】捕捉，如图 8-107 所示。

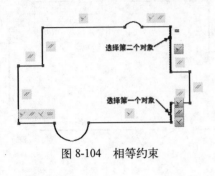

图 8-104　相等约束

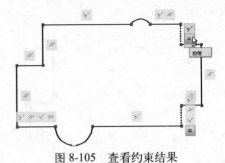

图 8-105　查看约束结果

图 8-106　相等约束后的两个圆弧

图 8-107　启用【圆心】捕捉

　　8　移动鼠标至右上方的圆弧上捕捉并单击【圆心】，指定其为第一个点，如图 8-108 所示。

　　9　系统提示选择第二个点或 [对象(O)] <对象>，下面输入 "O" 并按 Enter 键，选择【对象】选项，然后选择该圆弧左侧的直线，如图 8-109 所示。

　　10 完成上述操作后，圆弧的圆心会与直线约束在同一个水平线上。使用步骤 7 到步骤 9 的方法，对左下方的圆弧进行同样操作，结果如图 8-110 所示。

　　11 由于前面对圆弧进行了相等约束，下面选择左下方的圆弧，然后往右拖动右侧的夹点，拖大圆弧的大小，此时右上方的圆弧也随之变化，如图 8-111 所示。

　　12 当调整到合适大小后释放左键，再按 Esc 键即可。

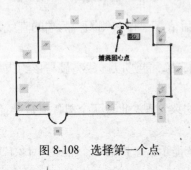

图 8-108　选择第一个点

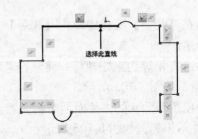

图 8-109　选择第二个对象

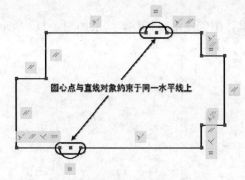

图 8-110　重合约束圆弧与直线

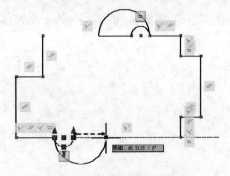

图 8-111　编辑相等约束对象的大小

8.8　本章小结

本章重点介绍了尺寸标注和参数化约束在绘图上的应用。通过本章的学习，可以掌握利用尺寸标注注释图形的大小、角度、半径等信息，以及利用参数化约束控制对象的特性的技巧。

8.9　习题

一、填充题

(1) _____也称为终止符号，用于显示在尺寸线的两端。

(2) _____是标注设置的命名集合，可用来控制标注的_____，如箭头样式、文字位置和尺寸公差等。

(3) _____可测量两条直线或 3 个点之间的角度。

(4) 弧长标注用于测量_____或_____上的距离。

(5) _____，也称为_____，它是一项用于具有约束的设计的技术。

二、选择题

(1) 以下哪种线是用于界定量度范围的直线？　　　　　　　　　　　　　　　(　　)

　　A．直线　　　　　　B．尺寸线　　　　　C．延伸线　　　　　D．约束线

(2) 打开【标注样式管理器】对话框的命令是什么？　　　　　　　　　　　　(　　)

　　A．ddedit　　　　　B．dimstyle　　　　C．delcom　　　　　D．Mirror

(3)【快速标注】功能的命令是什么？　　　　　　　　　　　　　　　　　　(　　)

　　A．dimstyle　　　　B．delcom　　　　　C．ddedit　　　　　D．qdim

(4) 用于指示尺寸方向和范围的线条的尺寸标注部件是以下哪个？　　　　　　(　　)

　　A．尺寸文字　　　　B．尺寸线　　　　　C．延伸线　　　　　D．尺寸箭头

(5) 以下哪种约束控制对象的距离、长度、角度和半径值？　　　　　　　　　(　　)

　　A．几何约束　　　　B．标注约束　　　　C．尺寸约束　　　　D．特性约束

三、操作题

使用创建基线标注的方式，为一个家居用品设计图创建基线标注，结果如图 8-112 所示。

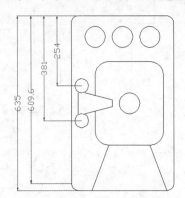

图 8-112　为设计图添加标注的结果

提示：

（1）打开光盘中的 "..\Example\Ch08\8.9.dwg" 练习文件，首先使用【线性】标注功能，捕捉设计图上下边缘上的两点，创建水平线性标注。

（2）在【标注】面板中单击【连续】按钮右侧的，在打开的下拉列表中选择【基线】选项。

（3）系统提示：指定第二条延伸线原点或[放弃(U)/选择(S)] <选择>，此时拖动光标即可牵引出基线标注，接着依序捕捉其他点，创建基线标注。

（4）按两次 Enter 键结束基线标注命令。

第 9 章   在绘图中应用块

教学提要

本章主要介绍 AutoCAD 中块的应用，包括块的基本操作、块的属性、修改和分解块以及在图形中应用动态块等。

教学重点

➢ 掌握建立与插入块等操作
➢ 了解块属性的主要作用
➢ 掌握管理块的属性的方法
➢ 了解动态块的定义和掌握使用动态块

9.1   块的操作

在手工绘图时，经常会遇到一些问题。例如，在绘制电子线路图时，需要绘制大量的电阻、电容元件，而这些元件的形状又是基本相同的，换言之，不得不进行大量重复性的工作。在其他领域也存在同样的问题，例如建筑中的门窗，管道图的阀门、接头，机械模型中的螺丝等。

对于以上这些问题，AutoCAD 提供了非常理想的解决方案，也就是将重复使用的多个对象组合在一起，定义成一个块（多对对象定义成块后，就成了一个单独的图形元件），并按指定名称保存起来，以便随时可插入到其他图形中，而不必再重新绘制。

9.1.1   创建与保存块

创建与存储块的操作比较简单。但需要注意一些事情：一是需要考虑清楚哪些对象组合成块；二是要选择适合的基点，一般基点都是使用一些特定的点，例如圆心、切点、交点等；三是如果所创建的块以后还会经常用到，则建议把它们存储到块数据库中，并将其分门别类，这样使用起来就更方便了。

> **TIPS** 块与图层的关系：由于块可能是由绘制在若干图层上的对象所组成，因此图层的信息将会保留在块中。块在插入时，每个对象在它原来的图层上绘出，只有绘制在图层 0 上的对象在插入时被绘制在当前图层上。

动手操作   创建与保存块

1   打开光盘中的 “..\Example\Ch09\9.1.1.dwg” 练习文件，选择【插入】选项卡，在【块定义】面板中单击【创建块】按钮 🖱️，打开【块定义】对话框，如图 9-1 所示。

图 9-1　创建块

2　在【对象】选项组中单击【选择对象】按钮，在绘图区中选择要创建为块的对象，按 Enter 键，如图 9-2 所示。

3　返回【块定义】对话框，输入块的名称，然后单击【拾取点】按钮，如图 9-3 所示。

4　切换到在绘图区，指定插入块时使用的基点，如图 9-4 所示。

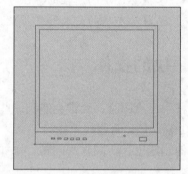

图 9-2　选择要创建块的对象

图 9-3　【块定义】对话框

图 9-4　指定块基点

5　选择块的插入基点后，将返回到【块定义】对话框，在其中设置块的单位、插入时缩放的方式、是否允许分解等，如图 9-5 所示。最后单击【确定】按钮，完成块的定义。

6　当需要储存块时，可以在命令窗口中输入"-wblock"并按 Enter 键，接着在打开的【创建图形文件】对话框中设置块储存的名称，然后单击【保存】按钮，如图 9-6 所示。

图 9-5　设置块定义选项

图 9-6　保存块对象

块的基点也就是以后插入块时的插入点，同时它也是块被插入时旋转或缩放的基准点。因此，基点的选择十分重要，必须预先考虑在图形中插入块的位置。

如果将多个对象定义成块后，在绘图窗口中选择块的任意部分，可以发现组合成块的所有对象将同时被选择，这表示这些对象已经被合并成一个单一的对象。

7　系统提示：[块=输出文件(=)/整个图形(*)] <定义新图形>，此时按 Enter 键。

8　系统提示：指定插入基点。此时在绘图区指定块的插入基点，如图 9-7 所示。

9　系统提示：选择对象，此时选择屏幕上的块并按 Enter 键，如图 9-8 所示。至此，块就储存成功，屏幕上刚储存的块将会被删除。

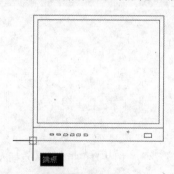

图 9-7　指定块的插入基点

图 9-8　选择块对象

为了使屏幕更加清晰明了，块在储存后将会在屏幕上删除。这时可以使用 OOPS 命令，被删除的对象将重新显示在屏幕上。

9.1.2　在图形中插入块

只要有需要的话，可以将已经定义好的块插入到任意图形中。插入块的操作，最重要的是选择插入点，以及根据实际的需要缩放、旋转块，使块可以更合适地插入到图形中。

1. 插入单个块

在一个图形中，如果需要插入多个相同的块，但这些块的插入位置没有一定的规律，此时一般是逐一插入块。

动手操作 插入单个块并对块进行旋转

1 打开光盘中的 "..\Example\Ch09\9.1.2.dwg" 练习文件，打开要插入块的图形，然后在【块】面板中单击【插入】按钮，打开【插入】对话框。

2 单击【浏览】按钮打开【选择图形文件】对话框，找到要插入的块文件，单击【打开】按钮，如图 9-9 所示。

3 返回【插入】对话框，选择【在屏幕上指定】复选框，表示设置插入块时使用的插入点直接从屏幕上指定，完成设置后单击【确定】按钮，如图 9-10 所示。

图 9-9 指定需要插入的块

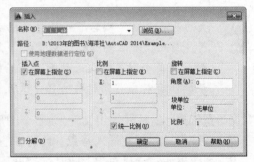

图 9-10 设置插入属性

4 在屏幕上指定块的插入点并按 Enter 键确定，这样即可将指定块插入到图形中，如图 9-11 所示。

2. 插入多个块

如果要插入多个相同的块，并且这些块在排列上有一定的规律，则可以使用 minsert 命令。此命令在插入块时可以指定插入块的行数、列数，以及行距、列距等。例如，当绘制某个教室的桌子摆放图时，由于桌子摆放具有一定的规律，就可以使用 minsert 命令。

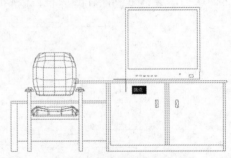

图 9-11 指定插入点插入块

下面将一个名为 "desk" 块按 6 行 4 列的规则插入到指定的图形中，介绍插入多个块的方法。

 动手操作 插入多个块

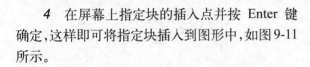

```
命令: minsert↙
输入块名或 [?]: desk↙
指定插入点或 [基点(B)/比例(S)/旋转(R)]: 100,100↙
指定比例因子 <1>:↙
指定旋转角度 <0>:↙
输入行数 (---) <1>: 6↙
输入列数 (||||) <1>: 4↙
```

输入行间距或指定单位单元（---）：100↙

指定列间距（||||）：150↙

插入多个块后的结果如图 9-12 所示。

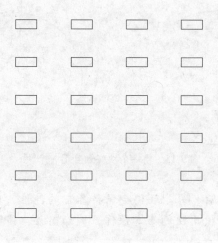

图 9-12　插入多个块

9.1.3　嵌套块

包含其他块的块参照称为嵌套块。使用嵌套块可以在几个部件外创建单个块。例如，可以将一个机械部件的装配图作为块插入，该部件包括机架、支架和紧固件，而紧固件又是由螺钉、垫片和螺母组成的块。嵌套块的唯一限制是不能插入参照自身的块。使用嵌套块可以简化复杂块定义的组织。但有一点必须注意，就是要找对插入点。

动手操作　将一个块嵌入到另一个块

1　打开光盘中的"..\Example\Ch09\9.1.3.dwg"练习文件，该文件保存了一个块图形，如图 9-13 所示。

2　在【块】面板中单击【插入】按钮，打开【插入】对话框。

3　通过单击【浏览】按钮，选择要嵌套的目标对象，然后单击【确定】按钮，如图 9-14 所示。

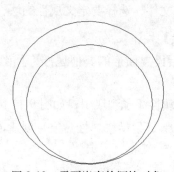

图 9-13　需要嵌套的源块对象

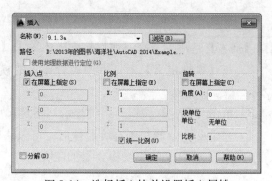

图 9-14　选择插入块并设置插入属性

4 系统提示：指定插入点或 [基点(B)/比例(S)/旋转(R)]，此时将目标块的插入基点指定到合适的位置，完成嵌套块的操作，如图 9-15 所示。

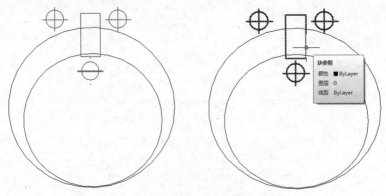

图 9-15 将一个块嵌入到另一个块

 当多个块相互嵌入后，每个块仍会保持各自的特性。在嵌入块时，如果操作未能一步到位，可以使用块的基本操作，例如缩放、移动等，使块嵌入到最适当的位置。

9.2 块的属性

每一个块都表示一种物体，这种物体也具有自己的特性。如果定义了块的属性，这些信息就可以在图形中显示出来，且每次插入相同的块时，都可以改变这些信息，或是使用默认值。

9.2.1 建立块属性

在将图形定义为块之前，可以为图形定义属性。不过需要注意，一旦此图形已经定义为块，将不可以为块再添加新的属性，只可以修改原来的属性。如果图形有多种特性，那么就需要重复建立块属性操作，为图形的每个特性建立相应的属性。

动手操作 建立块属性

1 打开光盘中的 "..\Example\Ch09\9.2.1.dwg" 练习文件，选择要定义属性的块，然后选择【插入】选项卡，在【属性】面板中单击【属性定义】按钮。

2 在【属性定义】对话框中设置显示的模式，然后设置图形的其他属性，如图 9-16 所示。

3 单击【确定】按钮，系统提示：指定起点，将块属性添加到块中，如图 9-17 所示。

4 当定义完图形的所有块属性后，可以将所有的图形（包括块属性对象）创建成块并保存起来，上述定义的属性将会附加在块中。

图 9-16　设置块属性　　　　图 9-17　将块属性添加到当前的块图形中

 定义属性显示模式时，各选项的功能说明如下。

● 不可见：选择此选项，把块插入到图形中时，属性值依然附在块上，但信息不会在块上显示出来。

● 固定：选择此选项，表示图块中所有引用都将带有相同的属性值，属性值在定义属性时被输入，但在其后的块引用过程中，没有相关该项的提示，也不能对该值进行修改。

● 验证：选择此选项后，在插入块过程中，有机会验证其属性值是否正确，并可以对其错误进行修改。

● 预设：当插入带有预置属性的块时，不要求输入属性值，而是自动填入默认值(如果未指定默认值则为空)。

● 锁定位置：锁定插入块在图形中的位置。

● 多行：允许插入多行信息的块。

9.2.2　插入带属性的块

如果是带有属性的块，在被插入时，AutoCAD 会要求输入属性相关的数据，然后此块才能被插入到图形中。在图形被插入后，其属性如果没有被隐藏，将在块上显示出来。

动手操作　插入带属性块

1　打开光盘中的"..\Example\Ch09\9.2.2a.dwg"练习文件，在【块】面板中单击【插入】按钮，单击【浏览】按钮打开【选择图形文件】对话框，找到要插入的块文件，单击【打开】按钮，如图 9-18 所示。

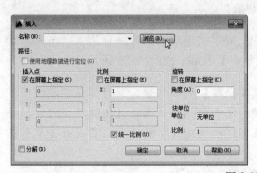 

图 9-18　插入块

2 在返回【插入】对话框后单击【确定】按钮，然后在屏幕上指定图块的插入点，将会出现输入块属性值的提示。

3 为图块每个属性输入适合的值，完成图块的插入。属性值将会在块中显示出来，如图 9-19 所示。

RAYMOND
策划主管
市场部

图 9-19　插入并显示块的属性值

9.2.3　从块属性提取数据

使用块属性最大的优点之一就是能够把图中作为属性存储的信息提取出来并汇编成表。例如，一家公司的座位表，其属性信息包括了员工的姓名、所属部门、职务等信息，如果把这些信息手工输入制成表格，这显然很费时。而且员工有时流动性较大，更新其相关的信息也不方便。在这种情况下，直接从图形中提取块属性的数据，就会让工作变得相当简单。

通过数据提取向导可以从图形中提取块属性，从而自动生成一个 xls、csv、mdb、txt 等格式的外部文件，使用 Excel 软件可以直接打开使用，也可以制作成一个 AutoCAD 表格，然后插入到图形中。

动手操作　提取块属性数据到外部文件

1 打开光盘中的 "..\Example\Ch09\9.2.3.dwg" 练习文件，然后选择【插入】选项卡，在【链接和提取】面板中单击【提取数据】按钮 🔲提取数据，打开【数据提取】对话框。

2 在【数据提取-开始】界面中选择【创建新数据提取】单选按钮，然后单击【下一步】按钮，将块属性提取到一个外部文件或 AutoCAD 表格中，如图 9-20 所示。

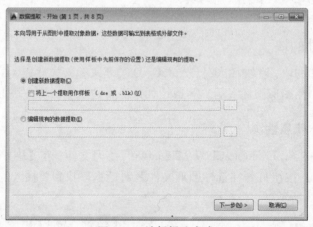

图 9-20　选择提取方式

3 在打开的【将数据提取另存为】对话框中，提示将提取的内容保存为一个格式为 dxe 的文件。可以在指定保存位置、文件名后单击【保存】按钮，如图 9-21 所示。

在提取块属性时，如果选择【创建新数据提取】单选按钮，则将根据设置向导，使用指定的设置，将块属性提取到指定的文件中。如果选择【编辑现有的数据提取】单选按钮，则使用之前保存在属性提取模板文件中的设置，可以省去不少提取向导中需要指定的设置。

图 9-21　另存提取数据文件

4 进入【数据提取-定义数据源】界面后，设置提取属性的数据源，选择【图形/图纸集】单选按钮，并选择【包括当前图形】复选框，然后单击【下一步】按钮，如图 9-22 所示。

5 进入【数据提取-选择对象】界面，在界面下方的【显示选项】选项组中选择要显示的对象类型，然后在【对象】列表中选择要提取的数据对象。在此选择【座位 1】，然后单击【下一步】按钮，如图 9-23 所示。

图 9-22　定义数据源

图 9-23　选择要提取的对象

6 在【数据提取-选择特性】界面右侧的【类别过滤器】列表框中选择【属性】选项，取消选择其余选项，接着在【特性】列表框中选择【部门】、【姓名】与【职位】三项，指定要提取的数据特性，然后单击【下一步】按钮，如图 9-24 所示。

7 在【数据提取-优化数据】界面中会显示提取属性后所生成的表格，单击【完整预览】按钮可以浏览完整的表格。如果在列名称上单击右键，可以对列的显示进行必要的修改。本例保持默认设置不变，然后单击【下一步】按钮，如图 9-25 所示。

8 在【数据提取-选择输出】界面中选择【将数据输出至外部文件】复选框，如图 9-25 所示，然后单击【浏览】按钮 ⋯，打开【另存为】对话框，指定保存位置、文件名与文件类型后单击【保存】按钮，接着返回到【数据提取-选择输出】界面，单击【下一步】按钮，如图 9-26 所示。

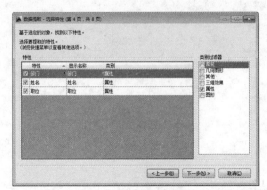

图 9-24　选择提取特性

图 9-25　优化提取数据

图 9-26　选择输出方式并指定保存位置

9 在【数据提取-完成】界面中单击【完成】按钮，完成数据提取并退出该向导，如图 9-27 所示。

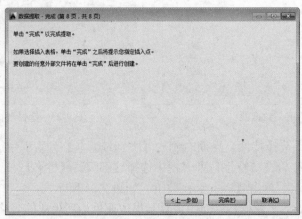

图 9-27　完成数据提取

10 由于将块属性提取到的外部文件是一个"xls"格式的文件，所以可以直接使用 Excel 软件打开浏览属性提取的效果，如图 9-28 所示。

如果将属性数据提取到 AutoCAD 表，那么这个表格可以当作是一新块，插入到原来的图形中，以作数据参考，如图 9-29 所示。

图 9-28 查看结果　　　　　　　　图 9-29 在 AutoCAD 中查看提取数据

9.3 修改与分解块

在把多个对象定义成一个块后，这些对象将组合成一个整体，而它所定义的属性也附在这个块上。当块的定义或属性设置上出现问题时，可以对其修改或者将块分解，使其恢复到定义前的状态。

9.3.1 修改块定义

一个块，主要由基点与对象两部分组成。修改块的定义，顾名思义就是要修改这个块的基点或组成的对象。例如，有时在定义块的基点时未能符合当前插入的要求，就需要修改块的定义，以便可以更好地插入块。

下面以修改块的插入基点为例，说明修改块定义的方法。

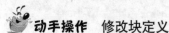

动手操作　修改块定义

1 打开光盘中的 "..\Example\Ch09\9.3.1.dwg" 练习文件，选择文件中的块对象，然后选择【修改】|【对象】|【块说明】菜单命令。

2 在打开【块定义】对话框后，单击【拾取点】按钮，此时在绘图区重新选择块的插入基点，接着设置块的名称以及其他插入方式，最后单击【确定】按钮完成块定义修改，如图 9-30 所示。

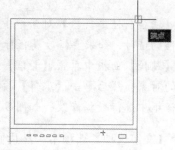

图 9-30 修改块定义

3 返回到绘图区上选择刚才修改的块，可以发现此块的插入基点已经发生改变，如图 9-31 所示。

图 9-31　修改块定义后的基点变化

9.3.2　修改块属性

当块对象中的属性需要更改时，则需要进行修改块属性的操作。

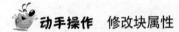

动手操作　修改块属性

1　打开光盘中的 "..\Example\Ch09\9.3.2.dwg" 练习文件，选择要修改属性的块后单击右键，在弹出的快捷菜单中选择【编辑属性】命令，打开【增强属性编辑器】对话框，如图 9-32 所示。

2　选择【属性】选项卡，然后选择要修改的属性项目并修改此属性的值，如图 9-33 所示。修改后在屏幕上可以即时浏览到修改的效果。

图 9-32　选择【编辑属性】命令

图 9-33　修改块属性

在【增强属性编辑器】对话框中，在某个属性的标签提示不可以修改，只能修改属性的值时，如果要修改属性标签或提示名字，可以使用 BATTMAN 命令，或者在【属性】面板中单击【管理】按钮，打开【块属性管理器】对话框后指定要编辑的对象，然后单击【编辑】按钮，如图 9-34 所示。接着在打开的【编辑属性】对话框中进行数据修改，如图 9-35 所示。

3　选择【文字选项】选项卡，然后修改属性值，以改变块上的显示效果，例如修改文字样式、高度、倾斜角度、旋转角度等，如图 9-36 所示。

4　选择【特性】选项卡，可以修改块属性值的显示特性，例如颜色、线型、所属图层、线宽等，最后单击【确定】按钮即可，如图 9-37 所示。

图 9-34　选择要编辑的对象

图 9-35　编辑属性数据

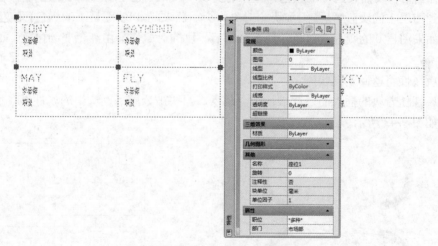

图 9-36　修改文件选项　　　　　　　图 9-37　修改块特性

　　如果想同时修改多个块属性的值。例如，当多个职员所属的部门均是"市场部"时，那么可以选择所有相关的块，然后双击块，打开【特性】选项板，此时可以在【属性】栏中同时修改多个块的某项属性值，也可以是块属性的其他显示特性，如图 9-38 所示。

图 9-38　同时修改多个块的特性

9.3.3　分解块

　　块的分解是指将块参照恢复到定义前的状态。例如，一个块由多个对象组成，那么分解后组成块的对象将会恢复原来的独立性。但需要注意的是，某个块在分解后，原来组成块的对象将可能发生变化。

　　1. 分解块

　　如同其他图形的分解一样，块的分解也是使用【分解】功能。

动手操作　分解块

1　打开光盘中的“..\Example\Ch09\9.3.3.dwg”练习文件，选择要分解的块，然后在【默认】选项卡的【修改】面板中单击【分解】按钮 📎，这样就可以将一个块分解，如图 9-39 所示。

2　在将一个块参照分解后，可以发现原来是单一对象的块，分解后将会变成多个对象，如图 9-40 所示。

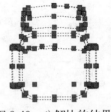

图 9-39　分解块　　　　　　　　　　图 9-40　分解块的结果

2. 分解块可能发生的变化

部分具有一定特性的块参照在分解后，将会出现一些变化。常见的变化如下。

(1) 组成块对象的颜色可能发生变化

如果原来是在颜色为白色的图层 0 上定义块(所有组成块的对象都在图层 0)，那么整个块都为白色。如果将块插入到一个颜色为红色的图层 1，那么插入后的块的颜色将会变成红色。当将插入到图层 1 的块分解后，组成块的对象将会由原来的红色(图层 1 的颜色)又变为图层 0 的颜色。如果图层 0 的颜色是白色，那么分解后，块的对象将会由红色变为白色，如图 9-41 所示。

(2) 块属性将返回定义状态

块的属性随着块的插入而一起被插入。相反，当块被分解后，块中的属性就会返回到定义状态，如图 9-42 所示。

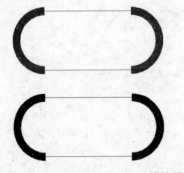

图 9-41　块分解前(上)与后(下)的结果

图 9-42　块分解前(上)与后(下)的属性变化

(3) 多段线组成的块分解以及多段线分解的区别

由多段线组成的块在分解后，将会保持原来多段线的特性，包括线宽、相切信息等，也就是说分解后，原来的图形在形状方面一般不会发生变化。如果是普通的多段线(注意这里的多段线不是指块)被分解，那么线宽、相切信息等将会发生变化。例如，原来线宽为 2 的线分解后，线宽将变成 0，如图 9-43 所示。

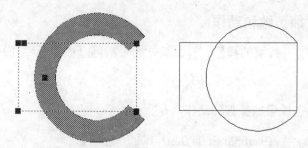

图 9-43　多段线组成的块分解效果(左)和多段线图形分解效果(右)

9.4　在图形中使用动态块

使用块可以在绘图中轻易插入相同的图形组合，减少了很多重复的工作。但在日常使用块的过程中，有时插入的块的形状是相似的，只是规格、尺寸方面有所差异。例如，在一个零件中，所使用的螺钉是相似的，只是长度有所不同。如果把每种长度的螺钉都创建成一个块，那么不但浪费磁盘空间，做起来更是耗时耗力。这时如果引入动态块，那么一切将会变得相当简单。

9.4.1　关于动态块

动态块，顾名思义就是一种会变化的块。动态块添加了动态元素，可以在插入块后，对块的动态元素进行操作，改变图形中的某些特性，例如长度、旋转角度、翻转等，通过改变这些特性，使块可以更适合插入到图形中。

例如，有长度差别的螺钉，可以为这个类型的螺钉只建立一个块，并添加动态元素。当插入图形时，如果螺钉长度不合适，则可以通过之前添加的动态元素改变螺钉的长度。

块的动态元素由参数与动作组成。参数指定块中图形的位置、距离和角度等特性；在指定参数后，动作可以根据参数决定块中图形的变化。

在定义一个块后，可以在块上单击右键，在弹出的快捷菜单中选择【块编辑器】命令，接着分别在【参数】、【动作】和【约束】选项板中指定一个块所使用的动态元素，如图 9-44 所示。

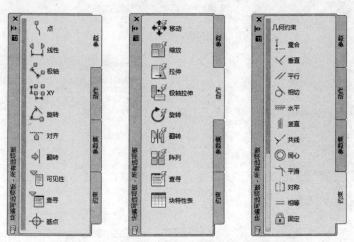

图 9-44　【参数】、【动作】和【约束】选项板

9.4.2 向动态块添加参数和动作

动态块在插入时与一般块的操作一样，只是插入后可以根据所添加的动态元素改变块的特性。

 动手操作 向动态块添加参数和动作

1 打开光盘中的 "..\Example\Ch09\9.3.1.dwg" 练习文件，选择螺丝图形的块对象并单击右键，在弹出的快捷菜单中选择【块编辑器】命令，如图 9-45 所示。

2 在【参数】选项板中选择【线性参数】选项，然后在图形上指定参数的起点与终点，最后指定标签的位置，如图 9-46 所示。

3 在刚才添加的线性参数上单击右键，然后选择【特性】命令，如果螺钉的长度增幅包括 3 个：5cm、10cm、15cm，则可以在【值集】栏中选择【距离类型】为【列表】，然后单击【值集】选项组的【距离值列表】按钮，如图 9-47 所示。

图 9-45　选择【块编辑器】命令

4 在【添加距离值】对话框中添加螺钉长度增幅的值集，然后单击【添加】按钮，如图 9-48 所示。添加距离值集最主要的功能是可以有效、准确地改变螺钉的长度。

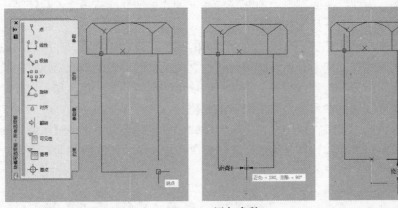

图 9-46　添加参数

图 9-47　设置距离

图 9-48　添加距离值

　　5　在【动作】选项卡中选择【拉伸】选项，然后选择与此动作配合的参数，如上面步骤添加的线性参数，如图 9-49 所示。

　　6　设置拉伸动作的第一个角度与对角点，然后选择要拉伸的对象并按 Enter 键，结果如图 9-50 所示。

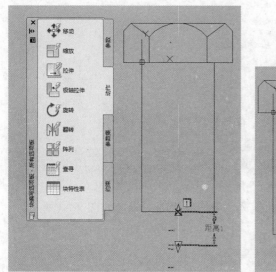

图 9-49　选择【拉伸】选项并选择参数对象

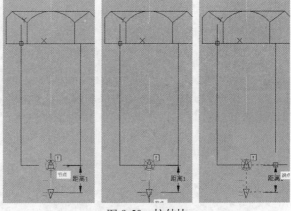

图 9-50　拉伸块

　　7　在【块编辑器】选项卡的【打开/保存】面板中单击【保存块】按钮，把添加动态元素的块保存起来，接着单击【关闭块编辑器】按钮，如图 9-51 所示。至此，向块中添加动态元素的工作已经完成，接下来将块插入到图形中即可。

图 9-51　保存块并关闭块编辑器

　　8　将定义好的动态块插入到图形中。选择动态块，可以看到已经添加动态元素的位置有两个浅蓝色的夹点，如图 9-52 所示。

　　9　由于之前已经定义了螺钉拉伸增幅的值集，所以拉伸时只能拉伸到这些值集的位置，如图 9-53 所示。

　　10　将螺钉的长度拉伸至适合的位置，其效果如图 9-54 所示。

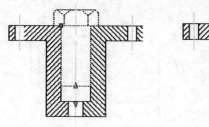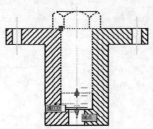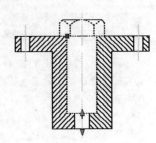

图 9-52　将动态块插入图形中　　图 9-53　拉伸到值集的位置　　图 9-54　拉伸螺钉的结果

9.4.3 向动态块添加几何约束

通过几何约束，可以保留两个对象之间的平行、垂直、相切或重合点，还可以强制使直线或一对点保持垂直或水平。此外，还可以将对象上的点固定至 WCS。

使用"AUTOCONSTRAIN"命令，可以将约束应用于已满足几何约束条件的对象，因为这些对象当前是在块定义中绘制的。

 动手操作 向动态块添加几何约束

1 打开光盘中的"..\Example\Ch09\9.3.1.dwg"练习文件，选择块并单击右键选择【块编辑器】命令，进入块编辑模式。

2 在命令窗口中输入"AUTOCONSTRAIN"命令并按 Enter 键。

3 系统提示：选择对象或 [设置(S)]，下面输入"S"并按 Enter 键。

4 打开【约束设置】对话框后，在【自动约束】选项卡中取消"同心"约束的应用，并将其移至最下方，单击【确定】按钮，如图 9-55 所示。

5 系统提示：选择对象或 [设置(S)]，下面拖选要应用约束的对象，如图 9-55 所示。

图 9-55 设置约束属性

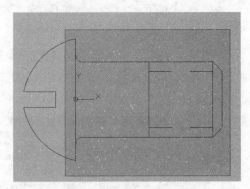

图 9-56 选择需要约束的对象

6 按 Enter 键即可出现如图 9-57 所示的自动约束结果。最后在【块编辑器】选项卡的【打开/保存】面板中单击【保存块】按钮，把添加约束后的块保存起来，接着单击【关闭块编辑器】按钮。

7 只要将鼠标移至块对象上面，即可出现约束标记，如图 9-58 所示。

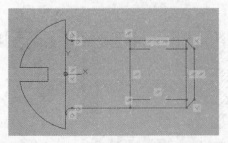

图 9-57 添加自动约束后的结果

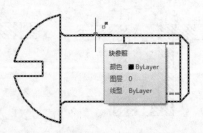

图 9-58 向动态块添加几何约束的结果

9.5　课堂实训

下面通过绘制与创建块和使用块定数/定距等分图形两个范例，巩固学习的知识。

9.5.1　绘制与创建块

使用绘图工具绘制一个液晶显示器，然后将显示器图形创建成块并将块添加到另外一个图形上，结果如图 9-59 所示。

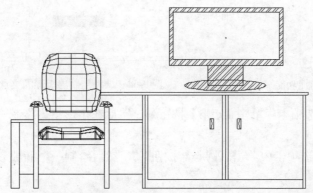

图 9-59　绘制和创建液晶显示器图形块并加入书台上的结果

动手操作　绘制与创建块

1　新建一个【无样式-公制】图形文件，然后在【默认】选项卡中单击【矩形】按钮▢，然后在绘图区上绘制一个矩形，如图 9-60 所示。

2　选择上步骤绘制的矩形，然后在【默认】选项卡中单击【复制】按钮，如图 9-61 所示。

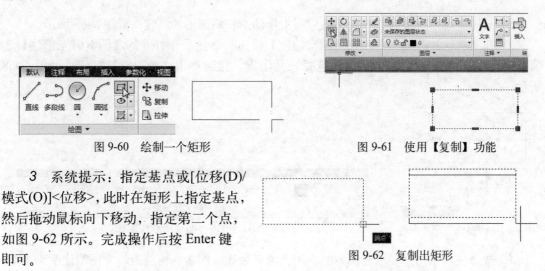

图 9-60　绘制一个矩形　　　　　　　　图 9-61　使用【复制】功能

3　系统提示：指定基点或[位移(D)/模式(O)]<位移>，此时在矩形上指定基点，然后拖动鼠标向下移动，指定第二个点，如图 9-62 所示。完成操作后按 Enter 键即可。

图 9-62　复制出矩形

4　在状态栏的【对象捕捉】按钮上单击右键，取消选择【启用】选项，如图 9-63 所示。

5　选择复制出来的矩形右上角的夹点，然后将夹点拖到原来矩形的上方。使用相同的

方法，将复制出来的矩形的左上角夹点、左右两侧的夹点适当调整位置，以扩大复制出来的矩形，制成显示器部分的图形，如图 9-64 所示。

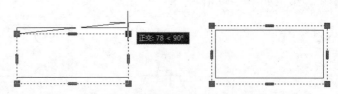

图 9-63　取消启用捕捉功能　　　　　　　图 9-64　调整复制出矩形的夹点位置

6　在【默认】选项卡中单击【矩形】按钮🔲，然后在矩形下方绘制一个矩形，如图 9-65 所示。

7　在【默认】选项卡中单击【圆心】按钮⊕，然后绘制一个椭圆形，作为显示器的底座，如图 9-66 所示。

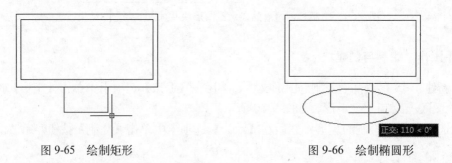

图 9-65　绘制矩形　　　　　　　　　　图 9-66　绘制椭圆形

8　选择椭圆形下边缘的夹点，然后向上拖动缩窄椭圆形的高度，如图 9-67 所示。

9　在【默认】选项卡中单击【图案填充】按钮▦，然后在打开的【图案填充创建】选项卡中设置填充类型为【图案】，再选择一种图案，接着单击【拾取点】按钮，如图 9-68 所示。

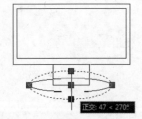

图 9-67　调整椭圆形的高度　　　　　　图 9-68　设置图案填充的属性

10　选择显示器图形要填充图案的空间，填充后选择图案，再修改填充图案比例为 100，如图 9-69 所示。

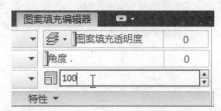

图 9-69　填充图案并修改填充图案比例

11 选择【插入】选项卡，在【块定义】面板中单击【创建块】按钮 ，打开【块定义】对话框。在【对象】选项组中单击【选择对象】按钮 ，在绘图区中选择要创建为块的对象，按 Enter 键，如图 9-70 所示。

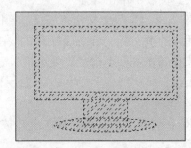

图 9-70　选择要创建成块的对象

12 返回【块定义】对话框，输入块的名称，然后单击【拾取点】按钮 ，切换到绘图区，指定插入块时使用的基点，如图 9-71 所示。

13 选择块的插入基点后，将返回到【块定义】对话框。此时设置块的单位、插入时缩放的方式、是否允许分解等，最后单击【确定】按钮完成块的定义，如图 9-72 所示。

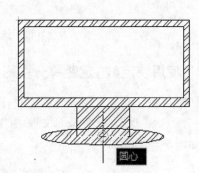

图 9-71　设置块名称和指定插入基点

14 如果要储存块，可以在命令窗口中输入"-wblock"并按 Enter 键，接着在打开的【创建图形文件】对话框中设置块储存的名称，然后单击【保存】按钮，如图 9-72 所示。

15 系统提示：[块=输出文件(=)/整个图形(*)] <定义新图形>，按 Enter 键。

16 系统提示：指定插入基点。在绘图区指定块的插入基点，如图 9-73 所示。

17 系统提示：选择对象，选择屏幕上的块并按 Enter 键，如图 9-74 所示。

图 9-72　保存块图形

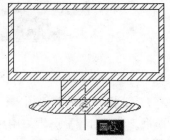

图 9-73　指定插入基点

18 打开光盘的"..\Example\Ch09\9.5.1.dwg"练习文件，在【块】面板中单击【插入】按钮，打开【插入】对话框。

19 单击【浏览】按钮打开【选择图形文件】对话框，找到要插入的块文件，单击【打开】按钮，返回【插入】对话框，选择【在屏幕上指定】复选框，表示设置插入块时使用的插入点直接从屏幕上指定，完成设置后单击【确定】按钮，如图 9-75 所示。

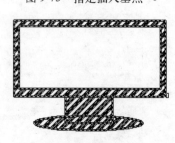

图 9-74　选择块对象

20 在屏幕上指定块的插入点并按 Enter 键确定，这样即可将指定块插入到图形中，如图 9-76 所示。

图 9-75　指定要插入块并设置选项

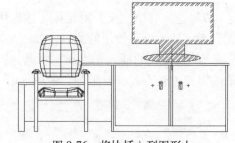

图 9-76　将块插入到图形上

9.5.2　使用块定数/定距等分图形

在定数等分或者定距等分图形时，允许插入指定的块作为等分的分隔点。下面将使用创建的"标记点"块，先对练习文件中的圆进行定数等分，然后再对条样曲线进行定距等分，结果如图 9-77 所示。

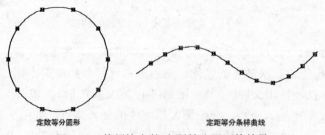

图 9-77　使用块定数/定距等分图形的结果

动手操作　**使用块定数/定距等分图形**

1　打开光盘中的 "..\Example\Ch09\9.5.2.dwg" 练习文件。

2　通过【定数等分】命令（divide）对圆形进行定数等分，其过程如下：

命令：divide↙

选择要定数等分的对象：选择圆形对象，如图 9-78 所示。

输入线段数目或 [块(B)]：b↙

输入要插入的块名：标记点↙

是否对齐块和对象？[是(Y)/否(N)] <Y>：n↙

输入线段数目：10↙

3　通过【定距等分】命令（measure）对条样曲线进行定距等分，其过程如下：

命令：_measure↙

选择要定距等分的对象：选择条样曲线对象，如图 9-79 所示。

指定线段长度或 [块(B)]：b↙

输入要插入的块名：标记点↙

是否对齐块和对象？[是(Y)/否(N)] <Y>：n↙

指定线段长度：10↙

4　完成上述操作后，最终结果如图 9-77 所示。

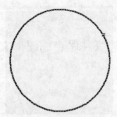

图 9-78　选择需要定数等分的对象　　　　图 9-79　选择需要定距等分的对象

9.6　本章小结

本章主要介绍块的具体操作，包括创建与插入块、块属性与块修改的操作，以及动态块在图形中的应用等内容。

9.7　习题

一、填充题

（1）保存一个已经定义好的块，可使用＿＿＿＿＿＿＿＿命令。

（2）可把块的属性值提取到＿＿＿＿＿＿和＿＿＿＿＿＿文件中。

（3）当把一个包含属性值的块分解后，这个块的属性值将会返回＿＿＿＿＿＿状态。

（4）定义一个动态块一般可分为两个步骤：添加＿＿＿＿＿＿与添加＿＿＿＿＿＿。

二、选择题

(1) 下面选项中，哪个不是定义一个块必须要完成的步骤？　　　　　　（　　）

　　A.设置块的名称　　　　　　　　　　B.设置块的缩放比例

　　C.设置块的插入基点　　　　　　　　D.选择要定义成块的所有对象

(2) 在定义块的属性时，以下选项中，哪个是错误的？　　　　　　　　（　　）

　　A.块的每一项属性，都可以设置其是否显示出来

　　B.一个块的属性包括标记、提示、值三个方面

　　C.每个属性项都可以为它设置一个默认值

　　D.一个属性值的值必须是唯一的，而且一个块所包括的属性数量也是有限制的

(3) 分解对象时，可能会出现以下哪种情况？　　　　　　　　　　　　（　　）

　　A.多段线在分解后，其线宽会变为 0

　　B.块在分解后，其颜色将会变成图层 0 的颜色

　　C.包括属性的块在分解后，其属性值将不会发生变化

　　D.A 与 B 的情况都可能发生

(4) 关于图层与块的关系，下列选项中，哪个是正确的？　　　　　　　（　　）

　　A.组成块的所有对象必须在同一图层中

　　B.图层的信息不会保留在块中

　　C.一个所有对象均处于图层 0，颜色为白色的块，将它插入一个红色的图层中，其对象颜色均变为红色

　　D.块被插入后，其组成对象的颜色将不会发生变化

三、操作题

使用绘图工具绘制如图 9-80 所示的图形，将此图形创建为块并保存成图形文件。

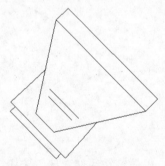

图 9-80　绘制和创建块的结果

提示：

(1) 使用绘图工具绘制出图形。

(2) 选择【插入】选项卡，在【块定义】面板中单击【创建块】按钮 ，然后通过【块定义】对话框将图形创建成块对象。

(3) 在命令窗口中输入 "-wblock" 并按 Enter 键，然后依照系统提示，将块对象保存成图形文件即可。

第 10 章　创建三维实体模型

教学提要

本章介绍在 AutoCAD 中创建三维实体模型的知识，包括三维建模基础、设置三维视图和控制 UCS、创建三维实体图元、创建多段体、从直线和曲线构造实体和曲面，以及创建网格模型等。

教学重点

- ➢ 了解三维建模的基础知识和掌握设置三维视图的方法
- ➢ 掌握创建各种三维视图图元的方法
- ➢ 掌握创建多段体的方法和技巧
- ➢ 掌握创建从直线和曲线构造实体或曲面的方法
- ➢ 掌握创建各种三维网格图元的方法

10.1　三维建模的基础

AutoCAD 2014 提供了强大的三维绘图功能，可以从头开始或从现有对象创建三维实体和曲面，然后可以结合这些实体和曲面来创建各种实体模型，这就是常说的三维建模。通过使用三维建模，可以创建实体、线框和网格模型，实现各种行业的三维设计需求。

10.1.1　三维建模概述

在 AutoCAD 2014 中，可以创建新三维实体和曲面，或扫掠、合并和修改现有对象。或者可以创建对象或将对象转换为网格以获取增强的平滑化和锐化功能，也可以使用模拟曲面（三维厚度）或线框模型来表示三维对象。

1. 实体模型

实体模型是具有质量、体积、重心和惯性矩等特性的三维表示，如图 10-1 所示。

惯性矩是一个质量特性，在计算分布载荷（例如计算一块板上的流体压力）或计算曲梁内部应力时将要用到这个值。

可以将实体模型用作模型的构造块，例如，从图元实体（例如圆锥体、长方体、圆柱体和棱锥体）开始创建，同时通过绘制自定义的多段体拉伸或使用各种扫掠操作来创建形状与指定的路径相符的实体，然后通过修改或重新组合对象以创建新的实体形状。

2. 曲面模型

曲面模型表示与三维对象的形状相对应的无限薄壳体，如图 10-2 所示。可以使用某些用于实体模型的相同工具来创建曲面模型。例如，可以使用扫掠、放样和旋转来创建曲面模型。

曲面模型与实体模型的区别在于曲面模型是开放模型，而实体模型是闭合模型。

图 10-1　实体模型

图 10-2　曲面模型

3. 网格模型

网格模型由使用多边形表示（包括三角形和四边形）来定义三维形状的顶点、边和面组成，如图 10-3 所示。

与实体模型不同，网格模型的网格没有质量特性。但是，与三维实体一样，从 AutoCAD 2014 开始，可以创建诸如长方体、圆锥体和棱锥体等图元网格形式，然后可以通过不适用于三维实体或曲面的方法来修改网格模型。例如，可以应用锐化、拆分以及增加平滑度，也可以拖动网格子对象（面、边和顶点）使对象变形，如图 10-4 所示。

图 10-3　网格模型

图 10-4　修改网络模型

10.1.2　三维中的用户坐标系

如果要有效地进行三维建模，必须控制用户坐标系。在三维空间中工作时，用户坐标系对于输入坐标、在二维工作平面上创建三维对象以及在三维空间中旋转对象都很有用。

在 AutoCAD 中，三维坐标系由 3 个通过同一点且彼此成 90° 角的坐标轴组成，这 3 个坐标轴称为 X 轴、Y 轴和 Z 轴。其中，三条坐标轴的交点就是坐标系的原点，即各个坐标轴的坐标零点。从坐标系原点出发，向坐标轴正方向延伸的点用正坐标值作为度量，而向坐标轴负方向的点则用负坐标值作为度量，如图 10-5 所示。因此，当对象处于三维空间中时，构成对象的任意一点的位置都可以使用三维坐标（x,y,z）来表示。

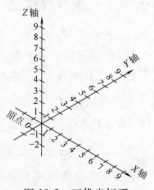

图 10-5　三维坐标系

在 AutoCAD 中有两个坐标系，其中一个是世界坐标系(WCS)；另一个则是用户坐标系(UCS)。在 AutoCAD 的每个图形文件中，都包含一个唯一的、固定不变的、不可删除的基本三维坐标系，这个坐标系被称为世界坐标系；而用户坐标系是可以由用户自行定义的一种坐标系，这种坐标系是可移动的。

1. 通过设置 UCS 简化工作

在三维环境中创建或修改对象时，可以在三维模型空间中移动和重新定向 UCS 以简化工作。其中，UCS 的 XY 平面称为工作平面。

在三维环境中，基于 UCS 的位置和方向对对象进行的重要操作包括：

(1) 建立要在其中创建和修改对象的工作平面。

(2) 建立包含栅格显示和栅格捕捉的工作平面。

(3) 建立对象在三维中要绕其旋转的新 UCS Z 轴。

(4) 确定正交模式、极轴追踪和对象捕捉追踪的上下方向、水平方向和垂直方向。

(5) 使用 PLAN 命令可以将三维视图直接定义在工作平面中。

2. 应用右手定则

在三维坐标系中，3 个坐标轴的正方向可以根据右手定则确定。具体方法是将右手手背靠近屏幕放置，大拇指指向 X 轴的正方向。接着伸出食指和中指，食指指向 Y 轴的正方向，而中指则指向 Z 轴的正方向，如图 10-6 所示。通过旋转手，可以看到 X、Y 和 Z 轴随着 UCS 的改变而旋转了。

另外，还可以使用右手定则确定三维空间中绕坐标轴旋转的默认正方向。具体的方法是将右手拇指指向轴的正方向，卷曲其余四指，此时右手四指所指示的方向即轴的正旋转方向，如图 10-7 所示。

 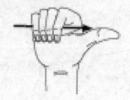

图 10-6　右手定则确定三维坐标轴方向　　　　图 10-7　右手定则确定绕坐标轴旋转的正方向

 默认情况下，在三维中指定视图时，该视图将相对于固定的 WCS 而不是可移动的 UCS 建立。

10.1.3　三维坐标的形式

在三维空间中创建对象时，可以使用笛卡尔坐标、柱坐标或球坐标定位点。

笛卡尔坐标、柱坐标或球坐标都是对三维坐标系的一种描述，其区别是度量的形式不同。这 3 种坐标形式之间是相互等效的。也就是说，AutoCAD 三维空间中的任意一点，可以分别使用笛卡尔坐标、柱坐标或球坐标来表示。

1. 三维笛卡尔坐标

三维笛卡尔坐标通过使用三个坐标值来指定精确的位置：X、Y 和 Z。输入三维笛卡尔坐标值(X,Y,Z)类似于输入二维坐标值 (X,Y)。除了指定 X 和 Y 值以外，还需要使用 (X,Y,Z) 的格式指定 Z 值，如图 10-8 所示。

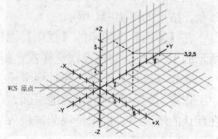

图 10-8　三维笛卡尔坐标形式

2. 三维柱坐标

三维柱坐标通过 XY 平面中与 UCS 原点之间的距离、XY 平面中与 X 轴的角度以及 Z 值来描述精确的位置。

柱坐标输入相当于三维空间中的二维极坐标输入。它在垂直于 XY 平面的轴上指定另一个坐标。柱坐标通过定义某点在 X 平面中距 UCS 原点的距离，在 XY 平面中与 X 轴所成的角度以及 Z 值来定位该点，如图 10-9 所示。柱坐标指定使用绝对柱坐标的点使用的语法是：*X<[与 X 轴所成的角度],Z*。

如果需要基于上一点坐标来定义点，则可以输入带有@符号的相对柱坐标值。例如，坐标(@4<60,5)表示在 XY 平面中距上一输入点 4 个单位、与 X 轴正向成 60°角、在 Z 轴方向 5 个单位的点。

3. 三维球坐标

三维球坐标通过指定某个位置距当前 UCS 原点的距离、在 XY 平面中与 X 轴所成的角度以及与 XY 平面所成的角度来指定该位置，如图 10-10 所示。

三维中的球坐标输入与二维中的极坐标输入类似。通过指定某点距当前 UCS 原点的距离、与 X 轴所成的角度（在 XY 平面中）以及与 XY 平面所成的角度来定位点，每个角度前面加了一个左尖括号（<），如以下格式所示：X<[与 X 轴所成的角度]<[与 XY 平面所成的角度]。

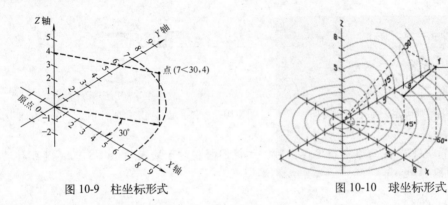

图 10-9　柱坐标形式　　　　图 10-10　球坐标形式

10.1.4　三维建模工作空间

AutoCAD 2014 提供了专用于三维建模的工作空间，与【草图与注释】工作空间相似，此空间在界面的右侧也预置了与三维操作相关的选项卡和面板。

在状态栏单击【切换工作空间】按钮，在打开的快捷菜单中选择【三维建模】命令，结果如图 10-11 所示。

在【常用】选项卡的【视图】面板中打开【视觉样式】下拉列表，可以显示如图 10-12 所示的 10 种默认的预设视觉样式，新建的文件默认为【二维线框】视觉样式。

选择【线框】选项，此时视觉模式由"地平面"、"天空"和"地面下"三部分组成，其中工作空间的平面网格代表地平面，在垂直方向中，向上的表示天空，向下的表示地面下。在默认的情况下，视图呈现为俯视效果。通过调整三维导航器，可以变换不同的视觉效果，如图 10-13 所示。

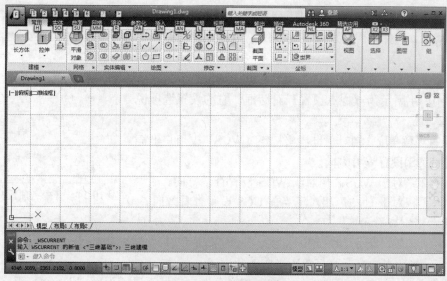

图 10-11　三维建模空间

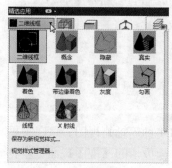

图 10-12　视觉样式

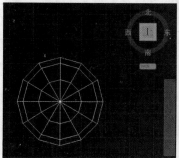

图 10-13　【线框】视觉模式

在默认状态下显示如图 10-13 所示的平面网格效果，如果想要隐藏网格，可以在状态栏单击启用【栅格显示】按钮▦。

10.2　设置三维视图和控制 UCS

在 AutoCAD 2014 中，可以在当前视口中创建图形的交互式视图，即三维视图。通过使用三维观察和导航工具，可以在图形中导航、为指定视图设置相机以及创建动画，以便与其他人共享设计，同时可以围绕三维模型进行动态观察、回旋、漫游和飞行，设置相机，创建预览动画以及录制运动路径动画。

10.2.1　设置三维视点

在 AutoCAD 中，视点是指三维空间中观察三维模型的位置，相当于人的眼睛所在的位置，而从视点到观察对象的目标点之间的连线则可以看作表示观察方向的视线。视点预置就是通过设置视线在 UCS 中的角度来确定三维视图的观察方向。

打开【视点预置】对话框有以下两种方法。

(1) 菜单：选择【视图】|【三维视图】|【视点预设】菜单命令。

(2) 命令窗口：在命令窗口中输入"ddvpoint"命令。

如图 10-14 所示为【视点预置】对话框，它的设置选项说明如下。

- **设置观察角度**：相对于世界坐标系（WCS）或用户坐标系(UCS)设置查看方向。

  ➤ 绝对于 WCS：相对于 WCS 设置查看方向。

  ➤ 相对于 UCS：相对于当前 UCS 设置查看方向。

- **自**：指定查看角度。

  ➤ X 轴：指定与 X 轴的角度。

  ➤ XY 平面：指定与 XY 平面的角度。

- **设置为平面视图**：设置查看角度以相对于选定坐标系显示平面视图（XY 平面）。

图 10-14 【视点预置】对话框

除了直接在文本框中输入数值确定视点角度外，还可以使用样例图像来指定查看角度。其中黑针指示新角度，灰针指示当前角度，可以通过选择圆或半圆的内部区域来指定一个角度。

10.2.2 选择三维视图

AutoCAD 2014 预置了多种三维视图，包括 6 种正交视图和 4 种等轴测视图。可以根据这些标准视图的名称直接调用，无需自行定义。只要在【视图】选项卡的【视图】面板中打开【视图】列表，即可选择任意一种三维视图。

如果要理解不同三维视图的表现方式，可以用一个立方体代表处于三维空间的对象，那么各种视图的观察方向如图 10-15 所示。

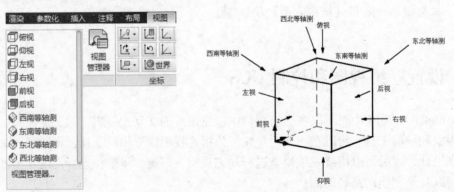

图 10-15 三维视图观察方向

10.2.3 设置三维视点

在 AutoCAD 中，可以直接指定视点的坐标或动态显示并设置视点。

动手操作　设置三维视点

1　选择【视图】|【三维视图】|【视点】菜单命令。

2　绘图区上显示一个坐标球和三轴架，移动坐标球中的小十字标记即可设置视点的方向，如图 10-16 所示。

坐标球是一个展开的球体，中心点是北极(0,0,n)，内环是赤道(n,n,0)，整个外环是南极(0,0,–n)。坐标球中的小十字标记表示视点的方向，在移动小十字标记时，三轴架随着改变。

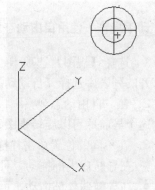

- 如果小十字标记定位在坐标球的中心，则视线和 XY 平面垂直，这个就是平面视图。
- 如果小十字标记定位在内圆中，则视线和 XY 平面的夹角范围在 0°～90°。

图 10-16　坐标球和三轴架

- 如果小十字标记定位在内圆上，则视线与 XY 平面成 0°角，这就是正视图。
- 如果小十字标记在内圆与外圆之间，那么视线和 XY 平面的角度范围在 0°～–90°。
- 如果小十字标记在外圆上或外圆外，则视线与 XY 平面的角度为–90°。

10.2.4　三维空间的动态观察

在创建三维对象时，可以通过 UCS 来绘图，而在编辑三维模型的过程中，还可以使用不同的方式观察三维空间。通过使用三维观察工具，可以从不同的角度、高度和距离查看图形中的对象。

1. 受约束的动态观察

受约束的动态观察是指沿 XY 平面或 Z 轴约束的三维动态观察。

动手操作　使用受约束动态观察

1　选择【视图】选项卡，在【导航】面板中单击【动态观察】按钮 ⚓。

2　当应用受约束的动态观察时，绘图区出现 ✪ 图标，此时用户只要在绘图区中拖动此图标，即可动态地观察对象。

3　如图 10-17 所示的立方体对象是未拖动时的视图效果，只要往左拖动后，即可换成如图 10-18 所示的结果。

4　当观察完毕后，可以按 Esc 键或按 Enter 键退出。

图 10-17　观察前的立方体

图 10-18　拖动调整视图的结果

2. 自由动态观察

自由动态观察是指不参照平面，在任意方向上进行动态观察。在沿 XY 平面和 Z 轴进行动态观察时，视点是不受约束的。

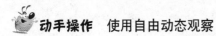 **动手操作　使用自由动态观察**

1 选择【视图】选项卡，在【导航】面板中单击【动态观察】按钮右侧的·按钮，在打开的列表中选择【自动动态观察】选项。

2 在"自由动态观察"状态下，视图会显示一个导航球，它被更小的圆分成 4 个区域，拖动这个导航球可以旋转视图，如图 10-19 所示。

3 在不同的位置单击并拖动，旋转的效果也不同。

● 在导航球内部拖动，可以随意旋转视图。
● 在导航球外部拖动，可以绕垂直于屏幕的轴转动视图。
● 在导航球左侧或右侧的小圆内部单击并拖动，可以绕通过导航球中心的垂直轴旋转视图。
● 在导航球顶部或底部小圆内部单击并拖动，可以绕通过导航球中心的水平轴旋转视图。

4 观察完毕后，可以按 Esc 键或按 Enter 键退出。

3. 连续动态观察

连续动态观察模式可以使系统自动进行连续动态观察。

动手操作　连续动态观察对象

1 在【导航】面板中单击【动态观察】按钮右侧的·按钮，在打开的列表中选择【连续动态观察】选项。

2 在对象上拖动出一条运动轨迹，使对象沿此路径不停地转动，如图 10-20 所示。

3 当对象运动至合适视点时，单击画面使对象停止运动并退出此次的连续动态观察。

4 在连续动态观察移动的方向上单击并拖动，使对象沿正在拖动的方向开始移动。

5 当观察完毕后，可以按 Esc 键或按 Enter 键退出。

图 10-19　使用【自由动态观察】工具查看对象　　图 10-20　使用【连续动态观察】工具查看对象

10.2.5　使用 ViewCube 工具

ViewCube 工具是一种可单击、可拖动且常驻界面的导航工具，可以使用它在模型的标准视图和等轴测视图之间进行切换。在【三维建模】工作空间中，显示 ViewCube 工具后，将在窗口一角以不活动状态显示在模型上方。

尽管 ViewCube 工具处于不活动状态，但在视图发生更改时仍可以提供有关模型当前视点的直观反映。可以切换至其中一个可用的预设视图，滚动当前视图或更改至模型的主视图，如图 10-21 所示。

指南针显示在 ViewCube 工具的下方并指示为模型定义的北向。可以单击指南针上的基本方向字母以旋转模型，也可以单击并拖动其中一个基本方向字母或指南针圆环以绕视图中心以交互方式旋转模型，如图 10-22 所示。

图 10-21　ViewCube 工具　　　　　　　　图 10-22　指南针

10.3　创建三维实体图元

三维实体对象表示整个对象的体积，在各种三维建模方式中，实体的信息最完整，歧义最少，所以也是最容易构造和编辑的一种模型。

10.3.1　三维实体图元概述

在 AutoCAD 中，可以创建多种基本三维形状（称为实体图元），包括长方体、圆锥体、圆柱体、球体、楔体、棱锥体和圆环体等，如图 10-23 所示。通过组合图元形状，可以创建更加复杂的实体。例如，可以合并两个实体，从另一个实体中减去一个实体，也可以基于体积的相交部分创建形状。

在 AutoCAD 中，可以通过以下任意一种方法从现有对象创建三维实体模型，如图 10-24 所示。

- 扫掠：沿某个路径延伸二维对象。
- 拉伸：沿垂直方向将二维对象的形状延伸到三维空间。
- 旋转：绕轴扫掠二维对象。
- 放样：在一个或多个开放或闭合对象之间延伸形状的轮廓。
- 剖切：将一个实体对象分为两个独立的三维对象。
- 转换：将具有一定厚度的网格对象和平面对象转换为实体和曲面。

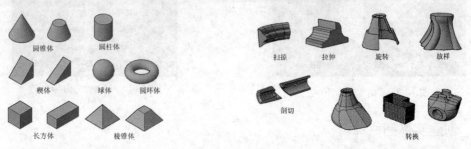

图 10-23　三维实体图元　　　　　　图 10-24　从现有对象创建三维实体模型

10.3.2 创建实心长方体

在创建实心长方体时，可以始终将长方体的底面绘制为与当前 UCS 的 XY 平面（【三维建模】视图中的地平面）平行。

动手操作 创建实心长方体

1 创建一个公制新文件，然后在【常用】选项卡的【视图】面板中设置视图的视觉样式为【概念】（本节所有绘图的视觉样式都使用该样式），如图 10-25 所示。

2 为了方便绘图时更形象地查看实体图元的效果，在绘图前先通过 ViewCube 工具调整视图方向，使视图中的 Z 轴指向竖直面，如图 10-26 所示。

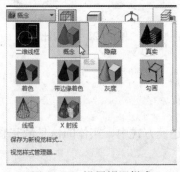

图 10-25 设置视图样式

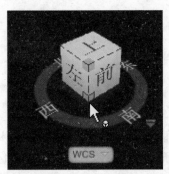

图 10-26 调整视图方向

3 在【常用】选项卡的【建模】面板中单击【长方体】按钮 ▢ 。

4 系统提示：指定第一个角点或[中心(C)]，可以在绘图区中单击或者输入数值确定第一个角点。

5 系统提示：指定其他角点或[立方体(C)/长度(L)]，在绘图区中单击确定其他角点，如图 10-27 所示。

6 系统提示：指定高度或[两点(2P)]，此时在绘图区中移动光标拉出长方体高度后单击即可，如图 10-28 所示。如果沿 Z 轴正方向移动将设置长方体高度为正值；如果沿 Z 轴负方向移动将设置长方体高度为负值。

图 10-27 指定两个角点

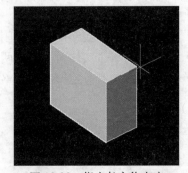

图 10-28 指定长方体高度

10.3.3 创建实体圆柱体

在 AutoCAD 中，可以创建以圆或椭圆为底面的实体圆柱体。

1. 创建以圆为底面的实体圆柱体

动手操作　创建以圆为底面的实体圆柱体

1　创建一个公制新文件，然后在【常用】选项卡的【视图】面板中设置视图的视觉样式为【概念】，通过 ViewCube 工具调整视图方向，使视图中的 Z 轴指向竖直面。

2　选择【常用】选项卡，在【建模】面板中打开【创建三维实体】下拉列表，选择【圆柱体】 ▣ 。

3　系统提示：指定底面的中心点或[三点(3P)/两点(2P)/切点、切点、半径(T)/椭圆(E)]，此时可以在绘图区中单击或输入数值确定中心点。

4　系统提示：指定底面半径或[直径(D)]，在绘图区中单击或输入数值确定球体半径，如图 10-29 所示。

5　系统提示：指定高度或[两点(2P)/轴端点(A)]，此时在绘图区移动光标拉出圆柱体高度后单击即可，如图 10-30 所示。

图 10-29　确定圆柱体底面

图 10-30　拉出圆柱体高度

2. 创建以椭圆为底面的实体圆柱体

动手操作　创建以椭圆为底面的实体圆柱体

1　创建一个公制新文件，然后在【常用】选项卡的【视图】面板中设置视图的视觉样式为【概念】，通过 ViewCube 工具调整视图方向，使视图中的 Z 轴指向竖直面。

2　选择【常用】选项卡，在【建模】面板中打开【创建三维实体】下拉列表，选择【圆柱体】 ▣ 。

3　系统提示：指定底面的中心点或[三点(3P)/两点(2P)/切点、切点、半径(T)/椭圆(E)]，输入 "E" 并按 Enter 键。

4　系统提示：指定第一个轴的端点或[中心(C)]，在绘图区中单击或输入数值确定第一个轴的端点。

5　系统提示：指定第一个轴的其他端点，在绘图区中单击或输入数值确定第一个轴的其他端点，如图 10-31 所示。

6　系统提示：指定第二个轴的端点，在绘图区中单击或输入数值确定第二个轴的端点，如图 10-32 所示。

图 10-31　指定第一个轴的端点

图 10-32　指定第二个轴的端点

7 系统提示：指定高度或[两点(2P)/轴端点(A)]，在绘图区移动光标拉出圆柱体的高度后单击，如图 10-33 所示。创建以椭圆为底面的实体圆柱体的结果如图 10-34 所示。

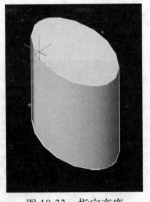

图 10-33　指定高度

图 10-34　绘图的结果

3. 创建由轴端点指定高度和方向的实体圆柱体

动手操作　创建由轴端点指定高度和方向的实体圆柱体

1 创建一个公制新文件，然后在【常用】选项卡的【视图】面板中设置视图的视觉样式为【概念】，通过 ViewCube 工具调整视图方向，使视图中的 Z 轴指向竖直面。

2 选择【常用】选项卡，在【建模】面板中打开【创建三维实体】下拉列表，选择【圆柱体】 。

3 系统提示：指定底面的中心点或[三点(3P)/两点(2P)/切点、切点、半径(T)/椭圆(E)]，可以在绘图区中单击或输入数值确定底面的中心点。

4 系统提示：指定底面半径或[直径(D)]，在绘图区中移动光标拉出圆柱体底面半径，如图 10-35 所示。

5 系统提示：指定高度或[两点(2P)/轴端点(A)]，输入 "A"，然后按 Enter 键。

6 系统提示：指定轴端点，在绘图区中单击或输入数值确定轴端点即可，如图 10-36 所示。绘图后的结果如图 10-37 所示。

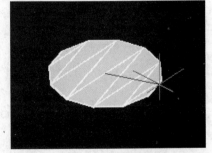

图 10-35　指定底面半径

图 10-36 指点轴端点

图 10-37 绘图的结果

10.3.4 创建实体圆锥体

在创建圆锥体图元时，可以以圆或椭圆为底面，然后将底面逐渐缩小到一点来创建圆锥体。另外，也可以通过逐渐缩小到与底面平行的圆或椭圆平面来创建圆台。

1. 以圆作底面创建圆锥体

动手操作 以圆作底面创建圆锥体

1 创建一个公制新文件，然后在【常用】选项卡的【视图】面板中设置视图的视觉样式为【概念】，通过 ViewCube 工具调整视图方向，使视图中的 Z 轴指向竖直面。

2 选择【常用】选项卡，在【建模】面板中打开【创建三维实体】下拉列表，选择【圆锥体】◁。

3 系统提示：指定底面的中心点或[三点(3P)/两点(2P)/切点、切点、半径(T)/椭圆(E)]，可以在绘图区中单击或者输入数值确定底面中心点。

4 系统提示：指定底面半径或[直径(D)]，在绘图区移动光标拉出圆锥体底面半径，如图 10-38 所示。

5 系统提示：指定高度或[两点(2P)/轴端点(A)/顶面半径(T)]，在绘图区移动光标拉出圆锥体的高度后单击即可，如图 10-39 所示。同样，沿 Z 轴正方向移动将设置圆锥体高度为正值；沿 Z 轴负方向移动将设置圆锥体高度为负值。

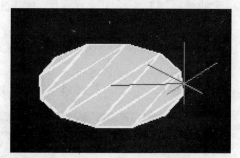

图 10-38 指定底面半径

图 10-39 指定高度

2. 以椭圆作底面创建圆锥体

动手操作 以椭圆作底面创建圆锥体

1 创建一个公制新文件，然后在【常用】选项卡的【视图】面板中设置视图的视觉样式为【概念】，通过 ViewCube 工具调整视图方向，使视图中的 Z 轴指向竖直面。

2 选择【常用】选项卡，在【建模】面板中打开【创建三维实体】下拉列表，选择【圆锥体】。

3 系统提示：指定底面的中心点或[三点(3P)/两点(2P)/切点、切点、半径(T)/椭圆(E)]，输入 "E" 并按 Enter 键。

4 系统提示：指定第一个轴的端点或[中心(C)]，在绘图区中单击或者输入数值确定第一个轴的端点。

5 系统提示：指定第一个轴的其他端点，在绘图区中单击或输入数值确定第一个轴的其他端点，如图 10-40 所示。

6 系统提示：指定第二个轴的端点，在绘图区中单击或输入数值确定第二个轴的端点，如图 10-41 所示。

图 10-40　指定第一个轴的其他端点

7 系统提示：指定高度或[两点(2P)/轴端点(A)/顶面半径(T)]，在绘图区移动光标拉出圆锥体的高度后单击即可，如图 10-42 所示。

图 10-41　指定第二个轴的端点

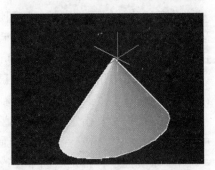

图 10-42　指定高度后创建圆锥体

3. 创建实体圆台

动手操作　创建实体圆台

1 创建一个公制新文件，然后在【常用】选项卡的【视图】面板中设置视图的视觉样式为【概念】，通过 ViewCube 工具调整视图方向，使视图中的 Z 轴指向竖直面。

2 选择【常用】选项卡，在【建模】面板中打开【创建三维实体】下拉列表，选择【圆锥体】。

3 系统提示：指定底面的中心点或[三点(3P)/两点(2P)/切点、切点、半径(T)/椭圆(E)]，可以在绘图区中单击或者输入数值确定底面中心点。

4 系统提示：指定底面半径或[直径(D)]，在绘图区移动光标拉出圆锥体底面半径，如图 10-43 所示。

5 系统提示：指定高度或[两点(2P)/轴端点(A)/顶面半径(T)]，输入 "T" 并按 Enter 键。

6 系统提示：指定顶面半径，在绘图区中单击或输入数值确定顶面半径，如图 10-44 所示。

图 10-43　指定底面半径

7 系统提示：指定高度或[两点(2P)/轴端点(A)]，在绘图区中单击或输入数值确定圆台体高度即可，如图 10-45 所示。

图 10-44　指定顶面半径

图 10-45　指定高度即可创建实体圆台

4. 创建由轴端点指定高度和方向的实体圆锥体

动手操作　创建由轴端点指定高度和方向的实体圆锥体

1　创建一个公制新文件，然后在【常用】选项卡的【视图】面板中设置视图的视觉样式为【概念】，通过 ViewCube 工具调整视图方向，使视图中的 Z 轴指向竖直面。

2　选择【常用】选项卡，在【建模】面板中打开【创建三维实体】下拉列表，选择【圆锥体】 ⬙ 。

3　系统提示：指定底面的中心点或[三点(3P)/两点(2P)/切点、切点、半径(T)/椭圆(E)]，可以在绘图区中单击或输入数值确定底面中心点。

4　系统提示：指定底面半径或[直径(D)]，在绘图区移动光标拉出圆锥体底面半径，如图 10-46 所示。

5　系统提示：指定高度或[两点(2P)/轴端点(A)/顶面半径(T)]，输入"A"然后按 Enter 键。

6　系统提示：指定轴端点，在绘图区中单击或输入数值确定轴端点即可，如图 10-47 所示。

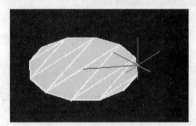
图 10-46　指定底面半径

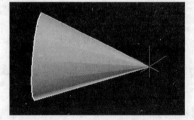
图 10-47　指定轴端点

5. 由圆锥体修改成圆台实体

动手操作　由圆锥体修改成圆台实体

1　创建一个公制新文件，然后在【常用】选项卡的【视图】面板中设置视图的视觉样式为【概念】，通过 ViewCube 工具调整视图方向，使视图中的 Z 轴指向竖直面。

2　在绘图区中创建一个圆锥体。

3　将光标移到圆锥体上单击，选择该圆锥体。

4　当实体出现蓝色的控制点后，在圆锥体顶点上的外向控制点上单击，并向外移动光标，拉伸实体生成圆台造型，如图 10-48 所示。

图 10-48　将圆锥体修改成圆台实体

10.3.5　创建实体球体

在创建实体球体图元时，可以在指定中心点后，放置球体使其中心轴平行于当前用户坐标系（UCS）的 Z 轴。

1. 指定中点和半径创建球体

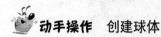　**动手操作　创建球体**

1　创建一个公制新文件，然后在【常用】选项卡的【视图】面板中设置视图的视觉样式为【概念】，通过 ViewCube 工具调整视图方向，使视图中的 Z 轴指向竖直面。

2　选择【常用】选项卡，在【建模】面板中打开【创建三维实体】下拉列表，选择【球体】◎。

3　系统提示：指定中心点或[三点(3P)/两点(2P)/切点、切点、半径(T)]，可以在绘图区中单击或输入数值确定中心点。

4　系统提示：指定半径或[直径(D)]，在绘图区中单击或输入数值确定球体半径即可，如图 10-49 所示。

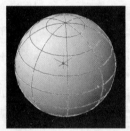

图 10-49　创建球体

2. 3 个点定义的实体球体

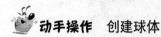　**动手操作　创建 3 个点定义的实体球体**

1　创建一个公制新文件，然后在【常用】选项卡的【视图】面板中设置视图的视觉样式为【概念】，通过 ViewCube 工具调整视图方向，使视图中的 Z 轴指向竖直面。

2　选择【常用】选项卡，在【建模】面板中打开【创建三维实体】下拉列表，选择【球体】◎。

3　系统提示：指定中心点或[三点(3P)/两点(2P)/切点、切点、半径(T)]，此时输入"3P"，按 Enter 键，如图 10-50 所示。

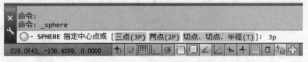

图 10-50　设置建模方式

4　系统提示：指定第一点，在绘图区中单击或输入数值确定第一个点。

5　系统提示：指定第二点，继续在绘图区确定第二个点。

6　系统提示：指定第三点，在绘图区确定第三个点，即可生成实体球体，如图 10-51 所示。

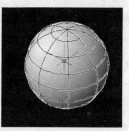

图 10-51 创建实体球体的结果

10.3.6 创建实体棱锥体

在 AutoCAD 中，可以创建侧面数范围介于 3～32 的棱锥体，也可以指定棱锥体轴的端点位置，并通过轴端点定义棱锥体的长度和方向。

 轴端点是棱锥体的顶点或顶面中心点（如果使用"顶面半径"选项），该点可以位于三维空间的任意位置。

1. 创建实体棱锥体

动手操作　创建实体棱锥体

1　创建一个公制新文件，设置视图的视觉样式为【概念】，通过 ViewCube 工具调整视图方向，使视图中的 Z 轴指向竖直面。

2　选择【常用】选项卡，在【建模】面板中打开【创建三维实体】下拉列表，选择【棱锥体】。

3　系统提示：指定底面的中心点或[边(E)/侧面(S)]，可以在绘图区中单击或输入数值确定底面的中心点。

4　系统提示：指定底面半径或[内接(I)]，在绘图区中单击或输入数值确定棱锥体的底面半径，如图 10-52 所示。

5　系统提示：指定高度或[两点(2P)/轴端点(A)/顶面半径(T)]，在绘图区移动光标拉出棱锥体高度后单击即可，如图 10-53 所示。

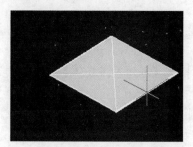　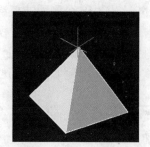

图 10-52　指定底面半径　　　　　图 10-53　指定棱锥体高度

2. 创建实体棱台

动手操作　创建实体棱台

1　创建一个公制新文件，设置视图的视觉样式为【概念】，通过 ViewCube 工具调整视图方向，使视图中的 Z 轴指向竖直面。

2 选择【常用】选项卡，在【建模】面板中打开【创建三维实体】下拉列表，选择【棱锥体】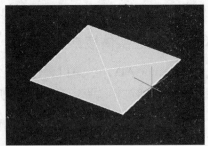。

3 系统提示：指定底面的中心点或[边(E)/侧面(S)]，可以在绘图区中单击或输入数值确定底面中心点。

4 系统提示：指定底面半径或[内接(I)]，在绘图区中移动光标拉出圆锥体底面半径，如图 10-54 所示。

5 系统提示：指定高度或[两点(2P)/轴端点(A)/顶面半径(T)]，输入"T"然后按 Enter 键。

6 系统提示：指定顶面半径<0.0000>，在绘图区中单击或输入数值确定顶面半径，如图 10-55 所示。

7 系统提示：指定高度或[两点(2P)/轴端点(A)]，在绘图区中单击或输入数值确定棱锥体高度即可，如图 10-56 所示。

图 10-54　指定底面半径

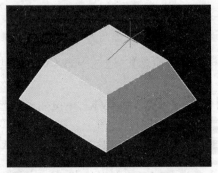

图 10-55　指定顶面半径

图 10-56　指定高度

3. 创建自定义侧面棱锥体

在默认情况下，创建的棱锥体只有 4 个侧面，本例将创建 10 个侧面的棱锥体。

动手操作　创建 10 个侧面的棱锥体

1 创建一个公制新文件，设置视图的视觉样式为【概念】，通过 ViewCube 工具调整视图方向，使视图中的 Z 轴指向竖直面。

2 选择【常用】选项卡，在【建模】面板中打开【创建三维实体】下拉列表，选择【棱锥体】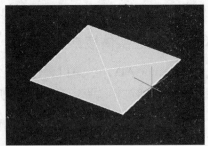。

3 系统提示：指定底面的中心点或[边(E)/侧面(S)]，此时输入"S"，然后按 Enter 键，如图 10-57 所示。

4 系统提示：输入侧面数<4>，输入侧面数为"15"并按 Enter 键确定，如图 10-58 所示。

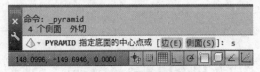

图 10-57　指定侧面

图 10-58　输入侧面数

5　系统提示：指定底面的中心点或[边(E)/侧面(S)]，可以在绘图区中单击或输入数值确定底面的中心点。

6　系统提示：指定底面半径或[内接(I)]，在绘图区中单击或输入数值确定棱锥体的底面半径，如图 10-59 所示。

7　系统提示：指定高度或[两点(2P)/轴端点(A)/顶面半径(T)]，在绘图区中移动光标拉出棱锥体高度后单击即可，结果如图 10-60 所示。

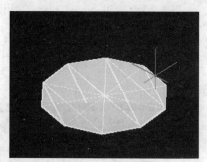

图 10-59　指定底面半径

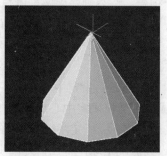

图 10-60　指定棱锥体高度

10.3.7　创建实体楔体

在创建楔体实体图元时，将楔体的底面绘制为与当前 UCS 的 XY 平面平行，斜面正对第一个角点，而楔体的高度与 Z 轴平行。

动手操作　创建实体楔体

1　创建一个公制新文件，设置视图的视觉样式为【概念】，通过 ViewCube 工具调整视图方向，使视图中的 Z 轴指向竖直面。

2　选择【常用】选项卡，在【建模】面板中打开【创建三维实体】下拉列表，选择【楔体】▢。

3　系统提示：指定第一个角点或[中心(C)]，可以在绘图区中单击或者输入数值确定第一个角点。另外，还可以选择"中心"选项，然后指定楔体的中心点。

4　系统提示：指定其他角点或[立方体(C)/长度(L)]，在绘图区中单击或输入数值确定其他角点，如图 10-61 所示。

5　系统提示：指定高度或[两点(2P)]，在绘图区移动光标拉出楔体高度后单击即可，如图 10-62 所示。同样，沿 Z 轴正方向移动将设置楔体高度为正值；沿 Z 轴负方向移动将设置楔体高度为负值。

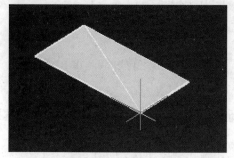

图 10-61　指定角点

图 10-62　指定高度

10.3.8　创建实体圆环体

圆环体其实就是一种与轮胎内胎相似的环形实体。圆环体由两个值定义，一个是圆管的半径，另一个是从圆环体中心到圆管中心的距离。在 AutoCAD 中，可以将圆环体绘制为与当前 UCS 的 XY 平面平行，且被该平面平分。

 动手操作　创建实体圆环体

1　创建一个公制新文件，设置视图的视觉样式为【概念】，通过 ViewCube 工具调整视图方向，使视图中的 Z 轴指向竖直面。

2　选择【常用】选项卡，在【建模】面板中打开【创建三维实体】下拉列表，选择【圆环体】◎。

3　系统提示：指定中心点或[三点(3P)/两点(2P)/切点、切点、半径(T)]，可以在绘图区中单击或输入数值确定中心点。

4　系统提示：指定半径或[直径(D)]，在绘图区中单击或输入数值确定球体半径，如图 10-63 所示。

5　系统提示：指定圆管半径或[两点(2P)/直径(D)]，在绘图区中单击或输入数值确定圆管半径，如图 10-64 所示。

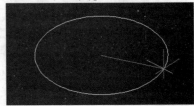

图 10-63　指定半径

💡 **TIPS**　圆环可以是自交的。自交的圆环没有中心孔，因为圆管半径比圆环半径的绝对值大，如图 10-65 所示。

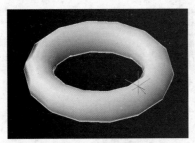

图 10-64　指定圆管半径

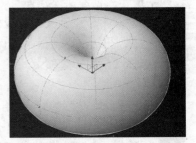

图 10-65　自交的圆环没有中心孔

10.4　创建多段体

在 AutoCAD 中，绘制多段体与绘制多段线的方法相同。

10.4.1　创建多段体

在默认情况下，多段体始终带有一个矩形轮廓，可以指定轮廓的高度和宽度。

 动手操作　创建多段体

1　创建一个公制新文件，设置视图的视觉样式为【概念】，通过 ViewCube 工具调整视图方向，使视图中的 Z 轴指向竖直面。

2　选择【常用】选项卡，在【建模】面板中单击【多段体】按钮 🗗。

3 系统提示：指定起点或[对象(O)/高度(H)/宽度(W)/对正(J)] <对象>，此时输入"H"并按 Enter 键，如图 10-66 所示。

4 系统提示：指定高度 <4.0000>，输入"60"并按 Enter 键，重新设置多段体的高度，如图 10-67 所示。

图 10-66 输入 h 以指定高度   图 10-67 输入高度的数值

5 系统提示：指定起点或[对象(O)/高度(H)/宽度(W)/对正(J)] <对象>，可以在绘图区中单击或输入数值确定起点。

6 系统提示：指定下一个点或[圆弧(A)/放弃(U)]，在绘图区中单击或输入数值确定点位置，如图 10-68 所示。

7 系统提示：指定下一个点或[圆弧(A)/放弃(U)]，在绘图区中单击或输入数值确定点位置。

8 系统提示：指定下一个点或[圆弧(A)/放弃(U)]，在绘图区中单击或输入数值确定点位置，如图 10-69 所示。

9 系统提示：指定下一个点或[圆弧(A)/闭合(C)/放弃(U)]，按 Enter 键结束多段体的绘制。

 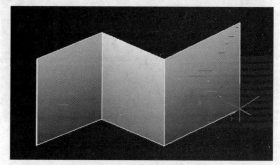

图 10-68 创建第一段多段体   图 10-69 创建多段体的结果

如果想要在创建多段体的过程中闭合现有的多段体，可以输入"C"键，然后按 Enter 键。

10.4.2 创建包含圆弧的多段体

在 AutoCAD 中，可以创建包含圆弧的多段体，但是默认情况下轮廓始终为矩形。

动手操作 创建包含圆弧的多段体

1 创建一个公制新文件，设置视图的视觉样式为【概念】，通过 ViewCube 工具调整视图方向，使视图中的 Z 轴指向竖直面。

2 选择【常用】选项卡，在【建模】面板中单击【多段体】按钮 ⬚。

3 系统提示：指定起点或[对象(O)/高度(H)/宽度(W)/对正(J)] <对象>，此时输入"H"并按 Enter 键。

4 系统提示：指定高度 <4.0000>，输入"20"并按 Enter 键，设置多段体的高度。

5 系统提示：指定下一个点或[圆弧(A)/放弃(U)]，在绘图区中单击或输入数值确定点位置。

6 系统提示：指定下一个点或[圆弧(A)/放弃(U)]，输入"A"并按 Enter 键。

7 系统提示：指定圆弧的端点或[闭合(C)/方向(D)/直线(L)/第二个点(S)/放弃(U)]，在绘图区中单击或输入数值确定圆弧的端点，如图 10-70 所示。

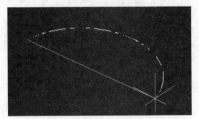

图 10-70 指定圆弧的端点

8 系统提示：指定下一个点或[圆弧(A)/闭合(C)/放弃(U)]：指定圆弧的端点或[闭合(C)/方向(D)/直线(L)/第二个点(S)/放弃(U)]，再次在绘图区中单击或输入数值确定第二个圆弧的端点，如图 10-71 所示。

9 系统提示：指定下一个点或[圆弧(A)/闭合(C)/放弃(U)]：指定圆弧的端点或[闭合(C)/方向(D)/直线(L)/第二个点(S)/放弃(U)]，输入"L"并按 Enter 键，将绘图模式转换成直线。

10 系统提示：指定下一个点或[圆弧(A)/闭合(C)/放弃(U)]，在绘图区中单击或输入数值确定点位置，如图 10-72 所示。

11 系统提示：指定下一个点或[圆弧(A)/闭合(C)/放弃(U)]，按 Enter 键确定完成创建。

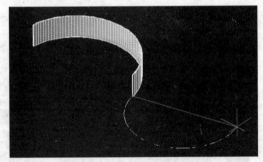

图 10-71 指定另一段圆弧端点

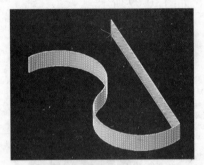

图 10-72 指定直线段的端点

10.5 从直线和曲线构造实体和曲面

在 AutoCAD 中，可以通过现有的直线和曲线创建实体和曲面，可以使直线和曲线对象轻松定义实体或曲面的轮廓和路径。

本节创建实体和曲面的环境都是使用视觉样式为【概念】的视图，并且通过 ViewCube 工具调整视图方向，使视图中的 Z 轴指向竖直面。

10.5.1 通过拉伸创建实体或曲面

在 AutoCAD 中，可以通过将对象拉伸来创建实体和曲面。可以使用 extrude 命令，沿指定的方向将对象或平面拉伸出指定距离，以此创建三维实体或曲面。如果拉伸闭合对象，则生成的对象为实体；如果拉伸开放对象，则生成的对象为曲面。

可以拉伸以下对象和子对象包括直线、圆弧、椭圆弧、二维多段线、二维样条曲线、圆、椭圆、三维面、二维实体、宽线、面域、平曲面和实体上的平面。无法拉伸的对象包括具有相交或自交线段的多段线、包含在块内的对象。

1. 拉伸对象

动手操作　拉伸对象

1　打开光盘中的"..\Example\Ch10\10.5.1a.dwg"练习文件。

2　选择【常用】选项卡，在【建模】面板中单击【拉伸】按钮。

3　系统提示：选择要拉伸的对象，在绘图区中选择需要拉伸的对象，如图 10-73 所示。

4　选择对象后系统显示"找到 1 个"，然后按 Enter 键。

5　系统提示：指定拉伸的高度或[方向(D)/路径(P)/倾斜角(T)]，在绘图区中单击或输入数值确定拉伸的高度即可，如图 10-74 所示。

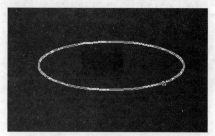

图·10-73　选择要拉伸的对象

图 10-74　指定拉伸的高度

2. 沿路径拉伸对象

沿路径拉伸对象是基于选择的对象指定拉伸路径。路径将移动到轮廓的质心，然后沿选定路径拉伸选定对象的轮廓以创建实体或曲面。

动手操作　沿路径拉伸对象

1　打开光盘中的"..\Example\Ch10\10.5.1b.dwg"练习文件。

2　选择【常用】选项卡，在【建模】面板中单击【拉伸】按钮。

3　系统提示：选择要拉伸的对象，在绘图区中选择圆形对象，选择对象后系统显示"找到 1 个"，然后按 Enter 键，如图 10-75 所示。

4　系统提示：指定拉伸的高度或[方向(D)/路径(P)/倾斜角(T)]，输入"P"然后按 Enter 键。

5　系统提示：选择拉伸路径或[倾斜角]，在绘图区中选择直线对象即可，这样圆形就可以根据直线进行拉伸了，如图 10-76 所示。

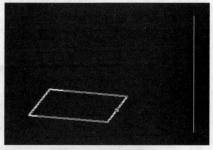

图 10-75　选择要拉伸的对象

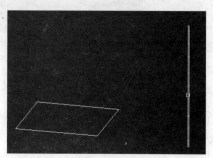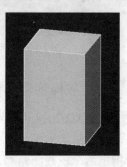

图 10-76　选择拉伸路径以创建实体

10.5.2 通过扫掠创建实体或曲面

在 AutoCAD 中，可以通过沿路径扫掠平面曲线（轮廓）来创建新实体或曲面，即通过沿开放或闭合的二维或三维路径扫掠开放或闭合的平面曲线（轮廓），以此创建新的实体或曲面。AutoCAD 提供了一个 sweep 命令，主要用于沿指定路径以指定轮廓的形状，通过扫掠的形式绘制实体或曲面。

扫掠时可以扭曲或缩放扫掠对象，可以使用【特性】选项板为扫掠对象指定以下特性：

- 轮廓旋转：绕路径旋转扫掠轮廓。
- 沿路径缩放：设置将轮廓的端点与轮廓的起点相比所得的比例因子。
- 沿路径扭曲：被扫掠的对象设置扭曲角度。输入的值用于设置将端点与起点相比所得的旋转角度。
- 倾斜（自然旋转）：指定是否沿三维路径自然旋转扭曲轮廓的曲线。

 在下列情况下，【特性】选项板不允许对扫掠特性进行更改：
扫掠轮廓时【对齐】选项处于关闭状态。
更改会导致建模错误（例如自交实体）。

动手操作 通过扫掠创建实体或曲面

1 打开光盘中的 "..\Example\Ch10\10.5.2.dwg" 练习文件。

2 选择【常用】选项卡，在【建模】面板中打开【实体创建】下拉列表，选择【扫掠】 🔲。

3 系统提示：选择要扫掠的对象，在绘图区中选择需要扫掠的对象（本例选择小圆形），然后按 Enter 键，如图 10-77 所示。

4 系统提示：选择扫掠路径或[对齐(A)/基点(B)/比例(S)/扭曲(T)]，在绘图区中选择扫掠的路径对象即可，如图 10-78 所示。通过扫掠创建实体如图 10-79 所示。

图 10-77 选择要扫掠的对象

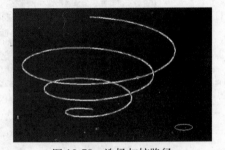

图 10-78 选择扫掠路径

图 10-79 通过扫掠创建实体的结果

10.5.3 通过放样创建实体或曲面

在 AutoCAD 2014 中，可以通过在包含两个或更多横截面轮廓的一组轮廓中对轮廓进行放样来创建三维实体或曲面。其中，横截面轮廓可定义结果实体或曲面对象的形状，而且必须至少指定两个横截面轮廓，如图 10-80 所示。

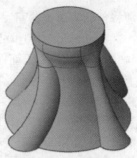

图 10-80　通过横截面定义实体或曲面对象的形状

横截面轮廓可以为开放轮廓（例如圆弧），也可以为闭合轮廓（例如圆）。 LOFT 命令可以通过横截面之间的空间。如果对一组闭合的横截面曲线进行放样，则将生成实体对象。如果对一组开放的横截面曲线进行放样，则将生成曲面对象。

 在放样时使用的横截面必须全部开放或全部闭合，不能使用既包含开放曲线又包含闭合曲线的选择集。

使用放样可以创建通过定义其形状的其他对象的实体或曲面对象，放样的方法有以下几种。

● **横截面轮廓**：选择一系列横截面轮廓以定义新三维对象的形状，如图 10-81 所示。
● **路径**：为放样操作指定路径以更好地控制放样对象的形状，如图 10-82 所示。为获得最佳结果，路径曲线应始于第一个横截面所在的平面，止于最后一个横截面所在的平面。

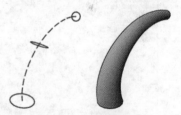

图 10-81　通过横截面轮廓放样　　　　　　图 10-82　通过路径放样

● **导向曲线**：指定导向曲线以与相应横截面上的点相匹配，如图 10-83 所示。此方法可以防止出现意外结果。例如在三维对象中出现皱褶。但需要注意，每条导向曲线必须满足与每个横截面相交、始于第一个横截面、止于最后一个横截面三个条件。

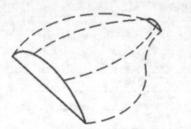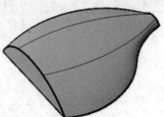

图 10-83　通过导航曲线放样

下面以两个螺旋对象为例，介绍通过对一组横截面进行放样来创建实体或曲面的方法。

动手操作　通过放样创建实体或曲面

1 打开光盘中的 "..\Example\Ch10\10.5.3.dwg" 练习文件。

2 选择【常用】选项卡，在【建模】面板中打开【实体创建】下拉列表，选择【放样】 。

3 系统提示：按放样次序选择横截面，在绘图区依次选择用于放样的对象，然后按 Enter键，如图 10-84 所示。

4 系统提示：输入选项[导向(G)/路径(P)/仅横截面(C)]<仅横截面>，此时输入 "S"，打开【放样设置】对话框，如图 10-85 所示。

图 10-84　选择用于放样的对象

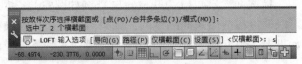
图 10-85　打开【放样设置】对话框

5 打开【放样设置】对话框后，设置放样参数或者直接单击【确定】按钮，如图 10-86所示。放样的结果如图 10-87 所示。

图 10-86　设置放样选项

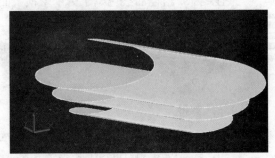
图 10-87　放样的结果

在创建放样实体或曲面时，可以使用表 10-1 中的对象。

表 10-1　允许的放样对象、路径对象和引导对象

作为横截面使用的对象	作为放样路径使用的对象	作为引导使用的对象
直线	直线	直线
圆弧	圆弧	圆弧
椭圆弧	椭圆弧	椭圆弧
二维多段线	样条曲线	二维样条曲线
二维样条曲线	螺旋	
圆	圆	二维多段线
椭圆	椭圆	三维多段线
仅第一个和最后一个横截面的点	二维多段线	
	三维多段线	

10.5.4　通过旋转创建实体或曲面

在 AutoCAD 中，可以通过绕轴旋转开放或闭合对象来创建实体或曲面，其中旋转对象可以定义实体或曲面的轮廓。如果旋转闭合对象，则创建实体；如果旋转开放对象，则创建曲面。

动手操作　通过旋转创建实体或曲面

1　打开光盘中的"..\Example\Ch10\10.5.4.dwg"练习文件。

2　选择【常用】选项卡，在【建模】面板中打开【实体创建】下拉列表，选择【旋转】⬜。

3　系统提示：选择要旋转的对象，在绘图区中依次选择用于旋转的对象，然后按 Enter 键，如图 10-88 所示。

4　系统提示：指定轴起点或根据以下选项之一定义轴[对象(O)/X/Y/Z]<对象>，在绘图区中单击或输入数值确定旋转轴起点，如图 10-89 所示。

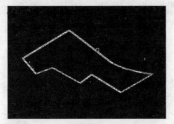

图 10-88　选择要旋转的对象

图 10-89　指定轴起点

5　系统提示：指定轴端点，在绘图区单击或输入数值确定旋转轴端点，如图 10-90 所示。

6　系统提示：指定旋转角度或[起点角度(ST)/反转(R)/表达式(EX)]<360>，输入要旋转的角度或者直接在绘图区上拖动鼠标设置旋转角度，如图 10-91 所示。

7　在设置旋转角度后，按 Enter 键确定即可，最终结果如图 10-92 所示。

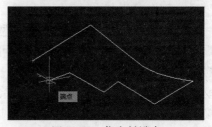

图 10-90　指定轴端点

TIPS▸

在 AutoCAD 中，可以通过以下对象进行旋转，创建实体或曲面模型。

直线。

圆弧。

椭圆弧。

二维多段线。

二维样条曲线。

圆。

椭圆。

三维平面。

二维实体。

宽线。

面域。

实体或曲面上的平面。

图 10-91　指定旋转角度

图 10-92　旋转建模的结果

10.6　创建网格模型

网格模型包括对象的边界和表面。在需要使用消隐、着色和渲染处理模型（线框模型无法提供这些功能），但又不需要实体模型提供的物理特性（质量、体积、重心、惯性矩等）时，可以使用网格来创建三维模型。

10.6.1　网格模型概述

由于网格模型由网格近似表示，所以网格的密度决定了网格模型的光滑程度。网格密度控制镶嵌面的数目，它由包含 M 乘 N 个顶点的矩阵定义，类似于由行和列组成的栅格，而 M 和 N 分别指定顶点的列和行的位置。

因为网格模型不需要像实体模型那样表示质量、体积等物理性质，所以网格可以是开放的也可以是闭合的，如图 10-93 所示。如果网格模型在某个方向上网格的起始边和终止边没有接触，那么这种模型就称为开放式网格模型。

图 10-93　网格模型可以是开放的也可以是闭合的

TIPS▶ 在 AutoCAD 中，可以创建三维面、三维网格、旋转网格、平移网格、直纹网格、边界网格等多种类型的网格。

10.6.2　创建三维网格图元

在 AutoCAD 2014 中，可以创建网格长方体、圆锥体、圆柱体、棱锥体、球体、楔体和圆环体等多种三维网格图元，如图 10-94 所示。在创建前可以对网格图元对象设置镶嵌默认值，然后使用创建三维实体图元的方法创建网格图元。

1. 创建三维网格图元

动手操作　创建三维网格图元

1　选择【网格】选项卡，在【图元】面板中单击【图元网格选项】按钮⌗，打开【图元网格选项】对话框。

2　在【网格】选项组中的【网格图元】列表中选择一种要设置的图元，然后通过【镶

嵌细分】表进行输入图元的结构外观，如图 10-95 所示。选择【圆柱体】图元，设置其轴、高度和基点等参数。

3　单击【确定】按钮完成图元网格选项的设置。

图 10-94　各种三维网格图元

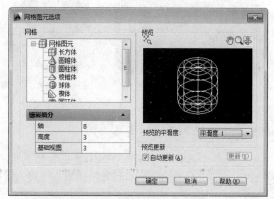

图 10-95　设置图元网格选项

4　将视图的视觉样式设置成【3dWireframe（三维线框）】，然后调整 Z 轴竖直显示。

5　在【图元】面板中打开【三维网格图元】下拉列表，选择一种网格图元（本例选择网络圆柱体），如图 10-96 所示。

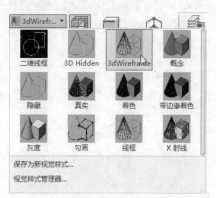

图 10-96　选择三维网格图元

6　按照命令窗口的系统提示，参考创建圆柱体的方法创建网格圆柱体图元，结果如图 10-97 所示。

2. 设置图元网格选项说明

● **镶嵌细分**：是指对于每个选定的网格图元类型，设置每个侧面的默认细分数。例如对圆柱体则按轴、高度和底面进行镶嵌细分，如图 10-98 所示。其中：

  ➢ 轴：沿网格圆柱体底面的周长设置细分数。

  ➢ 高度：在网格圆柱体的底面和顶面之间设置细分数。

  ➢ 底面：在网格圆柱体底面的圆周和圆心点之间设置细分数。

  ➢ 预览的平滑度：在【预览】窗口下方打开【预览的平滑度】下拉列表，可以选择"0、1、2、3、4" 5 个级别的平滑度，主要用于更改网格图元各边角的平滑程度。

● **自动更新**：清除【自动更新】复选框，然后单击【更新】按钮可以更新预览，将预览图像更新为显示所做的任何更改。

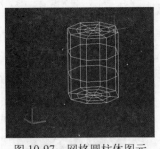

轴细分

高度细分

底面细分

图 10-97　网格圆柱体图元　　　图 10-98　圆柱体网格图元的镶嵌细分

10.6.3　从其他对象构造网格

在 AutoCAD 2014 中，可以通过填充其他对象（例如直线和圆弧）之间的空隙来创建网格形式。可以使用多种方法创建由其他对象定义的网格对象，例如直纹网格、平移网格、旋转网格和边界定义的网格。

1. 创建直纹网格

创建直纹网格是指在两条直线或曲线之间创建一个表示直纹曲面的多边形网格。可以使用不同的对象定义直纹网格的边界，例如直线、点、圆弧、圆、椭圆、椭圆弧、二维多段线、三维多段线或样条曲线中的任意两个对象。需要注意的是，作为直纹网格轨迹的两个对象必须全部开放或全部闭合，而点对象则可以与开放或闭合对象成对使用。

动手操作　创建直纹网格

1　打开光盘中的"..\Example\Ch10\10.6.3a.dwg"练习文件。

2　选择【网格】选项卡，在【图元】面板中单击【直纹网格】按钮◪（或者在命令窗口中输入"rulesurf"）。

3　系统提示：选择第一条定义曲线，此时在绘图区中选择第一个椭圆形。

4　系统提示：选择第二条定义曲线，在绘图区中选择第二个椭圆形，如图 10-99 所示。此时即可创建直纹网格，如图 10-100 所示。

图 10-99　选择第二条定义曲线

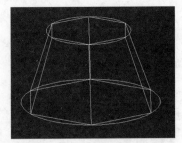

图 10-100　创建出直纹网格

2. 创建平移网格

创建平移网格是指创建表示由路径曲线和方向矢量定义的基本平移曲面，即通过指定的方向和距离（称为方向矢量）拉伸直线或曲线(称为路径曲线)的常规曲面。其中，路径曲线可以是直线、圆弧、圆、椭圆、椭圆弧、二维多段线、三维多段线或样条曲线；方向矢量则可以是直线，也可以是开放的二维或三维多段线。

动手操作　创建平移网格

1　打开光盘中的 "..\Example\Ch10\10.6.3b.dwg" 练习文件。

2　选择【网格】选项卡，在【图元】面板中单击【平移网格】按钮 （或者在命令窗口中输入 "tabsurf"）。

3　系统提示：选择用作轮廓曲线的对象，在绘图区中选择作为轮廓曲线，如图 10-101 所示。

4　系统提示：选择用作方向矢量的对象，在绘图区中选择作为方向矢量的对象，如图 10-102 所示。创建平移网格的结果如图 10-103 所示。

图 10-101　选择用作轮廓曲线的对象

图 10-102　选择用作方向矢量的对象

图 10-103　创建平移网格的结果

3. 创建旋转网格

创建旋转网格是指通过将路径曲线或轮廓（直线、圆、圆弧、椭圆、椭圆弧、闭合多段线、多边形、闭合样条曲线或圆环等）绕指定的轴旋转，创建一个近似于旋转曲面的多边形网格。

动手操作　创建旋转网格

1　打开光盘中的 "..\Example\Ch10\10.6.3c.dwg" 练习文件。

2　选择【网格】选项卡，在【图元】面板中单击【旋转网格】按钮 （或者在命令窗口中输入 "revsurf"）。

3　系统提示：选择要旋转的对象，在绘图区中选择需要旋转的对象，如图 10-104 所示。

4　系统提示：选择定义旋转轴的对象，在绘图区中选择需要定义旋转轴的对象（本步骤选择直线），如图 10-105 所示。

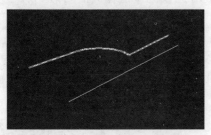

图 10-104　选择要旋转的对象

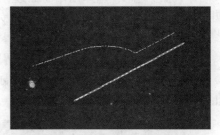

图 10-105　选择定义旋转轴的对象

5　系统提示：指定起点角度<0>，在绘图区中单击或输入数值确定起点角度（本步骤在直线右上方端点上单击），如图 10-106 所示。

6　系统提示：指定第二点，在绘图区中单击或输入数值确定第二点（本步骤在直线左下方的端点上单击），如图 10-107 所示。

图 10-106　指定起点角度

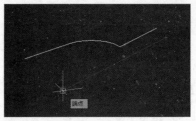

图 10-107　指定第二点

7 系统提示：指定包含角(+=逆时针，−=顺时针)<360>，输入角度为 360 并按 Enter 键确认，得到如图 10-108 所示的结果。

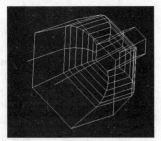
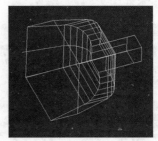

图 10-108　创建旋转网格的结果

4. 创建边界定义的网格

创建边界定义的网格是指创建一个近似于由 4 条邻接边定义的孔斯曲面片网格。其中边界可以是圆弧、直线、多段线、样条曲线和椭圆弧，但必须形成闭合环和共享端点。

> 孔斯曲面片网格是一个在 4 条邻接边(这些边可以是普通的空间曲线)之间插入的双三次曲面，而双三次曲面由 M 方向上的曲线和 N 方向上的曲线构成。

动手操作　创建边界定义的网格

1 打开光盘中的"..\Example\Ch10\10.6.3d.dwg"练习文件。

2 选择【网格】选项卡，在【图元】面板中单击【边界网格】按钮（或者在命令窗口中输入"edgesurf"）。

3 系统提示：选择用作曲面边界的对象 1，在绘图区中选择曲面的第一条边界，如图 10-109 所示。

4 系统提示：选择用作曲面边界的对象 2，继续在绘图区中选择曲面的第二条边界。

5 系统提示：选择用作曲面边界的对象 3，再次在绘图区中选择曲面的第三条边界。

6 系统提示：选择用作曲面边界的对象 4，此时选择曲面的第四条边界即可完成。结果如图 10-110 所示。

图 10-109　选择用作曲面边界的对象 1

图 10-110　创建边界定义的网格的结果

10.7　课堂实训

下面通过编辑 UCS 并观察模型和制作花瓶网格图元两个范例，巩固所学知识。

10.7.1　编辑 UCS 并观察模型

本例主要在【三维建模】工作空间中控制用户坐标系并通过三维视图观察模型。

动手操作　编辑 UCS 并动态观察模型

1　打开光盘中的 "..\Example\Ch10\10.7.1.dwg" 练习文件，然后切换至【三维建模】工作空间并显示【线框】视觉样式。

2　在命令窗口中输入 "UCS" 并按下 Enter 键，系统提示：指定 UCS 的原点或 [面(F)/命名(NA)/对象(OB)/上一个(P)/视图(V)/世界(W)/X/Y/Z/Z 轴(ZA)] <世界>，此时捕捉端点作为新 UCS 的原点，如图 10-111 所示。

3　系统提示：指定 X 轴上的点或 <接受>，捕捉另一个端点作为 X 轴上的点，如图 10-112 所示。

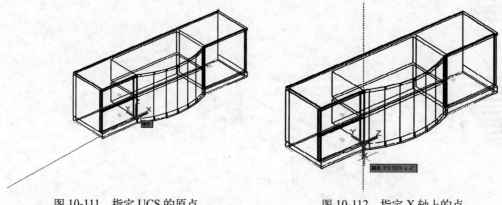

图 10-111　指定 UCS 的原点　　　　图 10-112　指定 X 轴上的点

4　系统提示：指定 XY 平面上的点或 <接受>，捕捉一个端点作为 Y 轴上面的点，如图 10-113 所示。接着重新确定一个 UCS 坐标系，结果如图 10-114 所示。

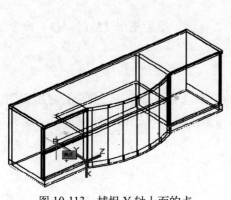
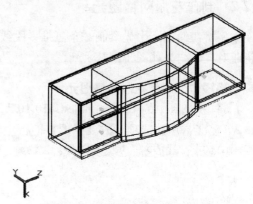

图 10-113　捕捉 Y 轴上面的点　　　　图 10-114　调整后的 UCS 坐标系

5 选择【视图】选项卡，在【视图】面板的【三维视图】列表中选择【前视】选项，得到如图 10-115 所示的正面视图效果。

6 在【视图】面板的【三维视图】列表中选择【东南等轴测】选项，得到如图 10-116 所示的东南面视图效果。

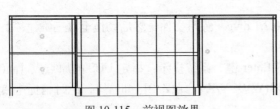

图 10-115　前视图效果　　　　　　　　图 10-116　东南视图效果

7 选择【视图】选项卡，在【导航】面板中单击【动态观察】按钮 右侧的 按钮，在打开的列表中选择【自动动态观察】选项。然后随意拖动图形，如图 10-117 所示，进行不同角度的查看。

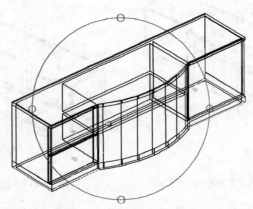

图 10-117　自由动态观察效果

10.7.2　制作花瓶网格图元

本例将在绘图区中先绘制一条三维多段线与一条直线，然后使用【旋转网格】命令制作出花瓶对象，结果如图 10-118 所示。

动手操作　制作花瓶网格图元

1 打开光盘中的 "..\Example\Ch10\10.7.2.dwg" 练习文件，选择【前视】三维视图。

2 在【常用】选项卡的【绘图】面板中单击【多段线】 按钮，然后按以下过程绘制如图 10-119 所示的花瓶边缘多段线：

```
命令: _pline↙
指定起点: 85,390↙
指定下一个点或 [圆弧(A)/半宽(H)/长度(L)/放弃(U)/宽度(W)]: a↙
```

指定圆弧的端点或 [角度 (A) /圆心 (CE) /方向 (D) /半宽 (H) /直线 (L) /半径 (R) /第二个点 (S) /放弃 (U) /宽度 (W)]: s↙

指定圆弧上的第二个点: 45,311↙

指定圆弧的端点: 100,240↙

指定圆弧的端点或 [角度 (A) /圆心 (CE) /闭合 (CL) /方向 (D) /半宽 (H) /直线 (L) /半径 (R) /第二个点 (S) /放弃 (U) /宽度 (W)]: 182,132↙

指定圆弧的端点或 [角度 (A) /圆心 (CE) /闭合 (CL) /方向 (D) /半宽 (H) /直线 (L) /半径 (R) /第二个点 (S) /放弃 (U) /宽度 (W)]: 100,22↙

指定圆弧的端点或 [角度 (A) /圆心 (CE) /闭合 (CL) /方向 (D) /半宽 (H) /直线 (L) /半径 (R) /第二个点 (S) /放弃 (U) /宽度 (W)]: l↙

指定下一点或 [圆弧 (A) /闭合 (C) /半宽 (H) /长度 (L) /放弃 (U) /宽度 (W)]: 100,6↙

指定下一点或 [圆弧 (A) /闭合 (C) /半宽 (H) /长度 (L) /放弃 (U) /宽度 (W)]: 4,6↙

指定下一点或 [圆弧 (A) /闭合 (C) /半宽 (H) /长度 (L) /放弃 (U) /宽度 (W)]: ↙

图 10-118　绘制的花瓶图元效果

图 10-119　绘制花瓶边缘多段线

3　在【绘图】面板中单击【直线】按钮，然后通过对象捕捉追踪与正交模式，如图 10-120 所示绘制直线对象。

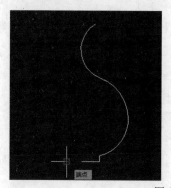

图 10-120　绘制参照直线

4　选择【网格】选项卡，在【图元】面板中单击【旋转网格】按钮。

5　系统提示: 选择要旋转的对象，此时选择多段线对象，如图 10-121 所示。

6　系统提示: 选择定义旋转轴的对象，此时选择直线对象，如图 10-122 所示。

7　分别选择直线的两个端点为旋转轴的起点和第二个点，完成花瓶的制作，接着选择前面绘制的多段线与直线，按 Delete 键删除，结果如图 10-123 所示。

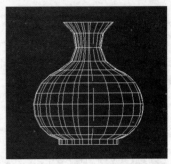

图 10-121　选择要旋转的对象　　　图 10-122　选择定义旋转轴的对象　　　图 10-123　绘制出花瓶网格图元

10.8　本章小结

本章先通过基本概念和说明，介绍三维建模的必要知识和设置三维视图的方法，然后介绍了在 AutoCAD 2014 中创建三维实体图元、多段体、实体和曲面以及网格模型的方法。

10.9　习题

一、填充题

(1) 通过三维建模，可以使用_____、_____和_____进行设计。

(2) 实体模型是具有_____、_____、_____和_____等特性的三维表示。

(3) 在 AutoCAD 中，三维坐标系由 3 个通过同一点且彼此成 90° 角的坐标轴组成，我们将这 3 个坐标轴称为_____、_____和_____。

(4) 三维实体对象通常以某种_____或_____作为起点，之后可以对其修改和重新组合。

(5) 在 AutoCAD 2014 中，可以使用_____和_____以绘制多段线的相同方式绘制多段体。

二、选择题

(1) 在 AutoCAD 中，三维坐标系由哪 3 个坐标轴组成？　　　　　　　　　(　　)

　　A．X 轴、Y 轴和 Z 轴　　　　　　　B．X 轴、Y 轴和 O 轴

　　C．X 轴、Y 轴和 L 轴　　　　　　　D．X 轴、Y 轴和基点轴

(2) 在 AutoCAD 中，拉伸对象创建实体和曲面是指使用以下哪个命令，沿指定的方向将对象或平面拉伸出指定距离？　　　　　　　　　　　　　　　　　　　(　　)

　　A．exgyte　　　　B．list　　　　　C．extrude　　　　D．cylinder

(3) 创建直纹网格是指在两条直线或曲线之间创建一个表示什么的多边形网格？(　　)

　　A．三维面　　　　　　　　　　　　B．直纹曲面

　　C．路径曲线或轮廓　　　　　　　　D．二维平面

(4) 在 AutoCAD 中，最多可以创建多少个侧面数棱锥体？　　　　　　　　(　　)

　　A．5　　　　　　　B．10　　　　　　C．15　　　　　　D．32

（5）以下哪个命令是用于沿指定路径以指定轮廓的形状，并通过扫掠的形式绘制实体或曲面的？ （ ）

    A．ortho   B．pline   C．sweep   D．polarSnap

三、操作题

绘制一个圆柱体和一个球体，然后将球体放置在圆柱体上，结果如图 10-124 所示。

图 10-124　绘制和创建块的结果

提示：

（1）创建一个公制新文件，然后在【常用】选项卡的【视图】面板中设置视图的视觉样式为【概念】，且通过 ViewCube 工具调整视图方向，使视图中的 Z 轴指向竖直面。

（2）选择【常用】选项卡，在【建模】面板中打开【创建三维实体】下拉列表，选择【圆柱体】。

（3）系统提示：指定底面的中心点或[三点(3P)/两点(2P)/切点、切点、半径(T)/椭圆(E)]，可以在绘图区中单击或输入数值确定中心点。

（4）系统提示：指定底面半径或[直径(D)]，在绘图区中单击或输入数值确定球体半径。

（5）系统提示：指定高度或[两点(2P)/轴端点(A)]，在绘图区移动光标拉出圆柱体高度后单击即可。

（6）选择【常用】选项卡，在【建模】面板中打开【创建三维实体】下拉列表，选择【球体】。

（7）系统提示：指定中心点或[三点(3P)/两点(2P)/切点、切点、半径(T)]，此时可以在绘图区中单击或输入数值确定中心点。

（8）系统提示：指定半径或[直径(D)]，在绘图区中单击或输入数值确定球体半径即可。

（9）将球体移到圆柱体顶端。

第 11 章　修改与编辑三维模型

教学提要

本章主要介绍修改与编辑三维模型的知识，包括三维模型的显示和查看、三维对象的基本修改和三维对象的高级编辑等。

教学重点

➤ 掌握三维模型的显示与检查方法
➤ 掌握三维对象的基本修改方法
➤ 掌握三维实体的高级编辑方法
➤ 掌握分割实体、抽壳实体、创建倒角、创建圆角等技巧
➤ 掌握编辑和应用网格实体模型的方法

11.1　三维模型的显示与查看

为了更好地显示和查看三维模型，AutoCAD 提供了多种视觉样式，在不同的视觉效果上了解模型的外观。如果默认三维模型显示的效果不够精致，还可以调整模型的显示精度，使模型在外观显示上更加完美。另外，对于某些具有相交或重叠区域的实体，也可以通过检查实体的干涉来查看具体的相交或重叠区域。

11.1.1　设置对象的显示精度

在默认的状态下，【三维建模】工作空间对于三维模型的显示精度并不是很高。为了控制对象的显示质量，可以通过设置【显示精度】选项来达到较高的显示质量。

动手操作　设置三维模型显示精度

1　单击 ▲ 按钮打开菜单，然后单击【选项】按钮，打开【选项】对话框，如图 11-1 所示。

2　选择对话框上的【显示】选项卡，然后在【显示精度】选框下设置具体的参数，单击【确定】按钮，如图 11-2 所示。

3　设置完成后，即可在绘图区创建三维模型，为了能够更好地体现显示精度的效果，建议创建具有曲面的对象。如图 11-3 所示为默认显示精度（右）与设置显示精度后（左）的对比效果。

显示精度的设置选项说明：

● 圆弧和圆的平滑度：该选项主要控制圆、圆弧和椭圆

图 11-1　打开【选项】对话框

的平滑度。当平滑度值越高，生成的对象越平滑，重生成、平移和缩放对象所需的时间也就越多。为了使三维模型在编辑时能够减少时间，可以在绘图时将该选项设置为较低的值，而在渲染时则设置较高的值，如此既不影响操作，也可提高显示性能。【圆弧和圆的平滑度】选项的默认值是 1000，有效取值范围为 1~20000。

- **每条多段线曲线的线段数**：该选项可以设置每条多段线曲线生成的线段数目。线段数越高，对性能的影响越大。可以将此选项设置为较小的值以优化绘图性能。【每条多段线曲线的线段数】选项的默认值是 8，有效取值范围为–32767~32767。
- **渲染对象的平滑度**：该选项主要控制着色和渲染曲面实体的平滑度。在 AutoCAD 中，系统以【渲染对象的平滑度】的值乘以【圆弧和圆的平滑度】的值来确定如何显示实体对象。平滑度数值越高，显示精度越好，但显示性能越差，渲染时间也越长。如果要提高性能，可以将该选项设置为 1 或更低。【渲染对象的平滑度】选项的默认值是 0.5，有效取值范围为 0.01~10。
- **曲面轮廓索线**：该选项用于设置对象上每个曲面的轮廓线数目。轮廓索线数目越多，显示精度越高，但显示性能越差，渲染时间也越长。【曲面轮廓索线】选项的默认值是 4，有效取值范围为 0~2047。

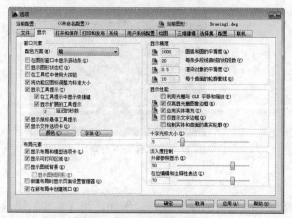

图 11-2 设置显示精度

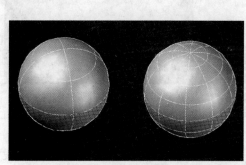

图 11-3 不同精度的显示效果

11.1.2 检查实体模型中的干涉

检查实体模型的干涉是指通过对比两组对象，或一对一地检查所有实体的相交或重叠区域。在 AutoCAD 中，可以使用【干涉检查】功能，或者"INTERFERE"命令对包含三维实体的块以及块中的嵌套实体进行干涉检查，检查的结果将在实体相交处创建和突出显示临时实体。

1. 检查实体模型干涉

动手操作 检查实体模型干涉

1 打开光盘中的"..\Example\Ch11\11.1.2a.dwg"练习文件，在命令窗口输入"interfere"。

2 系统提示：选择第一组对象或[嵌套选择(N)/设置(S)]，在绘图区选择第一组实体对象，然后按 Enter 键，如图 11-4 所示。

3 系统提示：选择第二组对象或[嵌套选择(N)/检查第一组(K)]<检查>，在绘图区选择第二组实体对象，然后按 Enter 键，如图 11-5 所示。

图 11-4　选择第一组对象

图 11-5　选择第二组对象

　　4 打开【干涉检查】对话框后，可以单击【下一个】和【上一个】按钮在干涉对象之间循环。也可以单击【实时缩放】按钮、【实时平移】按钮和【三维动态观察器】按钮进行相关的操作，如图 11-6 所示。

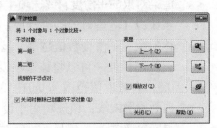

图 11-6　【干涉检查】对话框

　　5 单击【关闭】按钮结束检查。如图 11-7 所示为两组实体对象；如图 11-8 所示为查看对象干涉的结果。

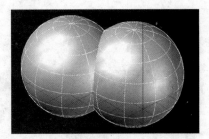

图 11-7　两组实体对象

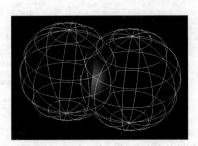

图 11-8　查看实体对象干涉的结果

　　2. 更改干涉对象显示

　　为了操作上的方便，AutoCAD 默认设置了干涉对象的显示属性，例如适用【真实】视觉样式、干涉部分以红色显示等。如果默认的设置不适合，可以在进行检查干涉前更改干涉对象显示的设置。

动手操作　更改干涉对象显示

　　1 在命令窗口输入"interfere"。

　　2 系统提示：选择第一组对象或[嵌套选择(N)/设置(S)]，输入"s"然后按 Enter 键。

　　3 打开【干涉设置】对话框后，可以设置视觉样式、颜色、亮显干涉点对等选项，如图 11-9 所示。设置完成后，单击【确定】按钮，然后依照检查实体模型干涉的操作进行即可。

图 11-9　设置干涉对象的显示效果

11.1.3　查看与修改三维模型的特性

　　在 AutoCAD 中，创建的每个对象都具有自己的特性。有些对象至少有基本特性，例如图层、颜色、线型和打印样式。更有些对象具有专用的特性，例如实体圆模型还包括半径、体积、质量等特性。可以通过修改模型的特性，组织图形中的模型并控制它们的显示和打印方式。

　　AutoCAD 将根据选择对象的类型，在【特性】选项板上显示相应的特性，可以直接通过【特性】选项板的各项特性进行修改。只需按 Ctrl+1 快捷键打开【特性】选项板，然后针对需要修改的项目进行设置即可。

　　（1）如果当前没有选择到对象，【特性】选项板只会显示当前图层和布局的基本特性、附着在图层上的打印样式表名称，以及视图特性和 UCS 的相关信息，如图 11-10 所示。

　　（2）如果当前选择一个对象，【特性】选项板只会显示当前对象的特性，如图 11-11 所示。

　　（3）如果当前选择多个对象，【特性】选项板将显示选择集中所有对象的公共特性，如图 11-12 所示。

图 11-10　没有选择对象

图 11-11　选择一个对象

图 11-12　选择两个对象

11.2　三维对象的基本修改

　　在创建三维模型后，还需要依照设计要求对对象进行一些基本的修改处理，例如移动模型位置、对齐多个模型、旋转模型、镜像模型等。

11.2.1　关于小控件

　　小控件可以沿三维轴或平面移动、旋转或缩放一组对象。

　　在 AutoCAD 2014 中，有三种类型的小控件，如图 11-13 所示。

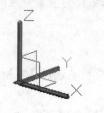
三维移动小控件

三维旋转小控件

三维缩放小控件

图 11-13　三种类型的小控件

- 三维移动小控件：沿轴或平面旋转选定对象。
- 三维旋转小控件：绕指定轴旋转选定对象。
- 三维缩放小控件：沿指定平面或轴或沿全部三条轴统一缩放选定对象。

 默认情况下，选择视图中具有三维视觉样式的对象或子对象时，会自动显示小控件。由于小控件沿特定平面或轴约束所做的修改，因此，它们有助于确保获得更理想的结果。

11.2.2 移动三维对象

移动三维对象是指调整模型在三维空间的位置，这种操作在编辑三维对象时最为常用。在 AutoCAD 中，可以使用"拉伸"和"移动夹点工具"的方法来移动三维对象。

1. 通过移动点移动三维对象

通过移动点移动三维对象是指通过在绘图区中移动鼠标，指定移动点的方式来移动实体或曲面。

 动手操作 通过移动点移动三维对象

1 使用鼠标单击选择到实体，然后在实体的移动点上单击，如图 11-14 所示。

2 系统提示：指定移动点或[基点(B)/复制(C)/放弃(U)/退出(X)]，移动鼠标指定移动点即可，如图 11-15 所示。

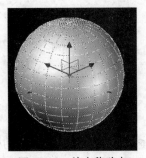

图 11-14　单击移动点

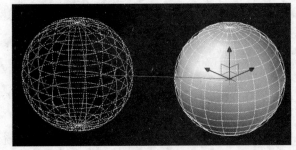

图 11-15　指定移动点位置

2. 利用夹点工具移动三维对象

移动夹点工具的作用是可以自由移动对象和子对象的选择集，或将移动约束到轴或面上。在选择要移动的对象或子对象后，可以将夹点工具放置在三维空间中的任意位置，以设置移动的基点，并在移动对象时临时更改 UCS（用户坐标系）的位置，从而达到移动对象的目的。

动手操作 利用夹点工具移动三维对象

1 打开光盘中的"..\Example\Ch11\11.2.2.dwg"练习文件，选择【常用】选项卡，在【修改】面板中单击【三维移动】按钮。

2 系统提示：选择对象，在绘图区中选择对象并按 Enter 键确定。

3 系统提示：指定基点或[位移(D)]<位移>，在绘图区中单击确定基点，如图 11-16 所示。

4　系统提示：指定第二个点或<使用第一个点作为位移>，可以移动鼠标，被选择的对象也随着移动，接着在绘图区中单击确定第二个点即可，如图 11-17 所示。

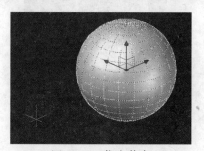

图 11-16　指定基点

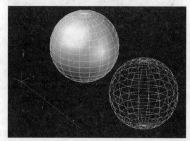

图 11-17　指定第二个点即可移动三维对象

11.2.3　旋转三维对象

在 AutoCAD 中，可以使用旋转夹点工具自由旋转对象和子对象，或将旋转约束到轴。在选择需要旋转的模型后，可以将夹点工具放到三维空间的任意位置（该位置由夹点工具的中心框或基准夹点指示），然后将对象拖动到夹点工具之外来自由旋转对象，或指定要将旋转约束到的轴。

动手操作　旋转三维对象

1　打开光盘中的"..\Example\Ch11\11.2.3.dwg"练习文件，选择【常用】选项卡，在【修改】面板中单击【三维旋转】按钮⬚。

2　系统提示：选择对象，在绘图区中选择对象并按 Enter 键确定。

3　系统提示：指定基点，绘图区出现旋转夹点工具，可以在绘图区中单击或输入数值确定基点，如图 11-18 所示。

4　系统提示：拾取旋转轴，将光标悬停在夹点工具上的轴控制柄上，当显示矢量（一条线的效果）后单击即可拾取为旋转轴，如图 11-19 所示。

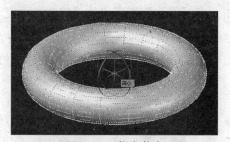

图 11-18　指定基点

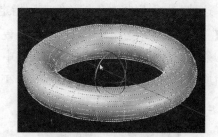

图 11-19　拾取旋转轴

5　系统提示：指定角的起点，在绘图区中单击或输入数值指定旋转角的起点，如图 11-20 所示。

6　系统提示：指定角的端点，移动鼠标旋转对象，当需要确定旋转角度后，只需在绘图区中单击即可指定当前角度的端点，如图 11-21 所示。

如果正在视觉样式设置为【二维线框】的视图中绘图，则在命令执行期间，三维旋转会将视觉样式暂时更改为【线框】。

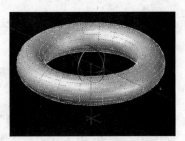

图 11-20　指定角的起点

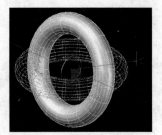

图 11-21　指定角的端点

11.2.4　缩放三维对象

在 AutoCAD 中，可以缩放小控件统一更改三维对象的大小，也可以沿指定轴或平面进行更改，如图 11-22 所示。在选择要缩放的对象和子对象后，可以约束对象缩放，方法是单击小控件轴、平面或全部三条轴之间的小控件部分。

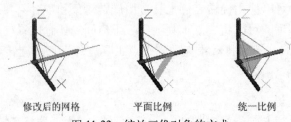

修改后的网格　　　　　平面比例　　　　　统一比例

图 11-22　缩放三维对象的方式

1. 沿轴缩放三维对象

这种方法可以将对象缩放约束到指定的轴上。在【常用】选项卡的【修改】面板上单击【三维缩放】按钮，选择对象，再指定基点，将光标移动到三维缩放小控件的轴上，然后按住鼠标即可沿该轴缩放三维对象，如图 11-23 所示。

2. 沿平面缩放三维对象

这种方法可以将对象缩放约束到指定的平面上。在【常用】选项卡的【修改】面板上单击【三维缩放】按钮，然后选择对象。此时每个平面均由从各自轴控制柄的外端开始延伸的条标识，可以通过将光标移动到其中一个条上来指定旋转所在的平面，当条变为黄色后，单击该条即可缩放对象，如图 11-24 所示。

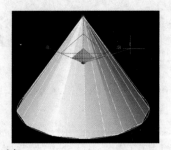

图 11-23　沿轴缩放三维对象

3. 统一缩放三维对象

这种方法可以沿全部轴统一缩放对象。在【常用】选项卡的【修改】面板上单击【三维缩放】按钮![icon]，然后选择对象。此时朝小控件的中心点移动光标时，亮显的三角形区域指示，可以单击后再沿全部三条轴缩放选定对象和子对象，如图 11-25 所示。

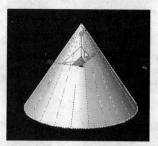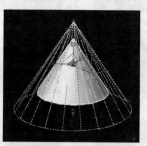

图 11-24　沿平面缩放三维对象

图 11-25　统一缩放三维对象

11.2.5　对齐三维对象

在 AutoCAD 中，可以使用【三维对齐】功能在三维空间中将两个对象按指定的方式对齐。系统将按照指定的对齐方式，通过移动、旋转或倾斜等操作，使对象与另一个对象对齐。

动手操作　对齐三维对象

1　打开光盘中的"..\Example\Ch11\11.2.5.dwg"练习文件，选择【常用】选项卡，在【修改】面板中单击【三维对齐】按钮![icon]。

2　系统提示：选择对象，此时在绘图区中选择对象并按 Enter 键确定。

3　系统依照操作依次出现如下提示。

```
指定基点或[复制(C)]
指定第二个点或[继续(C)]<C>
指定第三个点或[继续(C)]<C>
指定第一个目标点
指定第二个目标点或[退出(X)]<X>
指定第三个目标点或[退出(X)]<X>
```

4　在上面的提示中，前 3 个提示需要用户指定源平面的第一、第二或第三个源点，后 3 个提示需要指定目标平面相应的第一、第二或第三个目标点。其中源平面的第一个点称为基点。

5　在指定源平面和目标平面的对应点后，按 Enter 键即可对齐模型。整个过程如图 11-26 所示。

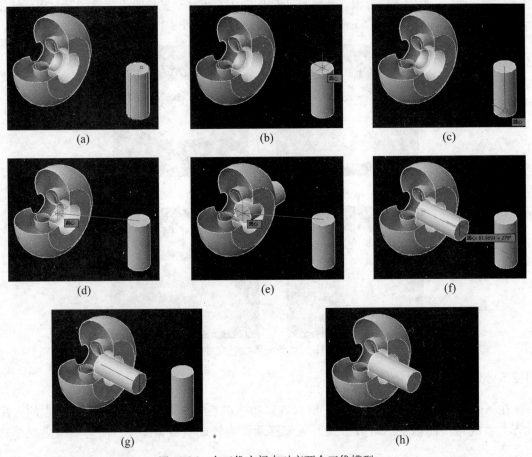

(a) (b) (c)

(d) (e) (f)

(g) (h)

图 11-26　在三维空间中对齐两个三维模型

11.2.6　镜像三维对象

在 AutoCAD 中，可以使用【三维镜像】功能在三维空间中通过指定镜像平面来镜像对象，创建相对于镜像平面对称的三维对象。镜像对创建对称的对象非常有用，可以快速绘制半个对象，然后将其镜像，而不必绘制整个对象。

可以作为镜像平面的对象有以下几个。

● 平面对象所在的平面。

● 通过指定点且与当前 UCS 的 XY、YZ 或 XZ 平面平行的平面。

● 由 3 个指定点(2、3 和 4)定义的平面。

动手操作　镜像三维对象

1　打开光盘中的 "..\Example\Ch11\11.2.6.dwg" 练习文件，选择【常用】选项卡，在【修改】面板中单击【三维镜像】按钮，或在命令窗口中输入 "mirror3d"。

2　系统提示：选择对象，在绘图区中选择对象并按 Enter 键确定，如图 11-27 所示。

3　系统提示：指定镜像平面(三点)第一个点或[对象(O)/最近的(L)/Z 轴(Z)/视图(V)/XY 平面(XY)/YZ 平面(YZ)/ZX 平面(ZX)/三点(3)]<三点>，在绘图区或者对象上选择镜像平面的第一个点，如图 11-28 所示。

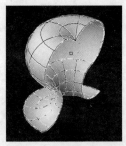
图 11-27　在绘图区中选择对象

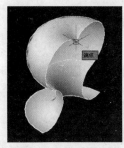
图 11-28　指定镜像平面的第一个点

　　4　系统提示：在镜像平面上指定第二点，在绘图区中指定镜像平面的第二个点，如图 11-29 所示。

　　5　系统提示：在镜像平面上指定第三点，在绘图区中指定镜像平面最后一个点，如图 11-30 所示。

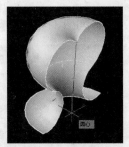
图 11-29　在镜像平面上指定第二点

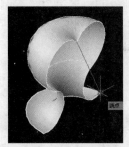
图 11-30　在镜像平面上指定第三点

　　6　系统提示：是否删除源对象？[是(Y)/否(N)]，并且绘图区也出现是否删除源对象的选项列表。选择【否】选项，直接按 Enter 键，如图 11-31 所示。镜像三维对象的结果如图 11-32 所示。

图 11-31　设置不删除源对象

图 11-32　镜像三维对象的结果

　　指定镜像平面的选项说明如下：

　　● 三点：以三点构成一个平面，这个平面就作为镜像平面。

　　● 对象：使用选定平面对象的平面作为镜像平面。

　　● 上一个：相对于最后定义的镜像平面对选定的对象进行镜像处理。

　　● Z 轴：根据平面上的一个点和平面法线上的一个点定义镜像平面。

　　● 视图：将镜像平面与当前视图中通过指定点的视图平面对齐。

　　● XY/YZ/ZX 平面：将镜像平面与一个通过指定点的标准平面（XY、YZ 或 ZX 平面）对齐。

11.2.7 三维对象阵列

在 AutoCAD 中，可以在矩形或环形（圆形）阵列中创建对象副本。对于矩形阵列，可以控制行和列的数目以及它们之间的距离；而对于环形阵列，则可以控制对象副本的数目并决定是否旋转副本。

1. 创建矩形阵列

 动手操作　创建矩形阵列

1 打开光盘中的 "..\Example\Ch11\11.2.7a.dwg" 练习文件，选择【常用】选项卡，在【修改】面板中单击【矩形阵列】按钮 。

2 系统提示：选择对象，在绘图区选择对象并按 Enter 键确定。

3 此时程序会创建矩形阵列，打开【阵列创建】选项卡，在其中可以输入列数、行数、级别以及行列级的距离参数。本例设置如图 11.33 所示的参数。

4 在设置好阵列的参数后，可以从绘图区中查看阵列效果，如图 11-34 所示。

图 11-33　设置阵列的参数

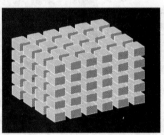

图 11-34　创建矩形阵列的结果

2. 创建环形阵列

 动手操作　创建环形阵列

1 打开光盘中的 "..\Example\Ch11\11.2.7b.dwg" 练习文件，选择【常用】选项卡，在【修改】面板中单击【环形阵列】按钮 。

2 系统提示：选择对象，在绘图区选择对象并按 Enter 键确定。

3 系统提示：指定阵列的中心点或[基点(B)/旋转轴(A)]，在绘图区上单击选择阵列的中心点，如图 11-35 所示。

4 打开【阵列创建】选项卡，在此选项卡中输入项目数、行数、级别等相关参数，如图 11-36 所示。

图 11-35　指定阵列的中心点

图 11-36　设置阵列的各项参数

5　在设置阵列参数后，可以通过绘图区查看创建阵列的结果，如图 11-37 所示。

 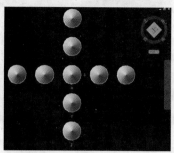

图 11-37　三维对象环形阵列的结果

11.3　三维实体的高级编辑

AutoCAD 2014 还提供了对三维实体进行更高级的编辑处理的强大功能，例如合并实体对象、删除两个实体重叠部分、压印边、移动或拉伸实体面等。

11.3.1　使用布尔运算编辑实体

布尔运算是指对实体进行并集、差集和交集的运算，从而形成新的实体。在二维绘图时，可以对多个面域对象进行并集、差集和交集的操作。对于三维实体模型，同样也可以使用布尔运算方式，对多个实体对象创建各种组合的实体模型。

布尔是英国的数学家，在 1847 年发明了处理二值之间关系的逻辑数学计算法，包括联合、相交、相减。在图形处理操作中引用了这种逻辑运算方法以使简单的基本图形组合产生新的形体。目前，由二维布尔运算已经发展到三维图形的布尔运算。

1. 并集
并集是指将两个或两个以上实体（或面域）的总体积合并成一个复合对象。

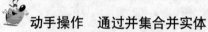**通过并集合并实体**

1　打开光盘中的"..\Example\Ch11\11.3.1a.dwg"练习文件，选择【常用】选项卡，在【实体编辑】面板中单击【并集】按钮 。

2　系统提示：选择对象，选择需要合并的实体，如图 11-38 所示。

3　系统提示：选择对象，选择其他需要合并的实体，然后按 Enter 键。这样被选择的实体就组合起来了，如图 11-39 所示。

选择集必须至少包含两个实体或面域对象，但对象可以位于任意不同平面。这些选择集分成单独连接的子集。同时，实体组合在第一个子集中，第一个选定的面域和所有后续共面面域组合在第二个子集中，下一个不与第一个面域共面的面域以及所有后续共面面域组合在第三个子集中。依此类推，直到所有面域都属于某个子集。

图 11-38　选择对象

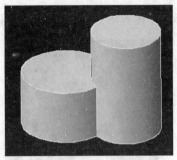

图 11-39　实体组合起来的结果

2. 差集

差集是指从一组实体中删除与另一组实体的公共区域，例如，可以通过【差集】功能从对象中减去圆柱体，从而在机械零件中添加孔。

动手操作　通过差集删除重叠实体公共区域

1　打开光盘中的 "..\Example\Ch11\11.3.1b.dwg" 练习文件，选择【常用】选项卡，在【实体编辑】面板中单击【差集】按钮。

2　系统提示：选择对象，选择需要从中减去的实体，完成后按 Enter 键，如图 11-40 所示。

3　系统提示：选择要减去的实体、曲面和面域，再提示:选择对象,此时选择要减去的实体,然后按 Enter 键即可，如图 11-41 所示。删除实体公共区域的结果如图 11-42 所示。

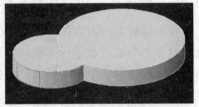

图 11-40　选择对象

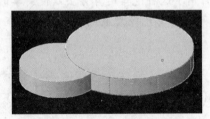

图 11-41　选择要减去的实体

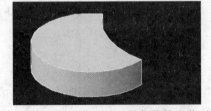

图 11-42　通过差集删除重叠实体的公共区域

执行差集删除操作的两个面域必须位于同一平面上。但是，通过在不同的平面上选择面域集，可以同时执行多个差集操作。系统会在每个平面上分别生成减去的面域。如果没有其他选定的共面面域，则该面域将被拒绝。

3. 交集

交集是指将两个或两个以上重叠实体的公共部分创建成复合实体。可以利用【交集】功能删除非重叠部分，从而将重叠的公共部分创建成一个新的三维模型。

动手操作　从多个实体的交集中创建复合实体

1　打开光盘中的 "..\Example\Ch11\11.3.1c.dwg" 练习文件，选择【常用】选项卡，在【实体编辑】面板中单击【交集】按钮。

2 系统提示：选择对象，选择需要合并的实体或面域。

3 系统提示：选择对象，选择实体或面域，直到按 Enter 键结束选择对象，如图 11-43 所示。被选择到的实体或面域的公共部分生成新的模型，结果如图 11-44 所示。

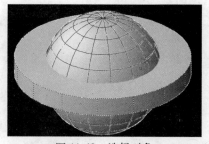

图 11-43　选择对象

图 11-44　生成新的模型

11.3.2　编辑实体的边

在 AutoCAD 2014 中，可以提取实体的边，还可以对实体的边进行压印、着色、复制的操作。

1．提取边

提取边就是从三维实体、曲面、网格、面域或子对象的边创建线框几何图形。可以在按住 Ctrl 键的同时选择面、边和部件对象，然后按 Enter 键确定提取选定对象的边。

 动手操作　提取三维实体的边

1 打开光盘中的"..\Example\Ch11\11.3.2a.dwg"练习文件，选择【常用】选项卡，在【实体编辑】面板中单击【提取边】按钮 。

2 系统提示：选择对象，选择绘图区上所有的实体对象并按 Enter 键。提取实体的边的前后结果如图 11-45 所示。

TIPS► 当实体提取边后，实体的面和边就分成独立的对象。在将实体的面删除时，实体的边依然存在。如图 11-46 所示为删除实体面后的结果。

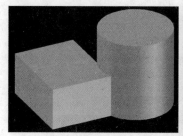
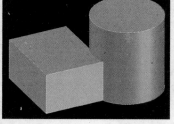

图 11-45　提取实体的边的前后对比

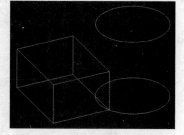

图 11-46　删除实体的面的结果

2．压印边

压印边是指通过压印圆弧、圆、直线、二维和三维多段线、椭圆、样条曲线、面域、体和三维实体来创建三维实体上的新面。例如将两个三维实体相交，然后压印实体上的相交线，即可将该相交线添加到实体上。

动手操作　相交实体压印边

1　打开光盘中的"..\Example\Ch11\11-3-2b.dwg"练习文件，选择【常用】选项卡，在【实体编辑】面板中打开【边编辑】下拉列表，选择【压印】选项。

2　系统提示：选择三维实体，在绘图区中选择三维实体，如图 11-47 所示。

3　系统提示：选择要压印的对象，在绘图区上选择压印的对象，如图 11-48 所示。

4　系统提示：是否删除源对象[是(Y)/否(N)]，输入"Y"然后按 Enter 键确定。压印边的结果如图 11-49 所示。

图 11-47　选择三维实体

图 11-48　选择要压印的对象

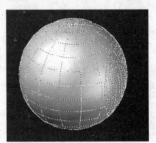

图 11-49　压印边的结果

压印对象必须与选定实体上的面相交，这样才能压印成功。另外，压印边后可以删除原始压印对象，也可以保留下来以供将来编辑使用。

3. 着色边

着色边是指将颜色添加至实体对象的单个边上。

动手操作　三维实体着色边

1　打开光盘中的"..\Example\Ch11\11.3.2c.dwg"练习文件，选择【常用】选项卡，在【实体编辑】面板中打开【边编辑】下拉列表，选择【着色边】选项。

2　系统提示：选择边或[放弃(U)/删除(R)]，在绘图区中选择实体的一边，然后按 Enter 键，如图 11-50 所示。

3　在【选择颜色】对话框中选择一种颜色，然后单击【确定】按钮，如图 11-51 所示。

图 11-50　选择边

图 11-51　选择颜色

4 系统提示：输入边编辑选项[复制(C)/着色(L)/放弃(U)/退出(X)]<退出>，此时可以输入 "L"，然后继续为其他边着色。如果需要退出，直接按 Enter 键即可。

5 系统提示：输入实体编辑选项[面(F)/边(E)/体(B)/放弃(U)/退出(X)]<退出>，此时直接按 Enter 键退出。着色边的效果如图 11-52 所示。

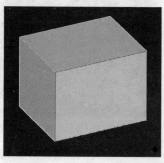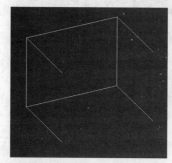

图 11-52　着色边的结果

 实体的边着色后，在"真实"和"概念"视觉样式中是没有显示的，只要使用其他视觉样式查看即可观看到边着色后的结果。

4. 复制边

复制边是指复制三维实体对象的各个边。三维实体所有的边都可以复制为直线、圆弧、圆、椭圆或样条曲线对象。当指定实体的边后，只需指定两个点即可。其中第一个点将用作基点。

 动手操作　复制三维实体的边

1 打开光盘中的 "..\Example\Ch11\11.3.2d.dwg" 练习文件，选择【常用】选项卡，在【实体编辑】面板中打开【边编辑】下拉列表，选择【复制边】选项 🔲 。

2 系统提示：选择边或[放弃(U)/删除(R)]，在绘图区中选择实体的一边，然后按 Enter 键，如图 11-53 所示。

3 系统提示：指定基点或位移，在绘图区中单击或输入数值确定基点或位移，如图 11-54 所示。

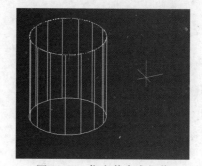

图 11-53　选择边　　　　　　　　　图 11-54　指定基点或位移

4 系统提示：指定位移的第二点，在绘图区中单击或输入数值确定位移第二个点，如图 11-55 所示。

5 系统提示：输入边编辑选项[复制(C)/着色(L)/放弃(U)/退出(X)]<退出>，按 Enter 键。

6 系统提示：输入实体编辑选项[面(F)/边(E)/体(B)/放弃(U)/退出(X)]<退出>，再次按 Enter 键退出。复制边的结果如图 11-56 所示。

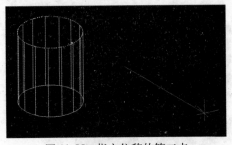 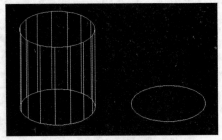

图 11-55 指定位移的第二点   图 11-56 复制边的结果

11.3.3 编辑实体的面

在 AutoCAD 中，除了可以单独编辑实体的边以外，还可以编辑三维实体的面，例如拉伸面、移动面、旋转面、偏移面、倾斜面、删除面、复制面和着色面等。

1. 拉伸面

可以将选定的三维实体对象的面拉伸到指定的高度或沿一路径拉伸。

选择【拉伸面】选项后，可以依照系统的以下提示进行操作。

- **选择面或[放弃(U)/删除(R)]**：选择一个或多个面，或输入选项。
- **选择面或[放弃(U)/删除(R)/全部(ALL)]**：选择一个或多个面，或输入选项。
- **指定拉伸高度或[路径(P)]**：设置拉伸的高度，或输入"P"。
  - ➢ 高度：设置拉伸的方向和高度(如果输入正值，则沿面的正向拉伸。如果输入负值，则沿面的反方向拉伸)。如果选择该选项，系统提示：指定拉伸的倾斜角度，此时指定介于-90°～90°的角度。拉伸的效果如图 11-57 所示。
  - ➢ 路径：以指定的直线或曲线来设置拉伸路径。所有选定面的轮廓将沿此路径拉伸。如果选择该选项，系统提示：选择拉伸路径，此时在绘图区中选择路径对象。拉伸的效果如图 11-58 所示。

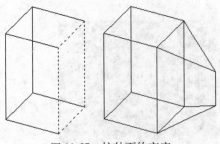 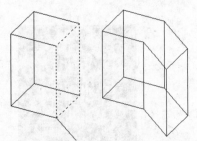

图 11-57 拉伸面的高度   图 11-58 沿路径拉伸面

2. 移动面

可以沿指定的高度或距离移动选定的三维实体对象的面。

选择【移动面】选项后，可以依照系统的以下提示进行操作。

- **选择面或[放弃(U)/删除(R)]**：选择一个或多个面，或输入选项。

- 选择面或[放弃(U)/删除(R)/全部(ALL)]：再次选择一个或多个面，或输入选项，需要结束时可按 Enter 键。
- 指定基点或位移：指定基点或位移。
- 指定位移的第二点：指定点，接着按 Enter 键结束操作。

移动面的效果如图 11-59 所示。

3. 旋转面

旋转面指绕指定的轴旋转一个或多个面或实体的某些部分。

选择【旋转面】选项后，可以依照系统的以下提示进行操作。

- 选择面或[放弃(U)/删除(R)]：选择一个或多个面，或输入选项。
- 选择面或[放弃(U)/删除(R)/全部(ALL)]：继续选择一个或多个面，或输入选项，当需要结束选择时可按 Enter 键。
- 指定轴点或[经过对象的轴(A)/视图(V)/X 轴(X)/Y 轴(Y)/Z 轴(Z)]<两点>：输入选项、指定点。
- 轴点<两点>：使用两个点定义旋转轴。选择该选项后，系统依次进行以下提示。
  - ➤ 在旋转轴上指定第一个点：指定点的位置。
  - ➤ 在旋转轴上指定第二个点：指定点的位置。
  - ➤ 指定旋转角度或[参照(R)]：指定角度或输入"R"。
- 经过对象的轴：将旋转轴与现有对象对齐。选择该选项后，系统依次进行以下提示：
  - ➤ 选择作为轴使用的曲线：使用作为旋转轴的曲线。
  - ➤ 指定旋转角度或[参照(R)]：指定角度或输入"R"。
- 视图：将旋转轴与当前通过选定点的视图的观察方向对齐。当选择该选项后，系统依次进行以下提示。
  - ➤ 指定旋转原点<0,0,0>：指定旋转原点。
  - ➤ 指定旋转角度或[参照(R)]：指定角度或输入"R"。
- X 轴、Y 轴、Z 轴：将旋转轴与通过选择的点所在的轴(X、Y 或 Z 轴)对齐。当选择该选项后，系统依次进行以下提示。
  - ➤ 指定参照(起点)角度<0>：指定参照或起点的角度。
  - ➤ 指定端点角度：指定端点角度。

旋转面的效果如图 11-60 所示。

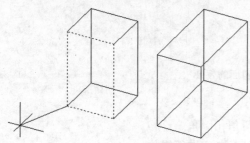

图 11-59　移动实体面的效果

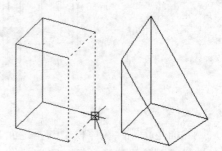

图 11-60　使用 45 度角旋转面的效果

4. 偏移面

偏移面是指按指定的距离或通过指定的点，将面均匀地偏移。正值增大实体尺寸或体积，负值减小实体尺寸或体积。

选择【偏移面】选项后，可以依照系统的以下提示进行操作。

● 选择面或[放弃(U)/删除(R)]：选择一个或多个面，或输入选项。

● 选择面或[放弃(U)/删除(R)/全部(ALL)]：继续选择一个或多个面，或输入选项，选择完成后可按 Enter 键结束。

● 指定偏移距离：指定面偏移的距离。

偏移面的效果如图 11-61 所示。

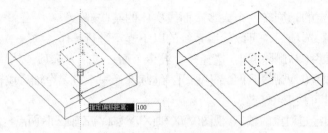

图 11-61　偏移面的效果

5. 倾斜面

倾斜面是指按一个角度将面进行倾斜。其中倾斜角的旋转方向由选择基点和第二点（沿选定矢量）的顺序决定。

选择【倾斜面】选项后，可以依照系统的以下提示进行操作。

● 选择面或[放弃(U)/删除(R)]：选择一个或多个面，或输入选项。

● 选择面或[放弃(U)/删除(R)/全部(ALL)]：继续选择一个或多个面，或输入选项，只要按 Enter 键即可结束选择。

● 指定基点：指定基点。

● 指定沿倾斜轴的另一个点：指定倾斜轴的另一点。

● 指定倾斜角：设置介于-90°～90°的倾斜角度。

倾斜面的效果如图 11-62 所示。

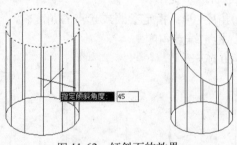

图 11-62　倾斜面的效果

6. 删除面

删除面是指删除实体模型的指定面，包括圆角和倒角。

选择【删除面】选项后，可以依照系统的以下提示进行操作。

● 选择面或[放弃(U)/删除(R)]：选择一个或多个面，或输入选项。

● 选择面或[放弃(U)/删除(R)/全部(ALL)]：继续选择一个或多个面，或输入选项，按 Enter 键即可结束选择。

删除面的效果如图 11-63 所示。

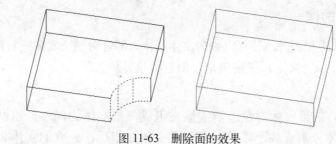

图 11-63 删除面的效果

7. 复制面

复制面是指将面复制为面域或体。如果指定两个点，【复制面】将使用第一个点作为基点，并相对于基点放置一个副本。如果指定一个点(通常输入为坐标)，然后按 Enter 键，【复制面】将使用此坐标作为新位置。

选择【复制面】选项后，可以依照系统的以下提示进行操作。

● **选择面或[放弃(U)/删除(R)]**：选择一个或多个面，或输入选项。

● **选择面或[放弃(U)/删除(R)/全部(ALL)]**：继续选择一个或多个面，或输入选项，按 Enter 键即可结束选择。

● **指定基点或位移**：指定基点或位移。

● **指定位移的第二点**：指定位移另一个点。

复制面的效果如图 11-64 所示。

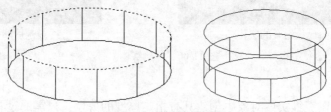

图 11-64 复制面的效果

8. 着色面

着色面是指修改实体面的颜色。

选择【着色面】选项后，可以依照系统的以下提示进行操作。

● **选择面或[放弃(U)/删除(R)]**：选择一个或多个面，或输入选项。

● **选择面或[放弃(U)/删除(R)/全部(ALL)]**：继续选择一个或多个面，或输入选项，按 Enter 键即可结束选择。

● **打开【选择颜色】对话框**：选择面的填充颜色。

着色面的效果如图 11-65 所示。

图 11-65 着色面的效果

11.3.4 编辑实体的体

除了编辑实体的边和面外，还可以编辑实体的体，即针对整个实体进行编辑。编辑体的操作包括分割实体、抽壳实体、创建倒角、创建圆角等。

1. 分割实体

分割实体是指将三维实体对象分解成原来组成三维实体的部件。通过分割实体的方法，可以将组合实体分割成各个零件。将三维实体分割后，独立的实体将保留原来的图层和颜色。

动手操作　将三维组合实体分割为单独实体

1　打开光盘中的"..\Example\Ch11\11.3.4a.dwg"练习文件，在【实体编辑】面板中单击【分割】按钮⬚。

2　系统提示：选择三维实体，在绘图区中选择需要分割的组合实体，然后按两次 Enter 键结束操作，结果如图 11-66 所示。

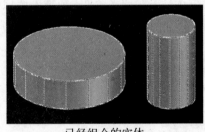
已经组合的实体

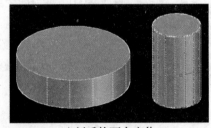
分割后的两个实体

图 11-66　分割实体

2. 抽壳实体

抽壳实体是指在三维实体对象中创建具有指定厚度的薄壁。只需通过将现有面向原位置的内部或外部偏移来创建新的面即可。

动手操作　创建三维实体抽壳

1　打开光盘中的"..\Example\Ch11\11.3.4b.dwg"练习文件，在【实体编辑】面板中单击【抽壳】按钮⬚。

2　系统提示：选择三维实体，在绘图区中选择需要抽壳的实体。

3　系统提示：删除面或[放弃(U)/添加(A)/全部(ALL)]，可以选择一个或多个需要删除的面，按 Enter 键结束选择，如图 11-67 所示。

4　系统提示：输入抽壳偏移距离，设置抽壳偏移的距离，如图 11-68 所示。

5　输入偏移距离后,连续按两次 Enter 键结束操作。结果如图 11-69 所示。

3. 创建倒角

倒角是指将两条成角的边连接两个对象。在三维空间中，可以为选定的三维实体的相邻面添加倒角。

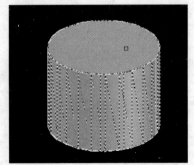
图 11-67　选择需要删除的面

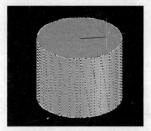
图 11-68　设置抽壳偏移的距离

图 11-69　抽壳实体的结果

动手操作　为三维实体创建倒角

1　打开光盘中的 "..\Example\Ch11\11.3.4c.dwg" 练习文件，在【实体】选项卡的【实体编辑】选项卡中单击【倒角边】按钮 ⬚。

2　系统提示：选择第一条直线或[环(L)/距离(D)]，在实体上选择要倒角的边，如图 11-70 所示。

3　系统提示：选择同一个面上的其他边或[环(L)/距离(D)]，选择同一个面的其他边，如图 11-71 所示。

4　系统提示：按 Enter 键接受倒角或[距离(D)]，可以按 Enter 键使用默认的倒角距离，也可以输入 "d" 自定倒角距离。这里输入 "d"。

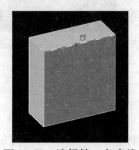
图 11-70　选择第一条直线

图 11-71　指定基面的倒角距离

5　系统提示：指定基本面倒角距离或[表达式(E)]，输入倒角距离 10，按 Enter 键，如图 11-72 所示。

图 11-72　指定基本面倒角距离

6　系统提示：指定其他面曲面倒角距离或[表达式(E)]，输入其他曲面的倒角距离 10，按 Enter 键，如图 11-73 所示。

图 11-73　指定其他曲面的倒角距离

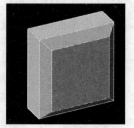
图 11-74　创建实体倒角的结果

7　系统提示：按 Enter 键接受倒角或[距离(D)]，按 Enter 键接受倒角，结果如图 11-74 所示。

基面距离是指从选定边到基面上一点的距离；曲面距离是指从选定边到相邻曲面上一点的距离。

3. 创建圆角

圆角是指使用与对象相切并且具有指定半径的圆弧连接两个对象。

 动手操作　为三维实体创建圆角

1　打开光盘中的 "..\Example\Ch11\11.3.4c.dwg" 练习文件，在【实体】选项卡的【实体编辑】选项卡中单击【圆角边】按钮 。

2　系统提示：选择边或[链(C)/环(L)/半径(R)]，选择对象一个面的上下两条边，如图 11-75 所示。

3　系统提示：按 Enter 键接受圆角或[半径(R)]，输入 "r" 自定义圆角半径。

4　输入圆角半径为 10，然后按两次 Enter 键确定，结果如图 11-76 所示。

  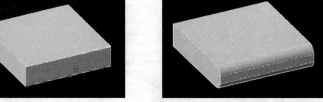

图 11-75　选择圆角面的两条边　　　　　　　　图 11-76　为实体创建圆角的效果

11.4　课堂实训

AutoCAD 2014 提供了"网格化模型"功能，包括多种新的建模技术，可以帮助用户创建和修改样式更加流畅的三维模型，如图 11-77 所示。下面将通过多个网格模型设计为例，介绍使用网格设计模型的方法。

通过网格化模型设计可以对网格对象执行以下操作：

1　进行逐步平滑处理以呈现更加圆润的外观。

2　通过移动、缩放或旋转面、边或顶点进行编辑。

3　通过锐化边进行锐化。

4　进行优化以在整体上或仅在指定的区域中增加可编辑的面数。

5　通过分割单个面进一步进行分段。

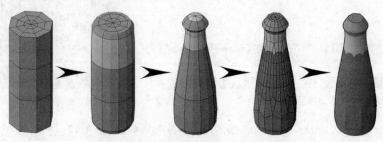

图 11-77　创建和修改样式更加流畅的三维模型

11.4.1　平滑与优化网格模型

修改现有网格的其中一种方法是增加或降低其平滑度，其中平滑度 0 表示最低平滑度，平滑度 4 表示高圆度，不同对象之间可能会有所差别。

另外，优化网格对象可以增加可编辑面的数目，从而提供对象精细建模细节的附加控制。如果要处理细节，可以优化平滑的网格对象或单个面。这样优化对象会将所有底层网格镶嵌面转换为可编辑的面。

动手操作　平滑和优化网格

1　打开光盘中的"..\Example\Ch11\11.4.1.dwg"练习文件，先选择要平滑的对象，在【网格】选项卡的【网格】面板中单击两次【提高平滑度】按钮 ⟨提高平滑度⟩，如图 11-78 所示。单击一次可以将网格对象的平滑度提高一个级别。

2　如果要降低平滑度，可以保持对象的被选状态，在【网格】面板中单击【降低平滑度】按钮 ⟨降低平滑度⟩，单击一次可以将网格对象的平滑度降低一个级别。

3　在【网格】面板中单击【优化网格】按钮 ⟨优化网格⟩，系统提示：选择要优化的网格对象或子对象，这里选择整个网格对象，如图 11-79 所示。

4　按 Enter 键后，将会成倍增加选定网格对象或网格面中的面数，如图 11-80 所示。

图 11-78　提高平滑度

图 11-79　选择要优化的对象

图 11-80　优化后的网格对象

11.4.2　通过修改网格对象塑造模型

在复杂三维实体、曲面或网格中，选择特定的子对象可能会非常困难。可以通过设置子对象过滤器将选择限制到特定的子对象类型。

另外，配合拖拽夹点可拉伸、旋转或移动一个或多个网格子对象，包括面、边缘或顶点。在拖动时，周围的面和边会继续附着到修改的子对象的边界。

动手操作　重塑子对象形状

1　打开光盘中的"..\Example\Ch11\11.4.2.dwg"练习文件，在【网格】选项卡的【选择】

面板中打开【过滤器】下拉列表，然后选择【顶点】选项，如图 11-81 所示。

　　2　按住 Ctrl 键不放，选择网格长方体上面中央的矩形网格，如图 11-82 所示。

　　3　将鼠标移至选中对象上，UCS 将会自动跟随。在原点上单击右键，在打开的快捷菜单中选择【移动】命令，如图 11-83 所示。

　　4　将鼠标移至 Z 轴上，移留一秒左右后将变成金黄色，表示指定此轴为移动方向，如图 11-84 所示。

图 11-81　选择【顶点】过滤选项

图 11-82　选择要编辑的顶点

图 11-83　选择【移动】编辑命令

图 11-84　指定移动方向

　　5　在指定的方向轴上按住左键不放并往上拖动，当矩形网格的 4 个顶点达到合适的移动距离后释放左键，如图 11-85 所示。完成移动操作后按 Esc 键退出编辑模式。

　　6　在【网格】选项卡的【选择】面板中打开【过滤器】下拉列表，然后选择【面】选项。

　　7　按住 Ctrl 键不放选择要编辑的面，如图 11-86 所示。

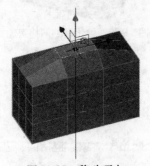

图 11-85　移动顶点

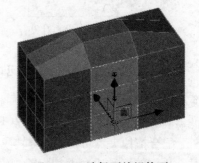

图 11-86　选择要编辑的面

　　8　指定 Y 轴为移动方向并往右拖动选择的面，如图 11-87 所示。完成移动操作后按 Esc 键退出编辑模式。

9 在【网格】选项卡的【选择】面板中打开【过滤器】下拉列表，然后选择【边】选项⬜。

10 选择要拖动的边，然后指定 Y 轴为移动方向，拖动选中的边，如图 11-88 所示。

11 使用步骤 9 和步骤 10 的方法，拖动另外一条边以修改对象，结果如图 11-89 所示。

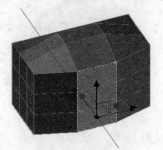

图 11-87　移动面

图 11-88　选择并移动边

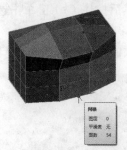

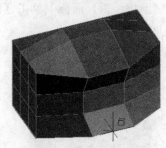

图 11-89　通过编辑后的网格立方体对象

11.4.3　应用分割与拉伸面设计模型

如果要修改小型区域而不想影响整个网格对象的形状，可以对指定面进行分割，将其分为两个独立的面，随后对相关子对象进行拉伸或者其他处理，所做的更改会对周围的面产生更加细微的效果。

🐭 **动手操作　分割与拉伸面**

1 打开光盘中的“..\Example\Ch11\11.4.3.dwg”练习文件，选择【网格】选项卡，在【网格编辑】面板中单击【分割面】按钮 ⬜ 分割面。

2 系统提示：选择要分割的网格面，移动鼠标到网格面上单击，如图 11-90 所示。

3 系统提示：指定第一个分割点，此时捕捉网格面左上方的角点并单击，如图 11-91 所示。

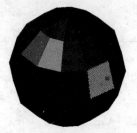

图 11-90　选择要分割的网格面

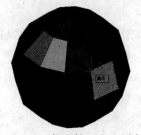

图 11-91　指定第一个分割点

4 系统提示：指定第二个分割点，此时捕捉网格面另一个对角点并单击，如图 11-92 所示。

5 这样网格面将会被两个分割点所连成的直线划分为两个独立的面，如图 11-93 所示。

图 11-92 指定第二个分割点

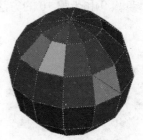

图 11-93 分割后的网格面

6 在【选择】面板中打开【过滤器】下拉列表，然后选择【面】选项▯。

7 在【网格编辑】面板中单击【拉伸面】按钮▯，然后按住 Ctrl 键单击选择要拉伸的面，如图 11-94 所示。

8 拖动鼠标拉伸至合适高度后单击确定，或者输入数值指定高度，如图 11-95 所示。

图 11-94 选择要拉伸的对象

图 11-95 拉伸面后的结果

11.5 本章小结

本章重点介绍了在三维模型工作空间中显示三维对象外观和检查实体模型的方法，还介绍了三维对象的基本修改和高级编辑方法，包括使用小控件修改三维对象、创建三维对象的阵列、编辑实体的边和面、应用网格模型设计等内容。

11.6 习题

一、填充题

(1) 在默认的情况下，AutoCAD 提供了_____、_____、_____、_____、_____五种视觉样式。

(2) 在 AutoCAD 中，可以使用_____功能在三维空间中通过指定镜像平面来镜像对象。

(3) 在 AutoCAD 中，可以在_____或_____（_____）阵列中创建对象副本。

(4) 布尔运算是指对实体进行_____、_____和_____的运算，从而形成新的实体。

（5）_____是指将三维实体对象分解成原来组成三维实体的部件。

二、选择题

（1）在 AutoCAD 中，使用"拉伸"的方法和什么工具来移动三维对象？　　（　）

　　A．移动夹点工具　　　　　　　　　B．移动基点工具

　　C．移动工具　　　　　　　　　　　D．移动实体工具

（2）以下哪个命令可以在三维空间中通过指定镜像平面来镜像对象以创建相对于镜像平面对称的三维对象？　　（　）

　　A．move3d　　　　B．mirror3d　　　C．3darray　　　D．interfere

（3）以下哪个命令可以对三维实体对象进行干涉检查？　　（　）

　　A．move3d　　　　B．fix3d　　　　C．3darray　　　D．interfere

（4）当需要进行拉伸面、移动面、旋转面、偏移面、倾斜面、删除面、复制面和着色面等操作时，应该使用什么命令？　　（　）

　　A．3dsolidedit　　B．lidedit　　　C．solidedit　　　D．visualstyles

（5）在三维模型操作中，先按住哪个键，然后选择模型的子对象？　　（　）

　　A．Alt　　　　　　B．Shift　　　　C．Ctrl　　　　　D．F1

三、操作题

通过拉伸面的方法，为一个网格圆锥体对象制作出一个圆柱体形状的手柄，结果如图 11-96 所示。

图 11-96　制作带手柄的网格圆锥体的前后对比

提示：

（1）打开光盘中的"..\Example\Ch11\11.6.dwg"练习文件，选择【网格】选项卡，在【选择】面板中打开【过滤器】下拉列表，然后选择【面】选项。

（2）在【网格编辑】面板中单击【拉伸面】按钮，然后按住 Ctrl 键单击选择网格圆锥体底面中要拉伸的面。

（3）拖动鼠标拉伸至合适高度后单击确定。

（4）按 Esc 键结束操作。

第 12 章 实体模型后期处理与渲染

教学提要

本章主要介绍 AutoCAD 中实体模型后期处理与渲染，包括添加与设置光源、为实体添加材质和三维模型的渲染等。

教学重点

➢ 掌握为模型实体添加各种光源的方法
➢ 掌握为模型实体添加各种类型材质的方法
➢ 了解渲染模型前的准备工作
➢ 掌握对三维模型进行渲染处理的技巧

12.1 添加与设置光源

制作好的模型在绘图区都是以线框形式显示的。为了真实反映出实体的模样，可以利用指定的光源与材质对模型进行渲染，得到有真实感的图片。

AutoCAD 的渲染功能与光源和材质的设置有直接的关系。通过设置合适的光线，可以影响实体各个表面的阴暗情况并能产生阴影。光源的基本作用是照亮模型，使模型能够在渲染视图中显示出来，还能充分体现出模型的立体感。

12.1.1 光源的类型

AutoCAD 2014 提供了点光、聚光灯、平行光和光域网灯光 4 种光源。可以单击【渲染】｜【光源】｜【创建光源】选项选择光源，如图 12-1 所示。

图 12-1 光源的类型

AutoCAD 除了提供以上 4 种类型的光源外，还具备一种默认光源。在没有指定使用的光源时，默认光源会起作用；反之，在指定了点光源、聚光灯与平行光任意一种光源后，默认光源会自动关闭。默认光源是一种没有方向、不会发生衰减的光源，因此不能自定义光源的方向及强度。当使用默认光源渲染实体时，实体各个表面的亮度都是相同的。

1. 点光源

点光源是指从一点发出向各个方向发射的光源，它的性质与灯泡发出的光源类似。根据点光线的位置，实体将产生明显的阴影效果，因此可以在不同位置指定多个点光源，提供不同的光照效果。另外，点光源的强度可以随着距离的增加而发生衰减，并具有不同的衰减方式，从而可以使实体的光照效果更加逼真。

动手操作 创建点光源

1 打开光盘中的"..\Example\Ch12\12.1.1a.dwg"练习文件，在【渲染】选项卡的【创建光源】中选择【点光源】选项，如图 12-2 所示。

2 打开【光源 - 视口光源模式】对话框，单击第一个选项关闭默认的光源，如图 12-3 所示。

图 12-2 创建点光源

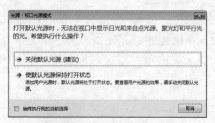

图 12-3 关闭默认的光源

3 系统提示：指定源位置 <0,0,0>，在绘制区单击指定点光源的位置，如图 12-4 所示。

4 系统提示：输入要更改的选项 [名称(N)/强度因子(I)/状态(S)/光度(P)/阴影(W)/衰减(A)/过滤颜色(C)/退出(X)] <退出>，可以根据需要设置相关的点光源属性，如果要保持默认设置按 Enter 键即可。

5 此时图像中将出现光照区域，其中红色和白色为光照区，棕色为为阴影区，如图 12-5 所示。

图 12-4 指定点光源的位置

图 12-5 添加点光源的结果

6 如果点光源的位置不合适，可以选择点光源，然后调整光源的位置，如图 12-6 所示。调整光源位置后的结果如图 12-7 所示。

7 如果要删除点光源，只要选择之前定位光源的点然后按 Delete 键即可。

2. 聚光灯

与点光源一样，聚光灯也是从一点出发，光线也会发生衰减。不同的是，点光源的光线是没有方向的，而聚光灯的光线则是沿指定的方向和范围发射出圆锥形的光束。内部光锥是光速中最亮的部分，其顶角称为聚光角；整个光锥的顶角称为照射角，在照射角和聚光角之间的光锥部分，光的强度将会产生衰减，这一区域称为快速衰减区。

图 12-6　调整点光源的位置

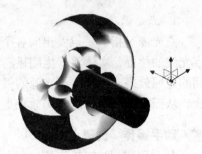
图 12-7　调整点光源位置的结果

动手操作　创建聚光灯

1　打开光盘中的"..\Example\Ch12\12.1.1b.dwg"练习文件，打开【渲染】选项卡的【创建光源】下拉列表，选择【聚光灯】选项。

2　系统提示：指定源位置<0,0,0>，在绘图区上单击以指定光源位置，如图 12-8 所示。

3　系统提示：指定目标位置<0,0,–10>，在绘图区上单击指定聚光灯的目标位置，如图 12-9 所示。

图 12-8　指定光源位置

图 12-9　指定目标位置

4　系统提示：输入要更改的选项 [名称(N)/强度因子(I)/状态(S)/光度(P)/聚光角(H)/照射角(F)/阴影(W)/衰减(A)/过滤颜色(C)/退出(X)] <退出>，按 Enter 键保持默认设置。根据上面的步骤添加聚光灯的效果如图 12-10 所示。

5　为了调整光照的效果，可以调整聚光灯的位置，如图 12-11 所示。

图 12-10　添加聚光灯的效果

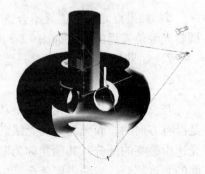
图 12-11　调整聚光灯的位置

6 拖动聚光范围内圈的夹点，调整聚光的衰减效果，如图 12-12 所示。

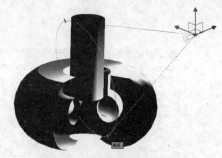

3. 平行光

平行光是沿着指定方向发射的平行光线。在添加平行光时，需要指定光源的起始位置以及向哪个方向发射。平行光最显著的特点是它在整个三维空间中都具有同样的光源强度，也就是每个被平行光照射的实体表面，其光线强度都与光源处相同，并不会发生衰减。

图 12-12　调整聚光灯的衰减效果

🐜 **动手操作**　创建平行光

1 打开光盘中的 "..\Example\Ch12\12.1.1c.dwg" 练习文件，打开【国际光源单位】下拉列表，选择【常规光源单位】选项并启用默认（常规）光源，如图 12-13 所示。

2 打开【创建光源】下拉列表选择【平行光】选项。

3 系统提示：指定光源来向<0,0,0>或[矢量(V)]，单击图形以指定光源位置，然后单击以指定光源去向，如图 12-14 所示。

图 12-13　启用常规光源

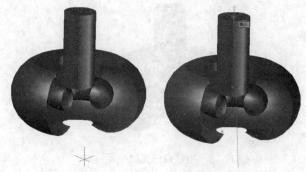

图 12-14　指定光源来向和去向

4 系统提示：输入要更改的选项 [名称(N)/强度(I)/状态(S)/阴影(W)/颜色(C)/退出(X)] <退出>，直接按 Enter 键保持默认设置，添加平行光的结果如图 12-15 所示。

4. 光域网灯光

光域网是一种关于光源亮度分布的三维表现形式，它将测角图扩展到三维，以便同时检查照度对垂直角度和水平角度的依赖性。光域网的中心表示光源对象的中心。

图 12-15　添加平行光的效果

另外，光域网灯光可用于表示各向异性（非统一）光分布，此分布来源于现实中的光源制造商提供的数据。与聚光灯和点光源相比，它提供了更加精确的渲染光源表示。

🐜 **动手操作**　创建光域网灯光

1 打开光盘中的 "..\Example\Ch12\12.1.1d.dwg" 练习文件，打开【国际光源单位】下拉列表，选择【国际光源单位】选项。

2 打开【渲染】选项卡的【创建光源】下拉列表选择【光域网灯光】选项。打开【光源 - 视口光源模式】对话框，单击第一个选项关闭默认的光源，如图 12-16 所示。

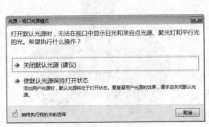
图 12-16　关闭默认光源

图 12-17　指定光源的位置

3　系统提示：指定源位置 <0,0,0>，在绘制区单击指定光源的位置，如图 12-17 所示。

4　系统提示：指定目标位置<0,0,-10>，在绘图区上单击指定光域网灯光的目标位置，如图 12-18 所示。

5　系统提示：输入要更改的选项 [名称(N)/强度因子(I)/状态(S)/光度(P)/阴影(W)/衰减(A)/过滤颜色(C)/退出(X)] <退出>，可以根据需要设置相关的光源属性，如果要保持默认设置可以按 Enter 键。结果如图 12-19 所示。

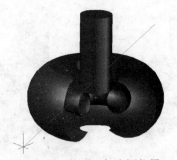
图 12-18　指定目标光源位置

图 12-19　使用光域网光源照射实体的结果

12.1.2　控制光源特性

在为三维实体添加光源后，可以打开【模型中的光源】选项板，在选择光源后单击右键并选择【特性】命令打开【特性】选项板，可以在此定义所使用光源的强度、衰减程度、光源颜色等，如图 12-20 所示。

图 12-20　打开光源【特性】选项板

1. 常规选项

位于光源特性选项板的【常规】面板中的以下特性为所有光源共有。

- **名称**：指定分配给光源的名称。
- **类型**：指定光源的类型，包括点光源、聚光灯、平行光或光域灯光。
- **开/关状态**：指打开还是关闭光源。
- **阴影**：控制光源是否投影。如果要显示阴影，必须在应用于当前视口的视觉样式中打开阴影。关闭阴影可以提高性能。
- **强度因子**：设定控制亮度的倍数。强度与衰减无关。
- **过滤颜色**：设定发射的光源颜色。
- **打印轮廓**：可以打印光线轮廓处于打开状态的图形。
- **轮廓显示**：设置显示轮廓的方式。

2. 聚光区和聚光灯衰减区

常规特性下的聚光灯具有聚光区和聚光灯衰减区的概念，所以常规选项上提供以下项目。

- **聚光圆锥角**：定义光束的最亮部分，也称为光束角度。
- **衰减锥角**：定义光源的完整圆锥体，也称为场角。
- **快速衰减区**：由聚光角和照射角之间的区域组成。

3. 光度控制特性

光度控制光源可提供其他特性，从而使光源与标准光源不同。以下特性均在【光度控制特性】面板下。

- **灯的强度**：指定光源的固有亮度。指定灯的强度、光通量或照度。
- **结果强度**：指定光源的最终亮度（灯的强度与强度因子的乘积）。
- **灯的颜色**：指定开氏温度或标准温度下光源的固有颜色。
- **结果颜色**：指定光源的最终颜色。这由灯的颜色和过滤颜色的组合确定（灯的颜色与过滤颜色的乘积）。

如果在【类型】特性中为光度控制光源选择了【光域网】，则在【光源特性】选项板的【光域网】和【光域偏移】面板中将提供光域特性，如图 12-21 所示。其他特性设置项目说明如下。

- **光域文件**：指定描述光源强度分布的数据文件。
- **光域网预览**：通过光照分布数据显示二维剖切。
- **X 旋转**：指定关于光学 X 轴的光域旋转偏移。
- **Y 旋转**：指定关于光学 Y 轴的光域旋转偏移。
- **Z 旋转**：指定关于光学 Z 轴的光域旋转偏移。

图 12-21　显示光域特性

12.1.3　模拟阳光与天光

阳光是模拟太阳光源效果的光源，可以用于显示结构投射的阴影如何影响周围区域。

阳光与天光是 AutoCAD 中自然照明的主要来源。但是，阳光的光线是平行的且为淡黄色，而大气投射的光线来自所有方向且颜色为明显的蓝色。

1. 使用太阳光

AutoCAD 的太阳光源实质上是模拟日光，它的性质类似于平行光。虽然太阳是向所有方向照射的，但因为它体积很大且离地球很远，当其光线到达地球时，实际上已经被看做是平行光。使用太阳光源渲染模型，可以达到更真实的效果。

动手操作 使用太阳光源渲染模型

1 打开光盘中的 "..\Example\Ch12\12.1.3a.dwg" 练习文件，在【渲染】选项卡的【阳光和位置】面板上单击【阳光状态】按钮，使其状态显示为 "开"，为模型添加太阳光源，如图 12-22 所示。

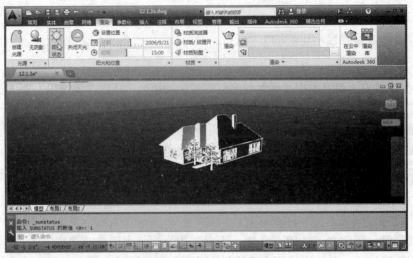

图 12-22 为模型添加太阳光源

2 在【阳光和位置】面板上调整日期和时间（日期和时间的不同，会影响太阳光源的效果），调整光照的效果，如图 12-23 所示。

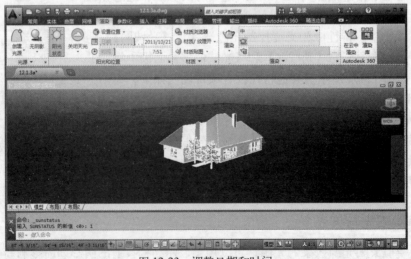

图 12-23 调整日期和时间

3 单击【阳光和位置】面板右下方的 ◢ 按钮，打开【阳光特性】选项板后，调整如图 12-24 所示的阳光特性。

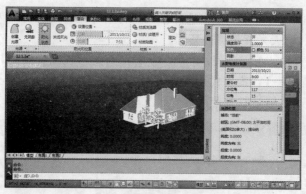

图 12-24　设置阳光特性

4　由于阳光的方位角、仰角是随太阳的照射时间而变化的，阳光的照射方向也会随着地点的变化而有所差异。可以在【阳光和位置】面板中单击【设置位置】按钮，在设置太阳的所在位置后，再设置阳光的照射时间，控制阳光的照射方向。如图 12-25 所示为通过卫星地图设置位置。

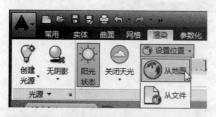

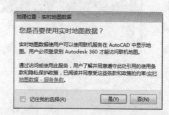

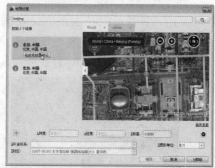

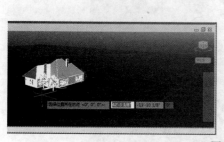

图 12-25　设置地理位置

2. 设置天光背景

选择天光背景的选项仅在光源单位为光度控制单位[系统变量 lightingunits 设置 1（国际

单位）或 2（美制单位）]时可用。如果选择了天光背景并且将光源更改为默认（常规）光源
（系统变量设置为 0），则天光背景将被禁用。

　　如果要应用天光背景，可以先使用"view"命令打开【视图管理器】对话框，然后新建
一个视图，接着为视图的【背景替代】选项设置【阳光与天光】，最后应用视图。此时可以
通过【渲染】选项卡开启与关闭天光背景，如图 12-26 所示。

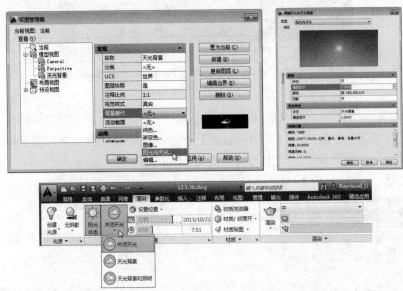

图 12-26　开启与关闭天光背景

　　"阳光与天光"背景可以在视图中交互调整，可以通过单击【天光特性】标题栏中的第
一个按钮在【阳光特性】窗口中激活该视图。此按钮可以激活【调整阳光与天光背景】对话
框，在其中可以更改特性并预览对背景所做的更改，如图 12-27 所示。

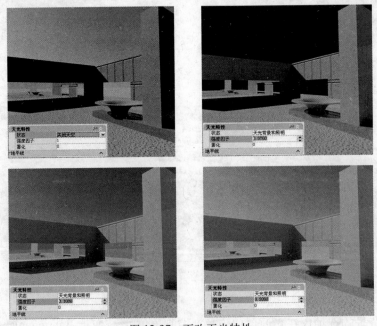

图 12-27　更改天光特性

12.2　为实体添加材质

在 AutoCAD 2014 中，可以将材质添加到三维模型中的实体上，以提供真实的效果。材质在渲染时可以体现出物体表面的颜色、材料、纹理、透明度等显示效果，可以使物体的显示效果更逼真。

在如图 12-28 所示的吊灯三维模型中，如果为其灯架添加金属的材质，那么其逼真程度要远比单纯的渲染好得多。

图 12-28　灯架添加金属材质的结果

12.2.1　应用材质到实体

在【渲染】选项卡的【材质】面板中单击■按钮，可以打开【材质编辑器】选项板，在其中可以自定义材质的属性，如图 12-29 所示。

AutoCAD 提供了多种材质，包括一般的纹理、砖石、木材、门和窗、金属、地板等，如果要将材质应用到对象或面，可以将材质从工具选项板拖动到对象。

动手操作　将材质应用到实体

1　打开光盘中的 "..\Example\Ch12\12.2.1.dwg" 练习文件，选择【渲染】选项卡，在【材质】面板中单击【材质浏览器】按钮，如图 12-30 所示。

2　在【材质浏览器】选项板上选择文档材质分类，然后打开【Autodesk 库】列表框，选择需要应用材质的分类，本例选择【金属】分类，如图 12-31 所示。

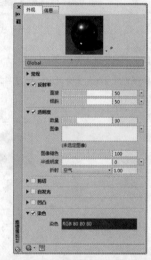

图 12-29　【材质编辑器】选项板

图 12-30　打开【材质浏览器】选项板

图 12-31　选择材质的分类

3　为了方便查看材质的预览效果，可以设置以【缩略图视图】方式显示材质库的内容，如图 12-32 所示。

4 在材质库列表中选择合适的材质，然后将该材质缩略图拖到实体上，即可应用材质，如图 12-33 所示。

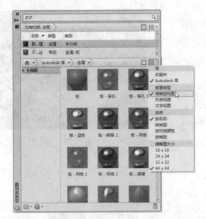

图 12-32　以【缩略图视图】方式显示材质库

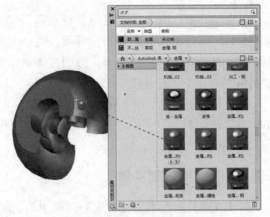

图 12-33　将材质应用到实体上

5 在应用材质后，可以选择实体，然后在【材质浏览器】选项板上方选择应用在实体上的材质项，接着单击【编辑材质】按钮 <!-- icon -->，打开【材质编辑器】选项板，如图 12-34 所示。

图 12-34　打开【材质编辑器】选项板

6 打开【材质编辑器】选项板的【常规】列表框，然后在【颜色】上单击打开【选择颜色】对话框，选择一种合适的颜色，最后单击【确定】按钮，如图 12-35 所示。

7 为了增加实体渲染的光泽，可以在【材质编辑器】选项板中调整光泽度的参数，如图 12-36 所示。

8 在编辑材质完成后，关闭选项板，可以在绘图区查看实体在应用材质并经过编辑后的结果，如图 12-37 所示。

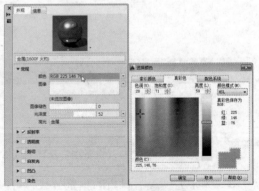

图 12-35　更改材质颜色

图 12-36　设置光泽度

图 12-37　实体应用金属材质并经过编辑后的结果

12.2.2　创建新材质

AutoCAD 允许自定义新材质，并允许将新建的材质应用到材质工具选项板中。这种功能可以方便用户将常用的个性化材质储存在材质中，留作日后使用。

动手操作　创建新材质

1　通过【渲染】选项卡的【材质】面板打开【材质浏览器】选项板，然后在材质列表的下方单击【在文档中创建新材质】按钮 。

2　在打开列表框后，选择新建材质使用的类型，或者新建常规材质。本例选择【金属】选项，如图 12-38 所示。

3　在打开【材质编辑器】选项板后，输入新材质的名称，然后选择金属类型和饰面类型，如图 12-39 所示。

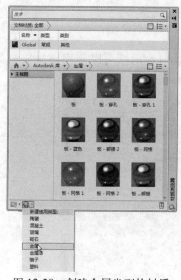

图 12-38　创建金属类型的材质

图 12-39　设置材质名称、金属类型和饰面

4 选择【浮雕图案】复选项并打开【浮雕图案】列表，然后设置浮雕图案选项，如图 12-40 所示。

5 选择【剪切】复选项并打开【剪切】列表，然后设置剪切选项，如图 12-41 所示。

图 12-40　设置浮雕图案效果　　　　图 12-41　设置剪切选项

6 选择【染色】复选项并打开【颜色】列表，单击染色条打开【选择颜色】对话框，为材质选择一种颜色后单击【确定】按钮，如图 12-42 所示。

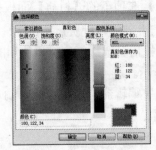

图 12-42　设置材质的颜色

7 在成功创建新的材质后，可以将它添加到收藏夹，以便后续可以使用该材质，如图 12-43 所示。

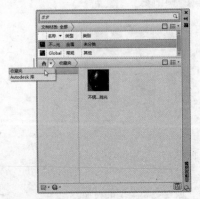

图 12-43　将创建的材质添加到收藏夹

12.2.3 为实体应用图像

　　为实体应用图像其实就是为实体贴图，是指将一张图像贴到三维实体的表面，从而在渲染时产生照片式的效果。贴图的作用就如同生活中物体的包装一样。如果将贴图与光源配合起来，可以得到各种特殊的渲染效果；同时，使用贴图的方法也可以创建更多类型的材质。

　　贴图可以有多种方式，在为实体应用图像时可以在【材质编辑器】选项板的【常规】选项组、【透明度】选项组、【剪切】选项组和【凹凸】选项组中选择应用图像，如图 12-44 所示。

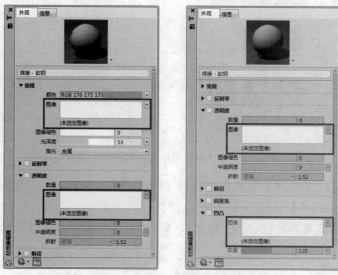

图 12-44　通过多种方式应用贴图

动手操作　为实体应用图像材质

　　1　打开光盘中的"..\Example\Ch12\12.2.3.dwg"练习文件，通过【渲染】选项卡打开【材质浏览器】选项板，然后为实体应用一种金属材质，如图 12-45 所示。

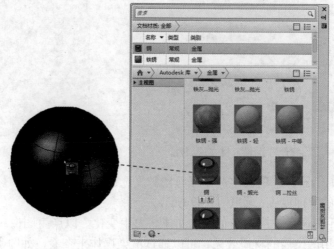

图 12-45　为实体应用材质

2 在【材质浏览器】选项板选择应用到实体上的材质项，然后单击【编辑材质】按钮 ，打开【材质编辑器】选项板，接着打开【常规】选项组的【图像】列表框，选择【木材】选项，如图 12-46 所示。

图 12-46 为材质应用常规类型的木材图像

3 在打开的【材质/文理】列表框中选择【材质/纹理开】选项，以显示材质和纹理，接着在打开的【纹理编辑器】选项板中设置纹理的属性，如图 12-47 所示。

4 返回【材质编辑器】选项板，然后在【常规】选项组中设置【图像褪色】和【光泽度】的参数，如图 12-48 所示。

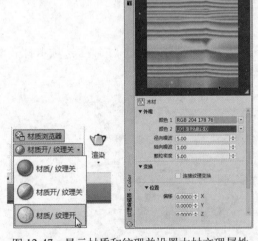
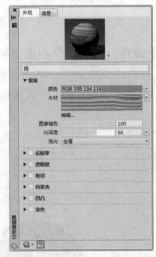

图 12-47 显示材质和纹理并设置木材文理属性   图 12-48 设置图像褪色和光泽度参数

5 在【材质编辑器】选项板中选择【剪切】复选框，然后为【剪切】指定【大理石】图像，并使用默认的纹理设置，如图 12-49 所示。

6 当材质应用图像后，应用了材质的实体将发生变化，以产生图像纹理效果。为了更加清楚了解实体应用图像后的材质效果，可以通过渲染操作来查看，如图 12-50 所示。

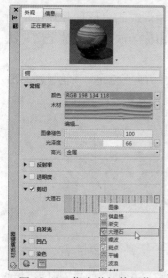

图 12-49　指定剪切的图像

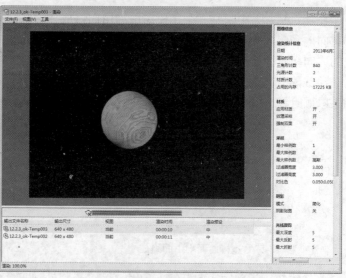

图 12-50　渲染应用图像材质的实体的结果

12.3　三维模型的渲染

　　渲染基于三维场景来创建二维图像，它使用已设置的光源、已应用的材质和环境设置，为场景的几何图形着色，可以生成真实准确的模拟光照效果，包括光线跟踪反射和折射以及全局照明，如图 12-51 所示。

图 12-51　渲染三维场景的效果

12.3.1　渲染模型前的准备

　　模型的建立方式对于优化渲染性能和图像质量来说非常重要。因此，在对模型进行渲染前，需要对模型进行便于渲染的优化处理。

　　1. 了解面法线和隐藏曲面

　　为了尽量缩短渲染模型的时间，最常用的方法是删除隐藏曲面或隐藏位于相机之外的对象。此外，确保所有面法线朝向同一方向也可以加速渲染过程。

在 AutoCAD 中，每一个建模曲面均由面组成，这些面为三角形或四边形，并且每个面都有向内和向外的侧面，如图 12-52 所示。其中，面指向的方向由称为法线的矢量定义，法线的方向指示面的前表面或外表面。

法线的方向由右手坐标系中绘制面的方式确定：如果以逆时针方向绘制面，则法线向外；如果以顺时针方向绘制面，则法线向内，如图 12-53 所示。

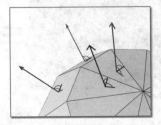

图 12-52　建模曲面均由面组成

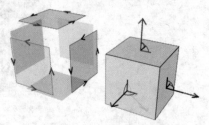

图 12-53　法线的方向

当法线统一指向同一向外的方向时，渲染器将处理每个面并渲染模型。如果对任意法线进行了翻转（即方向向内），则渲染器将跳过这些法线，并在渲染图像中留下三角形或四边形的"孔"。

在观察到孔的实例中，通常表示存在以下两种情况之一：【渲染设置】选项板中的【强制双面】被关闭，或者模型中本来就缺少该面。如果确实缺少面，则需要手动重新构造面。如果是【强制双面】选项被关闭，则可以通过【渲染设置】选项板将它激活，如图 12-54 所示。

在渲染时，渲染器将搜索所有指向远离视点方向的法线，并从场景中删除相关的面。此删除步骤称为后向面剔除，由【渲染设置】选项板中的"强制双面"选项控制。

在删除后向面之后，渲染器用一个 Z 缓冲区比较对象沿 Z 轴的相对距离。如果 Z 缓冲区指明一个面遮挡了另一个面，则渲染器会消除隐藏的面。消除的面在总面数中占的比例越大，节省的时间越多。

图 12-54　激活【强制双面】功能

渲染器将对场景中的每个对象进行处理，良好的图层管理对于为渲染目的而建立的模型有好处。通过关闭包含不在视图中的对象的图层，可以显著提高渲染速度。

2. 平衡平滑几何图形的网格密度

在渲染模型时，网格的密度将影响曲面的平滑度。因此，在渲染模型前，可以针对模型的网格部件进行优化。网格部件由顶点、面、多边形和边组成。

- 顶点是组成面或多边形角点的点。
- 面是曲面对象的三角形部分。
- 多边形是曲面对象的四边形部分。
- 边是面或多边形的边界。

在图形中，除了将多面网格中的面看作邻接三角形以外，其他所有的面都有三个顶点。为了渲染，可以将每个四边形的面都看成是一对共享一条边的三角形的面。渲染器在渲染图形时自动进行对象的平滑操作，其过程将出现两种类型的平滑操作：一种是跨曲面内插面法线；另一种操作考虑了组成几何图形的面的数量（面计数）；面计数越大，曲面就越平滑，但是处理时间会越长。

在绘图后，无法控制面法线的插值，但是可以使用 VIEWRES 命令和 FACETRES 系统变量控制曲线型对象的显示精度。

（1）控制圆和圆弧的显示（VIEWRES）

VIEWRES 命令控制当前视口中曲线型二维划线（例如圆和圆弧）的显示精度。在如图 12-55 所示的例子中，直线段随着 VIEWRES 的降低（左上=1000，中间=100，右下=10），显示更清晰。

VIEWRES 的值设置越高，显示的圆弧和圆就越平滑，但重新生成的时间也越长。在绘图时，为了改善性能，可以将 VIEWRES 的值设置得低一些。

（2）控制曲线型实体的显示（FACETRES）

FACETRES 系统变量控制网格密度以及着色和渲染曲线型实体的平滑度。在如图 12-56 所示的例子中，当 FACETRES 较低时（FACETRES=0.25），曲线型几何图形上将显示镶嵌面。当将 FACETRES 设置为 1 时，在圆和圆弧的查看分辨率与镶嵌（一种细分实体对象的面的方法）之间存在一对一的关联。而当 FACETRES 设置为 2 时，镶嵌将是 VIEWRES 所设置镶嵌的两倍。而当 FACETRES 设置为 5 时，实体的显示就非常平滑了。

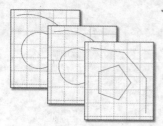

图 12-55　VIEWRES 数值不同的显示效果

图 12-56　FACETRES 设置不同值的效果

增加和减少 VIEWRES 值，都将影响由 VIEWRES 和 FACETRES 共同控制的对象。
增加和减少 FACETRES 的值，仅影响实体对象。
FACETRES 的默认值为 0.5，可能值范围介于 0.01～10。

12.3.2　渲染类型与目标

渲染是一个占用相当多系统资源的过程，在 AutoCAD 中可以根据需要来渲染模型，允许对渲染过程进行详细的配置。

1. 渲染的等级

渲染的等级很大程度上决定了渲染的质量，AutoCAD 2014 提供了 5 种渲染的等级。

● 草稿：此等级的渲染质量最差，例如图形边缘在渲染时并没有平滑化。而相应的渲染速度也是最快的，它适用于快速浏览渲染的效果。草稿渲染的效果如图 12-57 所示。

● 低：使用这个等级渲染模型时，既不显示材质和阴影，也不使用创建的光源，渲染程度会自动使用一个虚拟的平行光源。使用此等级渲染模型时，速度较快，一般显示简单图像的三维效果，但其效果要比草稿等级的效果好，如图 12-58 所示。

图 12-57 "草稿"等级渲染效果   图 12-58 "低"等级渲染的效果

- **中**：此等级的效果要优于前面两个等级，会使用材质与纹理过滤功能渲染模型，但阴影贴图还是被关闭。一般情况下，多使用此等级来渲染模型。
- **高**：这种渲染等级将在渲染中根据光线跟踪产生反射、折射和更精确的阴影。此渲染等级创建的图像较精细，但花费的时间相当长。
- **演示**：这是 AutoCAD 中等级最高的渲染，它的效果最好，但花费的时间也是最长的，一般用于最终的渲染效果图。

如果想要自定义渲染的等级，可以在【渲染】面板上中打开【渲染等级】下拉列表，再选择【管理渲染预设】选项，然后通过对话框自定义系统预设 5 种渲染等级的相关参数，也可创建新的渲染预设等级，如图 12-59 所示。

图 12-59 管理渲染预设

2. 渲染的目标

一般来说，渲染的目标预设是当前视口的图像。当一张图中包含多个实体对象时，如果要指定渲染某个对象，则可以使用【渲染面域】功能，此功能允许自定义渲染的区域，而且可以直接在【真实】视觉样式下看到渲染效果，非常方便，如图 12-60 所示。

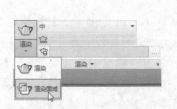

图 12-60 使用【渲染面域】功能渲染实体

12.3.3 渲染模型

渲染模型的最终结果是生成图像并将渲染结果保存为图片文件。

动手操作　渲染模型

1 打开光盘中的"..\Example\Ch12\12.3.3.dwg"练习文件，在【渲染】面板中按下【渲染输出文件】按钮，然后单击右侧的【浏览文件】按钮，打开【渲染输出文件】对话框，指定图像输出位置及输出文件名，如图 12-61 所示。

图 12-61　打开渲染模型保存功能并保存文件

2 如果是选择 JPEG 格式的话，则弹出【JPEG 图像选项】对话框，然后设置质量和文件大小，完成后单击【确定】按钮，如图 12-62 所示。

3 设置使用的渲染质量以及输出尺寸，如图 12-63 所示。如果添加了光源与阴影效果，必须使用中级或以上渲染等级。渲染的分辨率越高，所花费的时间越长。

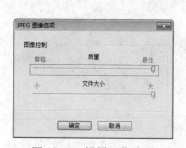

图 12-62　设置图像选项

图 12-63　设置使用的渲染等级以及分辨率

4 在【渲染】面板中单击【渲染】按钮，正式开始渲染模型，如图 12-64 所示。

5 在渲染结束后，【渲染】窗口右侧与下方将会显示这次渲染操作所使用的配置信息以及渲染时间，如图 12-65 所示。

图 12-64　开始渲染模型

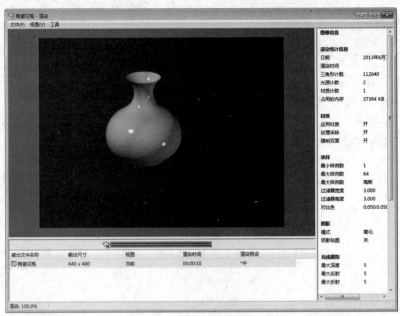

图 12-65   渲染模型

12.4   课堂实训

下面通过设置渲染环境和制作沙发设计渲染图两个范例，巩固所学知识。

12.4.1   设置合适的渲染环境

通过【视觉样式】面板将原来的二维线框图形变成适合渲染的真实图像，编辑前后的对比如图 12-66 所示。

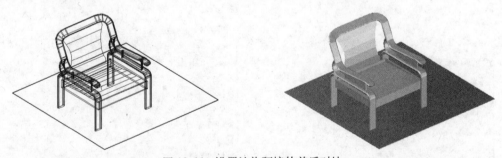

图 12-66   设置渲染环境的前后对比

动手操作   设置合适的渲染环境

1   打开光盘中的"..\Example\Ch12\12.4.1.dwg"练习文件，然后在【渲染】选项卡的【视图】面板中打开【视觉样式】下拉列表，再选择【真实】选项，如图 12-67 所示。

2   在【视图】选项卡中打开【视觉样式】面板的【面颜色】下拉列表，选择【单色】选项，如图 12-68 所示。

3   在【视图】选项卡中打开【视觉样式】面板的【面样式】下拉列表，选择【真实样式】选项，如图 12-69 所示。

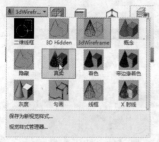

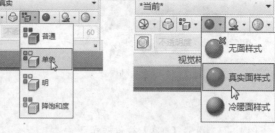

图 12-67　选择【真实】视觉样式　　　图 12-68　选择面颜色　　　图 12-69　选择面样式

4　在【视图】选项卡中打开【视觉样式】面板的【边样式】下拉列表，选择【无边】选项，如图 12-70 所示。

5　在【视图】选项卡中打开【视觉样式】面板的【材质/纹理】下拉列表，选择【材质/纹理开】选项，如图 12-71 所示。

图 12-70　选择边样式　　　　　图 12-71　打开材质与纹理显示

12.4.2　制作沙发设计渲染图

打开一个沙发的练习素材，先设置合适的渲染环境，然后为沙发应用一种合适的材质，接着打开阳光状态效果，最后对沙发实体进行渲染并保存为平面图像，结果如图 12-72 所示。

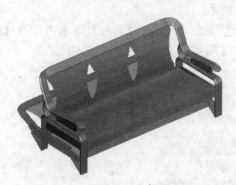
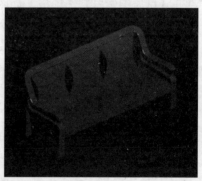

图 12-72　对沙发应用材质和渲染沙发的效果

动手操作　制作沙发设计渲染图

1　打开光盘中的"..\Example\Ch12\12.4.1.dwg"练习文件，在【视图】选项卡中打开【视觉样式】面板的【视觉样式】下拉列表，选择【真实】选项，如图 12-73 所示。

2　在【视图】选项卡中打开【视觉样式】面板的【阴影】下拉列表，选择【地面阴影】选项，如图 12-74 所示。

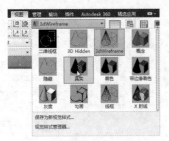

图 12-73　设置【真实】视觉样式

图 12-74　设置【地面阴影】模式

　　3　打开【材质浏览器】选项板，打开【Autodesk 库】列表框并选择需要应用材质的分类，本例选择【木材】分类，如图 12-75 所示。

　　4　在材质库列表中选择合适的材质，然后将该材质缩略图拖到沙发实体上应用材质，如图 12-76 所示。

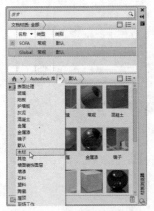

图 12-75　选择材质分类

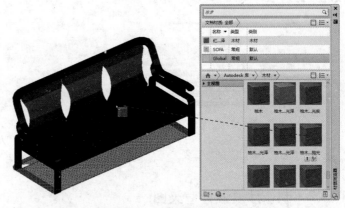

图 12-76　为沙发实体应用材质

　　5　在【材质浏览器】选项板上方中选择应用在实体上的材质项，接着单击【编辑材质】按钮🖉打开【材质编辑器】选项板，如图 12-77 所示。

　　6　打开【材质编辑器】选项板的【木材】选项组，然后在【着色】上单击打开【选择颜色】对话框，选择一种合适的颜色，最后单击【确定】按钮，如图 12-78 所示。

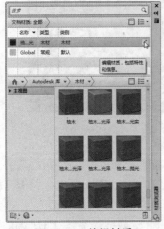

图 12-77　编辑材质

图 12-78　更改材质的颜色

7 在【渲染】选项卡的【阳光和位置】面板上单击【阳光状态】按钮，为模型添加太阳光源。打开【光源 – 视口光源模式】对话框，单击第一个选项，关闭默认的光源，如图 12-79 所示。

图 12-79　开启阳光状态并关闭默认光源

8 在【阳光和位置】面板上调整日期和时间，调整光照的效果，如图 12-80 所示。

9 在【渲染】面板中设置保存渲染图像的位置和名称，然后单击【渲染】按钮，正式开始渲染模型，如图 12-81 所示。

图 12-80　设置日期和时间　　　　　　图 12-81　渲染模型

10 在渲染结束后，【渲染】窗口右侧与下方将会显示这次渲染操作所使用的配置信息以及渲染时间，如图 12-82 所示。

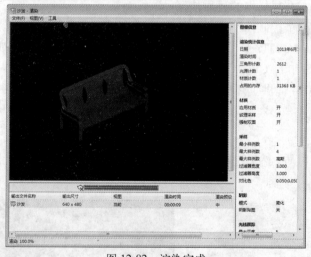

图 12-82　渲染完成

12.5　本章小结

本章重点介绍了三维模型的后期处理和渲染的方法，包括为模型实体添加不同类型的光源、控制光源特性的方法、模型阳光与天光、为实体添加各种材质，以及为编辑材质和渲染模型等内容。通过本章的学习，可以为模型设计更真实的外观效果，并将模型以渲染输出为图像。

12.6 习题

一、填充题

(1) AutoCAD 2014 提供了_____、_____、_____、_____4 种光源。

(2) _____是沿着指定方向发射的平行光线。添加_____时，需要指定光源的起始位置以及向着那个方向发射。

(3) _____与_____是 AutoCAD 中自然照明的主要来源。

(4) 在 AutoCAD 中，每一个_____均由面组成，这些面为三角形或四边形，并且每个面都有向内和向外的侧面。

二、选择题

(1) 以下哪种光源是从一点发出向各个方向发射的光源？   （   ）

　A．聚光灯　　　　　B．平行光　　　　　C．点光源　　　　　D．射线光

(2) 哪种贴图可根据贴图材质的颜色来控制对象表面的凹凸程度？   （   ）

　A．凹凸贴图　　　　B．纹理贴图　　　　C．不透明贴图　　　D．漫射贴图

(3) 关于材质的基础知识，下面哪一项是正确的？   （   ）

　A．反光度与物体表面的粗糙程度有关

　B．自发光是模拟物体自身发光的效果

　C．半透明度适合金属样板的材质使用

　D．自发光适合金属样板的材质使用

(4) 可以使用哪两个控制曲线型对象的显示精度？   （   ）

　A．VIEW 和 FACETRES　　　　　　　B．VIEWRES 和 FACETRES

　C．VIEWRES 和 FACE　　　　　　　 D．TIFFS 和 FACETRES

(5) AutoCAD 2014 提供了几种渲染的等级？   （   ）

　A．2 种　　　　　　B．4 种　　　　　　C．5 种　　　　　　D．10 种

三、操作题

为陶瓷酒坛应用材质，然后进行渲染，并输出为真实效果的花瓶设计图，结果如图 12-83 所示。

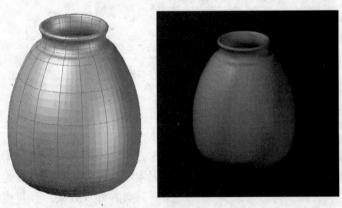

图 12-83　酒坛实体应用材质和渲染的效果图

提示：

（1）打开光盘中的".\Example\Ch12\12.6.dwg"练习文件，选择【渲染】选项卡，在【材质】面板中单击【材质浏览器】按钮，如图 12-30 所示。

（2）在【材质浏览器】选项板上选择文档材质分类，然后打开【Autodesk 库】列表框，并选择【陶瓷】材质分类。

（3）在材质库列表中选择合适的材质，然后将该材质缩略图拖到实体上，即可应用材质，如图 12-84 所示。

（4）在【渲染】面板中按下【渲染输出文件】按钮，然后再单击右侧的【浏览文件】按钮，打开【渲染输出文件】对话框，接着指定图像输出位置及输出文件名。

（5）弹出【JPEG 图像选项】对话框后，设置质量和文件大小，完成后单击【确定】按钮。

（6）设置使用的渲染质量以及输出尺寸，然后在【渲染】面板中单击【渲染】按钮，正式开始渲染模型。

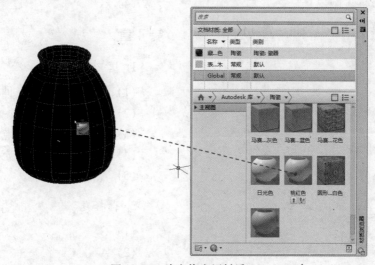

图 12-84　为实体应用材质

部分习题参考答案

第1章

1. 填充题

(1) Autodesk

(2) 修改、插入、注释、管理、打印、输出

(3) 欢迎

(4) AutoCAD 经典、二维草图与注释、三维基础、三维建模

(5) 菜单命令、工具箱、属性栏

2. 选择题

(1) C

(2) B

(3) D

(4) D

第2章

1. 填充题

(1) RECTANG

(2) U

(3) 当前命令

(4) 样例图纸集、现有图形

(5) DWG、DWS、DWT

2. 选择题

(1) C

(2) B

(3) D

(4) D

第3章

1. 填充题

(1) 视图、缩放

(2) 放大、缩小

(3) 平移、缩放、视图框

(4) PAN

2. 选择题

(1) C

(2) B

(3) B

(4) C

第4章

1. 填充题

(1) 指定点、无限延伸

(2) 直线段、圆弧段、组合线段

(3) 中心点至各个顶点

(4) 填充环或实体填充圆

(5) 点

2. 选择题

(1) C

(2) A

(3) B

(4) B

(5) C

第5章

1. 填充题

(1) 【窗口】矩形

(2) 【交叉】矩形

(3) 对象选择过滤器

(4) 移动

(5) 偏移

2. 选择题

(1) B

(2) A

(3) D

(4) B

(5) A

第6章

1. 填充题

(1) 特性、特性

(2) 快捷特性

(3) 特性匹配

(4) 图层

(5) 宽度值

2. 选择题

(1) A

(2) B

(3) D

(4) B

(5) C

第7章

1. 填充题

(1) 文字编辑器

(2) 堆叠文字

(3) 中文字符

(4) 注释缩放

(5) 行、列

2. 选择题

(1) D

(2) B

(3) C

(4) A

(5) A

第8章

1. 填充题

(1) 尺寸箭头

(2) 标注样式、外观

(3) 角度标注

(4) 圆弧、多段圆弧线段

(5) 参数化约束、参数化图形

2. 选择题

(1) C

(2) B

(3) D

(4) B

(5) B

第9章

1. 填充题

(1) -wblock

(2) CSV 格式的外部文件、AutoCAD 表格

(3) 定义

(4) 参数、动作

2. 选择题

(1) B

(2) D

(3) D

(4) D

第10章

1. 填充题

(1) 实体、曲面、网格模型

(2) 质量、体积、重心、惯性矩

(3) X 轴、Y 轴、Z 轴

(4) 基本形状、图元

(5) 直线段、曲线段

2. 选择题

(1) A

(2) C

(3) B

(4) D

(5) C

第 11 章

1. 填充题

（1）二维线框、三维隐藏、三维线框、概念、真实
（2）三维镜像
（3）矩形、环形、圆形
（4）并集、差集、交集
（5）分割实体

2. 选择题

（1）A
（2）B
（3）D
（4）C
（5）C

第 12 章

1. 填充题

（1）点光源、聚光灯、平行光、光域网灯光
（2）平行光、平行光
（3）阳光、天光
（4）建模曲面

2. 选择题

（1）C
（2）A
（3）A
（4）B
（5）C